高等职业教育"十四五"规划教材

畜牧物联网技术

李文凤　主编

中国农业大学出版社
·北京·

内容简介

畜牧物联网是现代信息与通信技术在畜牧业中的集成与应用，是现代畜牧业发展的重要方向。本教材从物联网概述、畜牧物联网概述、畜禽养殖信息感知技术、畜牧物联网信息传输技术、畜牧信息处理技术、畜牧物联网的应用发展等相关内容进行深入剖析，使读者对畜牧物联网技术在畜禽养殖全环节的集成应用有较为清晰的认识和了解。

本教材内容全面、简明易懂，既可作为职业院校畜牧兽医专业学生的教材，也可作为畜牧业从业者的培训教材。

图书在版编目(CIP)数据

畜牧物联网技术 / 李文凤主编. --北京：中国农业大学出版社，2025.2. --ISBN 978-7-5655-3264-1

Ⅰ. S8-39

中国国家版本馆 CIP 数据核字第 2024Q4K215 号

书　　名　畜牧物联网技术

作　　者　李文凤　主编

策划编辑　康昊婷　　**责任编辑**　翟海汝

封面设计　郑　川　李尘工作室

出版发行　中国农业大学出版社

社　　址　北京市海淀区圆明园西路 2 号　　**邮政编码**　100193

电　　话　发行部 010-62733489，1190　　读者服务部 010-62732336

编辑部 010-62732617，2618　　出　版　部 010-62733440

网　　址　http://www.caupress.cn　　**E-mail** cbsszs@cau.edu.cn

经　　销　新华书店

印　　刷　河北朗祥印刷有限公司

版　　次　2025 年 2 月第 1 版　　2025 年 2 月第 1 次印刷

规　　格　185 mm×260 mm　　16 开本　　15 印张　　371 千字

定　　价　49.00 元

编写人员

主　编	李文凤	杨凌职业技术学院
副主编	李　龙	杨凌职业技术学院
	董　滢	杨凌职业技术学院
	李　梅	西北农林科技大学
参　编	景若曦	杨凌职业技术学院
	乔　雨	杨凌职业技术学院
	康永刚	徐州生物工程职业技术学院
	张宛容	杨凌职业技术学院
	姚　毅	山西运城农业职业技术学院
	赵武恒	朔州职业技术学院
	庄　震	众睿启智（南京）数字技术有限公司
	刘海林	众睿启智（南京）数字技术有限公司
主　审	薛虎平	西北农林科技大学

前　言

教育部《“十四五”职业教育规划教材建设实施方案》中明确要求加快建设新形态教材，鼓励专业课程教材以真实生产项目、典型工作任务等为载体，体现产业发展的新技术、新工艺、新规范、新标准；鼓励职业院校与龙头企业联合开发教材。

党的二十大报告提出，到2035年基本实现新型工业化、信息化、城镇化、农业现代化，这为畜牧业数字化转型指明了方向，提供了政策指引。畜牧物联网作为新一代信息技术与畜牧产业融合的创新载体，可显著提升生产效率和资源利用率，推动畜牧业转型升级。在“高质量发展”指引下，随着人工智能、数字孪生等技术的融入，畜牧物联网将助力畜牧业全场景智能化发展，为乡村振兴和农业现代化提供有力支撑，推动畜牧业从传统经验型向数据驱动型转变。

畜牧业是物联网技术的重点应用领域之一，也是物联网技术应用需求最迫切、集成性特征最明显的领域。现阶段，我国畜牧业正在从传统模式向现代化迅速推进，现代畜牧业的发展从生产、经营、管理到消费等环节都需要信息技术的支持。物联网技术的引入，可实现对牧草种植、养殖设备、畜禽养殖、畜产品物流等畜牧行业领域各种要素的数字化记录、智能化控制、精准化决策和科学化管理，从而实现对各种畜牧要素的全面感知、可靠传输及智能处理。随着物联网在全国各地实践的迅速发展以及相关高校特别是农业院校智能化养殖专业的设置，迫切需要系统、全面、客观地进行畜牧物联网相关问题的整理和总结。恰逢学院“双高计划”建设推进教材改革，开发内容先进的新形态教材，为推进畜牧兽医专业群建设及落实产教融合发展，由杨凌职业技术学院、西北农林科技大学、山西运城农业职业技术学院、朔州职业技术学院、徐州生物工程职业技术学院的专业教师和众睿启智(南京)数字技术有限公司的企业技术人员共同研讨编写本教材，其特点如下。

(1)系统性。本教材将对畜牧物联网的基本原理、网络构架、关键技术、数据处理、应用集成等相关内容进行系统阐述，对各个组成部分之间的逻辑关系、地位和作用进行详细论述。

(2)实用性。本教材展示的技术成果在各大养殖企业均有应用，对学生在后期进行校外教学实践操作具有一定的引导作用，可以帮助学生在短时间内了解并掌握物联网技术在现代畜牧业中的系统操作和管理体系。同时，本教材也将填补市面上关于物联网技术在畜牧业中应用教材的空白。

(3)由专业教师和企业技术人员共同编写。本教材建设以国家政策和技术标准为基础，贯彻绿色养殖、生态养殖、循环养殖和安全生产的理念，全面培养岗位核心能力和素养。本教材由企业技术人员与学校长期从事智能化养殖教学的专业教师共同组建编写团队，李文凤主编。本教材内容全面、简明易懂，既可作为职业院校畜牧兽医专业学生的教材，也可作为畜牧业从业者的培训教材。

特别感谢众睿启智(南京)数字技术有限公司的大力支持，在教材编写过程中，该公司分享了他们的技术成果，提供了许多宝贵资料。在编写过程中，本教材还参考了大量文献，在此对相关作者一并致以最衷心的感谢！

由于作者水平有限，书中难免存在疏漏或不妥之处，恳请大家批评指正，以便后期改正完善。

编　者

2024 年 3 月

目 录

项目一

物联网概述

知识要求

1. 了解物联网的相关概念。
2. 掌握我国物联网技术的发展现状。
3. 了解物联网的结构特点和发展趋势。

能力目标

1. 能梳理并解释我国物联网的发展过程。
2. 能解释物联网的基本特征。
3. 能解释物联网的应用特征。

素质要求

1. 培养严谨认真的学习态度。
2. 培养类比、联想的学习方法。
3. 通过“感知中国”了解我国物联网发展、战略性新兴产业,培养强国有我的使命感。

物联网(internet of things,IoT)是信息化时代的重要发展阶段,随着社会信息化水平的普遍提高,它的重要性日益显现。物联网起源于传媒领域,是基于互联网(internet)、广播电视网、传统电信网等信息承载体,使所有能够被独立寻址的普通物理对象实现互联互通的网络(Web),是信息科学技术产业的第三次革命,是技术发展与应用需求达到一定阶段的必然结果。物联网是典型的跨学科技术,作为计算进程与物理进程发展的统一体,已经成为信息技术发展的新趋势。物联网在现有技术的基础上,综合运用多种新兴技术,突破了互联网中人与人通信的限制,通信能力扩展到人与物、物与物。

物联网把所有物品通过信息传感设备与互联网连接起来进行信息交换,以实现智能化识别和管理。它是在互联网基础上延伸和扩展的网络。物联网以感知设备、智能设备为基础,实现对现实世界的全面感知;以互联网为核心,通过各种通信技术(communication technology,CT)实现感知信息及控制信息等的可靠传输;以海量存储技术、云计算技术等各种数据处理技术实现智能应用。通过物联网,可以实现人与客观世界的有效交互。这种全新的联网方式对信息技术提出了很大的挑战,给信息技术(information technology,IT)在理论和应用上的发展提供了广阔的空间。

目前，物联网发展还处于初级阶段，随着科学技术的发展，人类会逐渐加深对世界的感知，通过对感知数据进行计算、处理和知识挖掘，实现人与物、物与物的信息交互和无缝连接，达到对物理世界实时控制、精确管理和科学决策的目的。

任务一 物联网的基本认识

物联网是新一代信息技术的重要组成部分，它可通过智能感知、识别技术与普适计算等通信感知技术，广泛应用于网络的融合中，因此被称为继计算机、互联网之后世界信息产业发展的第三次浪潮。物联网是互联网的延伸，它包括互联网及互联网上所有的资源，兼容互联网所有的应用，但物联网中所有的元素（设备、资源及通信等）都是个性化和私有化的。

一、概念与内涵

物联网的概念是在 1999 年提出的，当时基于互联网、射频识别（radio frequency identification，RFID）技术、电子产品编码（electronic product code，EPC）标准，在计算机互联网的基础上，利用 RFID 技术、无线数据通信技术等，构造了一个实现全球物品信息实时共享的实物互联网，简称为物联网。

目前较为公认的物联网的定义是：通过射频识别装置、红外感应器、全球定位系统（global positioning system，GPS）、激光扫描器等信息传感设备，按约定的协议，把任何物品与互联网相连接，进行信息交换和通信，以实现智能化识别、定位、跟踪、监控和管理的一种网络。

物联网是在每个（而不是每种）物品被唯一标识后，利用识别、通信和计算等技术，在互联网基础上构建的连接各种物品的网络。

物联网的英文名称为"internet of things"。由该名称可见，物联网的核心和基础仍然是互联网，是"物品级的互联网"或"有物品参与的互联网"，可以理解为"互联网＋"，这里的"＋"意味着传统互联网的延伸、拓展与融合，有 3 个方面的含义，也是物联网基于互联网的三大革命性改变。

（1）互联网＋物品，即互联网的用户端延伸到物品，最明显的变化是由人及物，强化"万物互联"，使人与人、人与物、物与物之间的互动方式发生改变，均能基于该网络进行信息交换与通信。

（2）互联网本身可拓展为互联网、电信网（特别是移动通信网）、广播电视网和传感网等不同形态网络的融合，最关键的变化是在信息传输网络的基础上融合了信息感知网络。

（3）互联网＋各个传统行业，是互联网思维在应用实践上的拓展并推动经济形态不断演变。即利用信息通信技术及互联网平台，充分发挥互联网在社会资源配置中的优化和集成作用，将互联网的创新成果与传统行业进行深度融合，创造新的发展形态，提升全社会的创新力和生产力，形成以互联网为基础设施和实现工具的经济发展新形态。

物联网是指利用局部网络或互联网等通信技术把传感器、控制器、机器、人员和物等通过新的方式连在一起，形成人与物、物与物相连，实现信息化、远程管理控制和智能化的网络（图 1-1）。

图 1-1　物联网

通俗地说，物联网就是物物相连的互联网：①物联网的核心和基础仍然是互联网，是在互联网基础上延伸和扩展的网络；②物联网的用户端延伸和扩展到任何物品与物品之间，可进行信息交换和通信，也就是物物相通。

物联网是互联网的应用拓展，与其说物联网是网络，不如说物联网是业务和应用。因此，应用创新是物联网发展的核心，以用户体验为核心的创新 2.0 是物联网发展的灵魂。通过物联网，可以利用中心计算机对机器、设备、人员进行集中管理、控制，也可以对家庭设备、汽车进行遥控，还可以搜索位置、防止物品被盗等，类似自动化操控系统，同时，通过收集这些数据，最后可以聚集成大数据。通过对大数据分析，可以帮助人们科学决策和规划（比如重新设计道路以减少车祸）、预测灾害、控制流行病等。

物联网将现实世界数位化，应用范围十分广泛。物联网可应用于公共事务管理、公众社会服务、经济发展建设等诸多领域，包括市政管理、节能环保、医疗健康、物流零售等领域，具有十分广阔的市场和应用前景（图 1-2）。

物联网的目标：将虚拟空间与现实世界完美结合，使现实世界的“物”可以通过虚拟空间的“信息”进行连接和控制，实现异构网络的融合、海量终端的互联、超海量数据的增值、各行业应用的支撑等。

物联网使人和物在“6A”（anytime、anywhere、any path/any network、any service/any business、anything/any device、anyone，即任何时间、任何地点、任何路径/任何网络、任何服务/任何业务、任何事物/任何设备、任何人）下实现“6C”（convergence、content、collections、computing、communication、connectivity，即聚合、内容、知识库、计算、通信、连接）多元素集成，形成一个以智能化为核心的有机整体加强人、物、环境等的互动交流，基于万物互联达成数据自由共享、价值按需分配，从而实现更便捷的信息沟通、更高的工作效率、更低的操作成本、更多的创造性劳动和更舒适的生活体验。

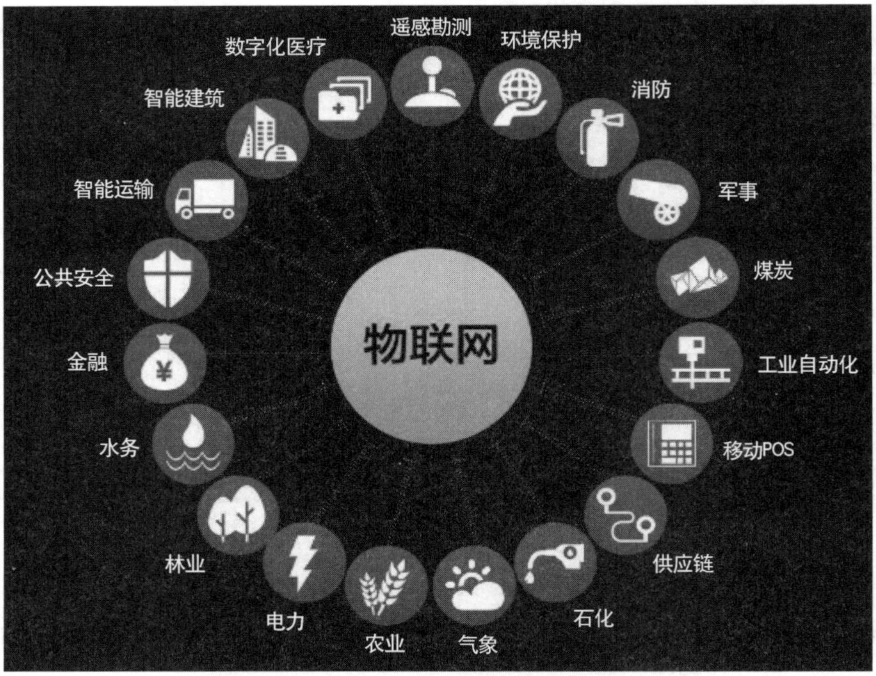

图 1-2 物联网应用领域

二、主要体系结构

体系结构是一个系统或网络的一组部件及部件之间的联系。

物联网的体系结构由感知层、网络层及应用层(application layer, APL)组成,分别完成智能感知、接入与传输、处理与决策等功能,即基于对物理环境的智能感知,最终实现对目标对象的智能控制。物联网不仅对“物”实现连接和操控,它还通过技术手段的扩张,赋予了网络新的含义。

物联网的技术特征是全面感知、互联互通和智慧运行。物联网需要对物体具有全面感知的能力,对信息具有互联互通的能力,并对系统具有智慧运行的能力,从而形成连接人与物体的信息网络(图 1-3)。

(一)感知层

物联网的感知层主要完成信息的采集、转换和收集,以及执行某些命令。

感知层包含传感器件和控制器件两部分,用于数据采集、转换及最终控制;短距离传输网络将传感器件收集的数据发送到网关或将应用平台控制命令发送到控制器件。传感器件包括条形码读写器、RFID 读写器、摄像头、GPS、传感器、终端、传感器网络等各种具有信息感知与采集能力的终端设备以及执行器件组成。

全面感知是物联网的“皮肤”和“五官”,主要功能是识别物体、采集信息。全面感知是指利用各种感知、捕获、测量等的技术手段,实时对物体进行信息的采集和获取。

在全面感知方面,物联网主要涉及物体编码、自动识别技术和传感器技术。物体编码用于给每一个物体一个“身份”,其核心思想是为每个物体提供唯一的标识符,实现对全球对象的唯一有效编码;自动识别技术用于识别物体,其核心思想是应用一定的识别装置,通过被识别物品和识别装置之间的无线通信，自动获取被识别物品的相关信息；传感器技术用于感知物体，其核心思想是通过在物体上植入各种微型感应芯片使其智能化，这样任何物体都可以变得"有感觉、有思想"，包括自动采集实时数据（如温度、湿度）、自动执行与控制（如启动流水线、关闭摄像头）等。

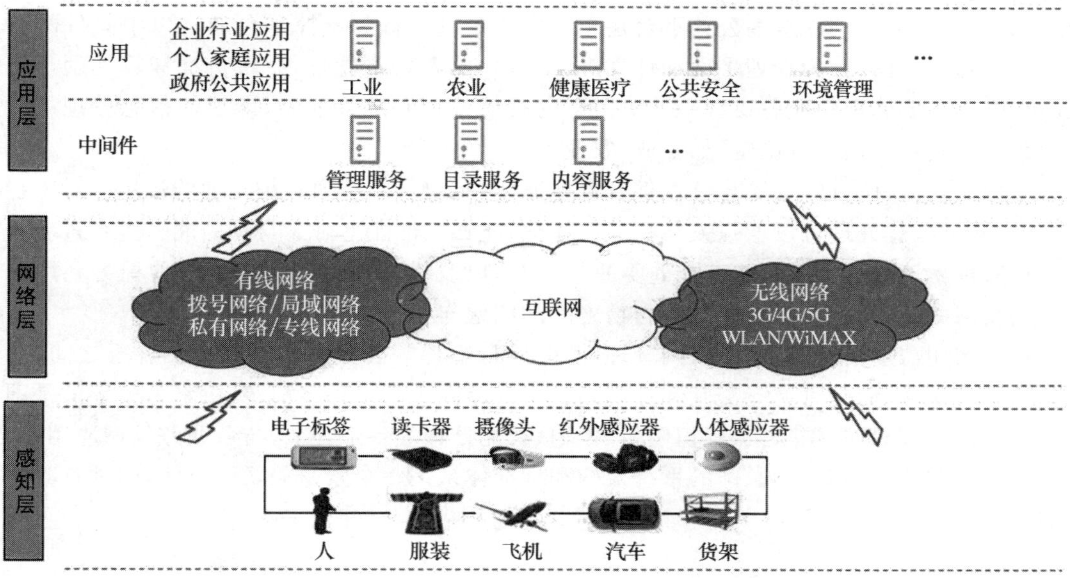

图 1-3　物联网体系构架

（二）网络层

物联网的网络层包括核心网（core network，CN）和各种接入网，用于将感知层获取的信息传输给处理中心和用户。

物联网的核心网是在现有互联网基础上，融合电信网、广播电视网等形成的面向服务、即插即用的栅格化网络，是物联网信息传输的主通道和核心，是物联网的"信息高速公路"。而接入网则包括移动的 3G/4G/5G 网、数字集群、无线城域网等，负责将感知层的信息汇聚起来交由骨干网传输。通过接入网络，感知层能够将信息传输给用户，同时来自用户的指令也可以传输给感知层节点。

通过各种通信网与互联网的融合，可以将物体的信息接入网络，进行信息的可靠传递和实时共享。这要求网络具有开放性，即全面感知的数据可以随时接入网络，同时要保证传送数据的准确性和安全性。在技术方面，建设"无处不在的网络"，不仅要依靠有线网络的发展，还要依靠无线网络的发展。其中光纤到路边（fiber to the curb，FTTC）、光纤到户（fiber to the home，FTTH）、无线局域网（wireless local area network，WLAN）、GPS、短距离无线通信[如蜂舞协议（ZigBee）、RFID]等技术都是组成"无处不在的网络"的重要技术。物联网建立在现有移动通信网和互联网等的基础上，通过各种接入设备与通信网和互联网相连，在信息传送的方式上，可以实现点对点、点对面或面对点。

(三)应用层

物联网的应用层主要是通过对信息进行分析、处理与决策,完成从信息到知识,再到控制指挥的智能演化,实现处理和解决问题的能力,完成特定的智能化应用和服务任务。

应用层包括数据处理、中间件、云计算、业务支撑系统、管理系统、安全服务等应用支撑系统(公共平台),以及利用这些公共平台建立的应用系统。业务支撑平台通常以中间件的形式存在,从功能上可以分为管理平面和计算服务平面,前者负责管理,后者负责计算处理。物联网的智能化主要体现在业务支撑平台对信息的智能处理和决策控制,即智能信息处理。业务应用系统由实际应用领域确定,如工业、农业等。

在物联网内,所有的系统与节点都有机地连成一个整体,起到互帮互助的作用。对于物联网来说,通过智能处理可以增强人与物的一体化,能够在性能上对人与物的能力进行进一步扩展。物联网的意义不仅是连接,更重要的是交互,以及通过互动衍生出来的种种可利用的特性。物联网的精髓是实现人与物、物与物之间的相融与互动、交流与沟通。

物联网还需要信息安全、物联网管理、服务质量管理等公共技术支撑。在各层之间,信息不是单向传递的,而是可彼此交互和控制的。所传递的信息多种多样,其中最为关键的是围绕物品信息,完成海量数据采集、标识解析、传输、智能处理等各个环节,与各业务领域应用融合,完成各业务功能。因此,物联网的系统架构和标准体系是一个紧密关联的整体,引领物联网研究的方向和领域。

三、 物联网的属性与特征

(一)物联网的属性

物联网虽起源于互联网,但在一些方面超越了互联网,形成了自身特有的一些属性。物联网的本质属性可以从以下 3 个方面理解。

1. 融合性

融合性是物联网最重要的理念之一,物联网是全面的“互联网+”,基于互联网的延伸、拓展将传统互联网、电信网、广播电视网和传感网等融合起来、将人与物更紧密地连接起来,形成一个广阔无垠的智慧空间;表现为信息感知、通信、智能信息处理和信息应用等多学科科学技术的交叉集成;通过设备融合、网络融合、平台融合、技术融合实现服务融合、业务融合和市场融合等。

2. 泛在性

物联网发展成一个覆盖世界上万事万物,以无所不在、无所不包、无所不能为基本特征的“6A”网络,基于顺畅的通信实现人与人、人与物、物与物之间按需进行信息获取、传输、处理和应用等,这就是物联网的泛在性。基于物联网的泛在性可将其称为泛在网(ubiquitous network)。

3. 创新性

物联网的创新性表现为在传统互联网基础上实现了三大变革,并且基于这三大变革为智能信息获取与处理及层出不穷的物联网应用创新提供了坚实的基石。物联网的核心理念在于智能化和创新性,堪称世界上"第三次信息技术浪潮"。

(二)物联网的特征

为了便于与传统互联网对比,一般可认为物联网有以下 5 个基本特征[感知层(全面感知)、网络层(无缝互联、可靠传递)、应用层(智能处理、协同互动)]。

1. 全面感知

全面感知是指物联网可利用各种感知手段,实现对物品自身或环境状态信息的全面实时采集。

2. 无缝互联

无缝互联是指物联网可通过各种信息通信技术和网络技术的融合,实现异构网络的无缝连接与互通。

3. 可靠传递

可靠传递是指物联网可通过现有的互联网、广播电视网、通信网等网络设施和通信技术,基于可信的数据传输机制或冗余的网络通信链路等实现数据的可靠传输。

4. 智能处理

智能处理是指物联网可利用云计算、模糊识别、人工智能、神经网络、数据挖掘等智能计算技术对海量的数据和信息进行分析和处理,以便按需、自动地获取有用信息并对其进行利用,表现出高度的智能化。

5. 协同互动

协同互动是指物联网中嵌入传感器和微处理器的物品越来越具有智能性,能够协同获取和处理感知信息,为高效管理和控制提供决策支持。

任务二 物联网的发展历程与现状

一、物联网的发展历程

物联网作为一种模糊的意识或想法出现,可以追溯到 20 世纪末。1995 年比尔·盖茨在《未来之路》一书中就已经提及类似于物品互联的想法,只是当时受限于无线网络、硬件及传感设备的发展,并未引起重视。

1998 年,美国麻省理工学院创造性地提出了当时被称为 EPC 系统的物联网构想,即给物品贴上一个射频识别的电子标签(即 RFID 标签),电子标签内存储物品的信息(产地、原料组成、生产日期等),通过射频识别完成对物品的识别,从而获取物品的信息,然后借助于互联网,将物品的信息在网上发布,在全球范围内实现对物品信息的共享,进而可以对物品进行智能管理。

1999 年,美国麻省理工学院自动识别中心给出了"物联网"概念,即在计算机互联网基础上,利用条形码(又称条码)、射频识别、红外感应器、全球定位系统、激光扫描器等信息传感设备，通过无线数据通信等技术，构造一个覆盖世界上万事万物的网络，按约定的协议，把任何物品与互联网连接起来，进行人与人、人与物、物与物等之间的信息交换和通信，全面获取现实世界中的各种信息，以实现自动化和智能化的识别、定位、跟踪、监控和管理等功能。

2005 年 11 月 17 日，在突尼斯举行的信息社会世界峰会上，国际电信联盟（International Telecommunication Union，ITU）发布了《ITU 互联网报告 2005：物联网》，报告指出，无所不在的物联网通信时代即将来临，世界上所有的物体从轮胎到牙刷、从房屋到纸巾都可以通过因特网主动进行交换。射频识别技术、传感器技术、纳米技术、智能嵌入技术将得到更加广泛的应用。

2006 年，韩国确立了 u-Korea 计划，该计划旨在建立无所不在的社会（ubiquitous society），在民众的生活环境里建设智能型网络和各种新型应用，让民众可以随时随地享受科技智慧服务。

2008 年，为了促进科技发展，寻找新的经济增长点，各国政府开始重视下一代的技术规划，将目光放在了物联网上。2008 年 3 月，在苏黎世举行了全球首个国际物联网会议“物联网 2008”，探讨了物联网的新理念和新技术，以及如何推进物联网的发展。在中国，2008 年 11 月，在北京大学举行的第二届中国移动政务研讨会“知识社会与创新 2.0”上指出，移动技术、物联网技术的发展代表着新一代信息技术的形成，并带动了经济社会形态、创新形态的变革，推动了面向知识社会的以用户体验为核心的下一代创新（创新 2.0）形态的形成，创新与发展更加关注用户、注重以人为本。而创新 2.0 形态的形成又将进一步推动新一代信息技术的健康发展。

2009 年 1 月 28 日，奥巴马就任美国总统后，与美国工商业领袖举行了一次“圆桌会议”，作为仅有的两名代表之一，国际商业机器公司（International Bussiness Machines Corporation，IBM）首席执行官彭明盛首次提出“智慧地球”这一概念，建议新政府投资新一代的智慧型基础设施。此概念一经提出，即得到美国各界的高度关注，甚至有分析认为，IBM 的这一构想极有可能上升至美国的国家战略，并在世界范围内引起轰动。IBM 认为，IT 产业下一阶段的任务是把新一代 IT 技术充分运用在各行各业中，具体地说，就是把感应器嵌入和装备到电网、铁路、桥梁、隧道、公路、建筑、供水系统、大坝、油气管道等各种物体中，并且被普遍连接，形成物联网。

2009 年 8 月，时任国务院总理的温家宝在无锡市视察时指出，“要在激烈的国际竞争中，迅速建立中国的传感信息中心或‘感知中国’中心”。无锡市率先建立了“感知中国”研究中心，中国科学院、运营商、多所大学在无锡市建立了物联网研究院。物联网被正式列为国家五大新兴战略性产业之一，写入了第十一届全国人民代表大会第三次会议政府工作报告，在中国受到了全社会极大的关注。

2010 年年初，我国正式成立了传感（物联）网技术产业联盟。同时，工业和信息化部也宣布将牵头成立一个全国推进物联网的部级领导协调小组，以加快物联网产业化进程。2010 年 3 月 2 日，上海物联网中心正式揭牌。

2011 年 11 月 28 日，工业和信息化部正式发布了我国《物联网“十二五”发展规划》。该规划要求，到 2015 年我国要在核心技术研发与产业化、关键标准研究与制定、产业链条建立与完善、重大应用示范与推广等方面取得显著成效。

2012 年 4 月，谷歌眼镜发布，这是物联网和可穿戴技术的一个革命性进步。

2013 年 3 月 4 日,《国家重大科技基础设施建设中长期规划(2012—2030 年)》正式发布。该规划明确了未来 20 年我国重大科技基础设施发展方向和"十二五"时期建设重点,强调了为突破未来网络基础理论和支撑新一代互联网实验,建设未来网络试验设施,主要包括原创性网络设备系统、资源监控管理系统,涵盖云计算服务、物联网应用等。

2014 年,亚马逊发布了 Echo 智能扬声器,开启智能音箱及智能家居时代。同年,工业物联网联盟成立,表明物联网具有改变制造和供应链流程运作方式的潜力。

2015 年至 2018 年期间,阿里巴巴、百度、腾讯相继成立 IoT 物联网事业部。

2017 年以来,物联网的发展被广泛接受,引发了整个行业的创新浪潮。自动驾驶汽车不断完善、区块链和人工智能融入物联网平台、智能手机和宽带普及率的提升等使物联网拥有更广阔的发展前景。

2019 年,沃达丰发布了《2019 年物联网市场晴雨表调查报告》,调查发现,超过 1/3 的公司现在正在使用物联网。

2020 年,随着 5G 的普及,物联网开始迎来一波爆发,企业都纷纷在 5G 和物联网的风口中寻找突破点,开启万物互联的智能世界。

二、关于物联网的发展战略

要以相对完善的产业链形成为基础条件,在应用需求的驱动下,配合以良好的政策、经济、社会和市场等环境因素,共同促进物联网产业的规模化发展。物联网产业链的完善是物联网产业良性发展的前提条件,当前,我国物联网上下游产业环节已经相对成形,但产业链不同环节之间的结合度还不够紧密,需要进一步统筹规划。

物联网产业的发展离不开政府的支持和相关行业监管部门的引导。目前,包括中国在内的世界各国已先后制定了多个与物联网产业发展相关的计划。

(一)欧盟的物联网发展战略

2009 年 6 月,欧盟在比利时首都布鲁塞尔向欧洲议会、欧洲理事会、欧洲经济与社会委员会和地区委员会提交了《物联网欧洲行动计划》,希望构建物联网框架。欧洲智能系统集成技术平台在《Internet of Things in 2020》报告中预测,物联网的发展将经历 4 个阶段(图 1-4):2010 年之前 RFID 率先被广泛应用于物流、零售和制药领域;2010—2015 年在智能电网、智能交通等领域实现物体的互联;2015—2020 年物联网实现半智能化;2020 年之后物联网实现全智能化。

欧盟认为物联网的发展应用将为解决现代社会问题做出极大贡献,因此,欧盟非常重视物联网战略。欧盟提出物联网具有以下三方面特性。

(1)不能简单地将物联网看作互联网的延伸,物联网是建立在特有基础设施上的一系列新的独立系统,当然部分基础设施要依靠已有的互联网。

(2)物联网将与新的业务共生。

(3)物联网包括物与人通信、物与物通信的不同通信模式。物联网可以提高人们的生活质量,产生新的、更好的就业机会、商业机会,促进产业发展,提升经济竞争力。

欧盟还通过重大项目支持物联网发展。在物联网应用方面,欧洲 M2M[machine to

machine，机器对话（通信）］市场比较成熟，发展均衡，通过移动定位系统、移动网络、网关服务、数据安全保障和短信平台等技术支持，欧洲主流运营商已经实现了安全监测、自动抄表、自动售货机、公共交通系统、车辆管理、工业流程自动化、城市信息化等领域的物联网应用。欧盟各国的物联网在电力、交通及物流领域已经形成了一定规模的应用。欧洲物联网的发展主要得益于欧盟在 RFID 和物联网领域的长期、统一的规划和重点项目的研究。

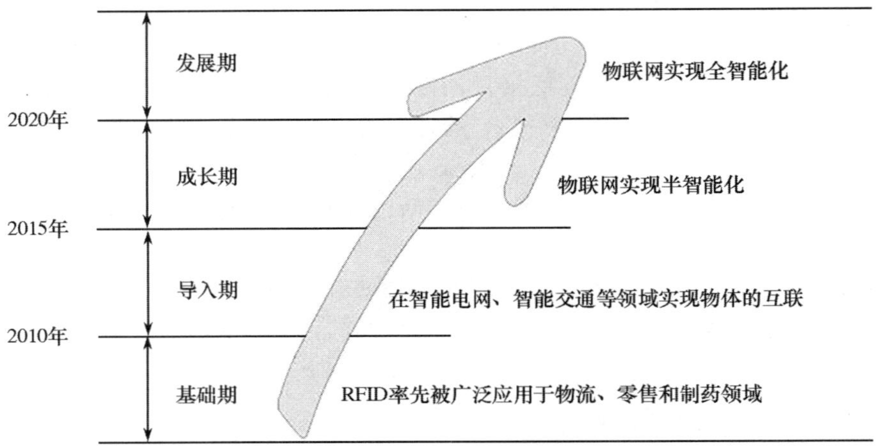

图 1-4　物联网的发展

（二）美国的物联网发展战略

2008 年 11 月，IBM 提出了“智慧地球”的概念。智慧地球是指将新一代的 IT 技术充分运用到各行各业之中，具体就是把感应器等嵌入和装备到电网、铁路、桥梁、隧道、公路、建筑、供水系统、大坝、油气管道等各种物体中，并且普遍连接，形成物联网；然后将物联网与现有的互联网整合起来，实现人类社会与物理系统的整合，从而达到“智慧”的状态。

“智慧地球”的本质是以一种更智慧的方法，利用新一代信息通信技术来改变政府、公司和人们相互交互的方式，以便提高交互的明确性、效率、灵活性。美国凭借在芯片、软件、互联网、高端应用集成等领域的技术优势，通过龙头企业和基础性行业的物联网应用，已逐渐打造出一个实力较强的物联网产业，并通过政府和企业的一系列战略布局，不断扩展和提升产业国际竞争力。

美国以智能电网为“智慧地球”突破口，寻找到新的经济增长点。智能电网计划通过数字或模拟信号侦测并收集供应端的电力供应状况与使用端的电力使用状况，再用这些信息来调整电力的生产与输配，或调整家电及企业用户的耗电量，以此达到节约能源、降低损耗、增强电网可靠性的目的。

国际金融危机爆发以来，美国把新能源产业发展提升到了前所未有的高度。智能电网建设更是被政府选为刺激美国经济振兴的核心主力和新一轮国际竞争的战略制高点。

（三）日本的物联网发展战略

日本是较早启动物联网应用的国家之一。其重点发展的物联网业务包括：通过对汽车的远程控制、车与车之间的通信、车与路边的通信，增强交通安全性的下一代 ITS 应用；老年与儿童监视、环境监测传感器组网、远程医疗、远程教学、远程办公等智能城镇项目；环境的监测和管理，控制碳排放量。通过一系列的物联网战略部署，日本针对国内特点，有重点地发展了灾害防护、移动支付等物联网业务。日本的电信运营企业也在进行物联网方面的业务创新。

2001 年以来，日本相继制定了 e-Japan 战略、u-Japan 战略、i-Japan 战略等多项信息技术发展战略，从大规模信息基础设施建设入手，拓展和深化信息技术应用。

2001 年 1 月开始实施 e-Japan 战略。“e” 是指英文单词“electronic”。e-Japan 战略在宽带化、信息基础设施建设、信息技术的应用普及等方面取得了进展。

2004 年 12 月发布 u-Japan 战略。“u”是指英文单词“ubiquitous”，意为“普遍存在的，无所不在的”。u-Japan 战略是希望建成一个在任何时间、任何地点，任何人都可以上网的环境，实现人与人、物与物、人与物之间的连接。

2009 年 7 月发布 i-Japan 战略。“i”有两层含义：一个是指像用水和空气那样应用信息技术(inclusion)，使之融入日本社会的每一个角落；另一个是指创新(innovation)，激发新的活力。i-Japan 战略提出了“智慧泛在”的构想，将传感网列为国家重点战略之一，致力于构建个性化的物联网智能服务体系。

(四)韩国的物联网发展战略

2006 年，韩国提出了 u-Korea 战略，重点支持泛在网的建设。u-Korea 战略旨在布建智能型网络，为民众提供无所不在的便利生活，扶持 IT 产业，发展新兴技术，强化产业优势和国家竞争力。目前韩国在物联网相关的信息家电、汽车电子等领域已居全球先进行列。

2009 年 10 月，韩国通信委员会出台了《物联网基础设施构建基本规划》。该规划确定了构建物联网基础设施、发展物联网服务、研发物联网技术、营造物联网扩散环境四大领域。该规划确立了 2012 年“通过构建世界最先进的物联网基础设施，实现未来广播通信融合领域超一流信息通信技术强国”的目标。

(五)中国的物联网发展战略

在我国，物联网概念的前身是传感网，中国科学院早在 1999 年就启动了传感网技术的研究，并取得了一系列的科研成果。2009 年以后，国内出现了对物联网技术进行集中研究的浪潮。2010 年，物联网被写入了政府工作报告，从产业结构、产业规模来看，中国目前物联网相关技术、标准、产品和市场都不成熟。

我国政府对物联网产业发展给予了极大的关注和支持：在政府层面，已将物联网产业列入国家五大新兴产业之一；在行业监管部门层面，工业和信息化部牵头成立了包括科技部在内的物联网部级领导协调小组，以加快物联网产业化进程；在地方政府支持和引导层面，江苏省无锡市启动了全国首个国家传感网创新示范区建设，上海、北京、天津、浙江、福建、重庆等地均纷纷制定各自的地方物联网产业发展规划。

网络服务运营商目前正在大力推动以 M2M 为代表的物联网系统建设，运营商表现出的这种推动力，基于现有人与人之间移动通信增长日趋饱和，以及新业务增长点的迫切需求。国外运营商(如 Orange、Telenor 和 Verizon 等)均把实现物与物之间通信的 M2M 技术发展提升到战略高度，以打造端到端的服务能力为目标，并把它看作是未来业务发展的动力之一。

在国内，中国移动、中国联通和中国电信三大运营商同样十分重视物联网的发展，并已提出了各自的发展规划。

1. 物联网产业发展上升到国家战略高度

2009年8月，时任国务院总理的温家宝在无锡考察时指出要积极创造条件，在无锡建立“感知中国”中心，加快推进物联网技术发展。

2010年年初，我国正式成立了传感（物联）网技术产业联盟。同时，工业和信息化部也宣布将牵头成立一个全国推进物联网的部级领导协调小组，以加快物联网产业化进程。2010年3月2日，上海物联网中心正式揭牌；同年9月，物联网产业发展上升到国家战略高度，作为新一代信息技术的重要组成部分的物联网技术被列为国家重点培育的战略性新兴产业；同年10月，《中华人民共和国国民经济和社会发展第十二个五年规划纲要》出台，指出战略性新兴产业物联网产业是未来重点扶持的对象，而主要聚焦在下一代通信网络、物联网、三网融合、新型平板显示、高性能集成电路和高端软件等范畴的新一代信息技术产业将是未来政府扶持的重点。除此之外，中国已将物联网列入《国家中长期科学和技术发展规划纲要（2006—2020年）》。

2. 形成了较为丰富的物联网基础应用

自2010年中国物联网产业发展上升到国家战略高度后，物联网产业的发展获得了前所未有的机遇。根据中国RFID产业联盟发布的数据显示，2010年中国RFID产业纯收入已经达到121.5亿元人民币，同比增长了42.8%；2011年的产业纯收入达到了160多亿元，同比增长了33.3%，增长非常快。目前中国RFID产业发展仅次于美国、英国，排名世界第3位。RFID技术已应用于工业生产、物流、食品追溯、城市交通等若干领域，随着4G网络的使用，各运营商又纷纷推出了各种移动支付方式，使RFID技术又增加了新的应用领域——移动支付。

3. 政策扶持发展

党中央、国务院高度重视物联网新型基础设施建设发展。

2011年11月28日，工业和信息化部发布《物联网“十二五”发展规划》。该规划分析了物联网发展的国内外现状与发展趋势，梳理了物联网产业链，并提出了未来发展的目标与路径，提出了多项措施来扶持、推动产业发展。这是国家首次出台如此详细的物联网发展规划，体现了对物联网产业的高度重视。

2016年3月，国家“十三五”规划明确提出“发展物联网开环应用”，将致力于加强通用协议和标准的研究，推动物联网不同行业、不同领域应用间的互联互通、资源共享和应用协同，通过开环应用示范工程推动集成创新，总结形成一批综合集成应用解决方案，促进传统产业转型升级，提高信息消费和民生服务能力，提升城市和社会管理水平。

2020年10月，党的十九届五中全会提出“系统布局新型基础设施”；国家“十四五”规划提出“推动物联网全面发展”，将物联网纳入七大数字经济重点产业，并对物联网接入能力、重点领域应用等作出部署。

2021年9月，工业和信息化部联合中央网络安全和信息化委员会办公室、科学技术部、生态环境部、住房和城乡建设部、农业农村部、国家卫生健康委员会、国家能源局印发《物联网新型基础设施建设三年行动计划（2021—2023年）》。该计划以支撑制造强国和网络强国建设为目标，打造支持固移融合、宽窄结合的物联网接入能力，加速推进全面感知、泛在连接、安全可信的物联网新型基础设施，从加强物联网卡安全管理、建设面向物联网密码应用检测平台及安全公共服务平台、打造“物联网安心产品”等方面发力，提升物联网安全技术应用水平和安全公共服务能力。

2021 年 11 月 16 日，工业和信息化部发布《"十四五"信息通信行业发展规划》。该规划提出了 5 项重点任务，包括全面部署 5G、千兆光纤网络、第 6 版互联网协议（internet protocol version 6，IPv6）、移动物联网、卫星通信网络等新一代通信网络基础设施，统筹优化数据中心布局，构建绿色智能、互通共享的数据与算力设施，积极发展工业互联网和车联网等融合基础设施，加快构建并形成以技术创新为驱动、以新一代通信网络为基础、以数据和算力设施为核心、以融合基础设施为突破的新型数字基础设施体系。

三、物联网的典型行业应用

物联网的"信息通信技术基因"、泛在属性和智能化能力使其用途十分广泛，遍及智慧城市管理、智慧医疗、智能交通、智能物流、智慧校园、智能家居、智能电网、智慧工业、智慧农业、公共安全、国防军事等众多民用与军事领域，大致可以分为行业应用、大众服务、公共管理 3 类。

物联网产业将覆盖人类生产生活的各个方面，它以信息感知获取为基础，以信息传输处理为纽带，以信息行业应用为平台，以信息增值业务为媒介，实现面向各个用户的信息服务产业链条。

（一）智慧城市管理

智慧城市管理就是要利用物联网、移动网络等技术感知和使用各种信息，整合各种专业数据，建设一个包含行政管理、城市规划、应急指挥、决策支持、社交等综合信息的城市服务、运营管理系统。

智慧城市管理运营体系涉及公安、娱乐、餐饮、消费、土地、环保、城建、交通、环卫、规划、城管、林业和园林绿化、安检、水电、电信等领域，还包含消防、天气等相关业务，以城市管理要素和事项为核心，以事项为相关行动主体，加强资源整合、信息共享和业务协同，实现政府组织架构和工作流程优化重组，推动管理体制转变，发挥服务优势。

（二）智慧医疗

智慧医疗利用物联网和传感器技术，将患者与医务人员、医疗机构、医疗设备等有效地连接起来，使整个医疗过程信息化、智能化。物联网技术在医疗领域中的应用几乎遍及该领域的各个环节，涉及从医疗信息化、身份识别、医院急救、远程监护和家庭护理、药品与耗材领域，以及医疗设备和医疗垃圾的监控、管理等多个方面。

智慧医疗使从业者能够搜索、分析和引用大量科学证据来支持自己的诊断，并通过网络技术实现远程诊断、远程会诊、临床智能决策、智能处方等功能。同时，它可以惠及医生，以及整个医疗生态系统的每个群体（如医学研究人员、药品供应商和保险公司），建立不同医疗机构之间的医疗信息集成平台，整合医院之间的业务流程，共享和交换医疗信息和资源，还可以实现网上预约和双向转诊，这使社区居民的"小病在社区、大病进医院"的康复就医模式成为现实，极大地提高了医疗资源的合理配置，真正做到以患者为中心。

目前国内大多数医院都采用了医院信息系统（hospital information system，HIS）。HIS 的普及使用已使医院医疗实现了一定程度的信息化，但这种传统 HIS 也有很多不足的地方，如医疗信息需人工录入、信息点固定、组网方式固定、功能单一、各科室之间相对独立等，使HIS的作用受到了制约。物联网技术以其终端可移动性、接入灵活方便等特点彻底突破了这些局限，使医院能够更有效地提高整体信息化水平和服务能力。

智慧医疗系统目前有以下应用。

1. 健康管理

居民健康管理包括健康指标监测（如血压、血糖、血氧、心电等）、智能健康预警、居民健康档案、健康常识等。

采用物联网技术，通过体检、评估、预防、咨询等方式，使处于亚健康的个体从未患病到患病的轨迹以数字化形式表达，并提出个性化健康干预方案，最大限度实现健康促进和早期预防。

医疗物联网能及时监测慢性病患者身体指标变化，例如使用手持心电监测仪，1 min内即可自动完成心电数据采集。国外一家公司开发的坐便器，当慢性病患者使用时可自动收集数据信息，传到医疗中心的个人健康档案中，进行实时健康管理。

远程医疗监护是利用物联网技术，构建以患者为中心，基于危急重病患者的远程会诊和持续监护服务体系。远程医疗监护利用远程设备，通过监测体温、心跳等生命体征，为患者建立包括体重、胆固醇含量、脂肪含量、蛋白质含量等信息的记录，并将生理指标数据反馈到社区、护理人员或医疗单位，及时为患者提供医疗服务。

医疗物联网的应用，可跨越时间空间的障碍，缓解发达地区看病难、住院难及不发达地区医疗资源稀缺等问题。

2. 医疗物资管理

（1）医疗设备管理。传统的医疗设备管理难度大，设备查找费时，为医疗设备贴上RFID标识，利用移动设备管理系统，在无线网络条件下直接进入系统实时完成设备标识、定位、管理、监控及清核，即可实现大型医疗设备的充分利用和高度共享，大幅度降低医疗成本。

（2）药品管理。正规药品在生产后都配有唯一的RFID标识码，购买者可据此码判断药品的真伪与相关生产信息。当药品出现质量问题，需下架召回或搜寻购买者时，厂家可通过物联网后台跟踪迅速定位。另外，生物制剂因蛋白质的不稳定性，易受环境温度变化影响，导致变质，物联网可将温度变化记录在带温度传感器的RFID标签上，实时采集药品所在环境的温度、湿度、时间等参数上传至定位服务器，在定位服务器端设置参数值，当实际数值超标时，标签就会触发告警提示，管理人员可根据提示信息即时对药品进行有效管理，避免浪费。

（3）医疗器材管理。使用唯一标签对医疗器械包的打包制作、消毒、存储、发放、使用及回收过程进行标识和跟踪管理。利用这种方式，可及时提醒存储中医疗器械包是否有消毒、过期，分发和使用过程中是否有误等，回收后可逐个清点包内各种器械的数量，既可增加整个过程的监控和管理，同时也可降低发生医疗事故的可能性。

（4）医疗废弃物监管。在医疗垃圾车上安装定位标签，并对其运行的区域做特殊设置后，当其违规越界时，定位系统会实时报警，记录违规历史轨迹，快速确认可能出现交叉感染的范围，并可发现在此过程中接触垃圾车的人员，以免被他人交给不法商贩二次使用。

3. 医疗过程管理

患者RFID腕带管理能实现无线移动护理及患者识别，对老人、儿童及精神病、传染病、急诊患者的管理尤为重要。

医生可利用定位引擎,与门禁控制功能结合,确保只有经过许可的人员才可进入医院关键区域。当患者出现紧急情况时,也可通过标签上的紧急按钮呼救,监控人员快速查找附近的医生或护士,通知其进行救治。例如对急诊患者,在伤员较多、无法取得家属联系、危重等特殊情况下,借助 RFID 技术可靠高效的信息储存和检索方法,确认其姓名、年龄、血型、紧急联系电话、既往病史、家属身份等信息,完成入院登记手续,可为其争取宝贵的治疗时间。

4. 医护管理

患者的家族病史、既往病史、各种检查、治疗记录、药物过敏等能为医生制订治疗方案提供帮助;医生和护士可对患者的生命体征、治疗等信息实时监测,杜绝用错药、打错针现象,自动提醒护士发药、巡查。同时 RFID 技术可减少手写数据和口头交接,既可大幅降低护理人员文书作业时间,也可快速记录精准正确的病历数据,有效提升整体医疗质量。

(三)智能交通

智能交通系统是先进的信息技术、数据通信传输技术、电子传感技术、控制技术和计算机技术在整个地面交通管理系统中的综合有效应用,是功能齐全、实时、准确、高效的综合运输管理系统。

智能交通可以有效利用现有交通设施,减轻交通负荷和环境污染,保障交通安全,提高运输效率。智能交通的发展有赖于物联网技术的发展,随着物联网技术的不断发展,智能交通系统可以越来越完善。

21 世纪是道路交通信息化的世纪。人们采用的智能交通系统是先进的综合交通综合管理系统。在这个系统中,车辆可依靠自己的“智能”在道路上自由行驶,高速公路可依靠自己的“智能”将车流调节到最佳状态。在智能交通系统的帮助下,管理者可以使道路、车辆和人更科学、更严谨地进行智能管理和智能决策;通过路网交通信息的全面实时获取,还能实现交通堵塞预警、公交优先、公众车辆和特殊车辆的最优路径规划、动态诱导、绿波带控制和突发事件交通管制等功能。

(四)智能物流

2009 年,IBM 提出的建立面向未来的供应链,具有先进、互联和智能的特征,可以通过传感器、RFID 标签、执行器、GPS 等设备和系统生成实时信息,扩展了智能物流的概念。与基于虚拟物流动态信息的互联网管理系统不同,智能物流更注重物联网、传感器网络和网络的一体化环境,以各种应用服务系统为载体。

在仓储物流配送系统中,全自动输送分拣系统也常用激光、红外等技术进行物品感知、定位与计数,进行全自动的快速分拣。此外为了使仓储作业可视化,可对仓库实行视频监控。部分仓储系统采用了视频感知监控系统,取得了良好的效果。

(五)智慧校园

智慧校园是将学校教学、科研、管理与校园资源、应用系统融为一体,提高应用交互的清晰度、灵活性和响应性,以实施智能服务和管理的园区模式。智慧校园的三大核心特征:一是为师生提供全面的智能感知环境和综合信息服务平台,按角色提供个性化服务;二是将基于计算机网络的信息服务整合到各学校的应用和服务领域，实现互联协作；三是通过智能感知环境和综合信息服务平台，为学校与外界提供相互沟通、相互感知的接口。

（六）智能家居

智能家居是目前物联网最为重要的应用方向之一，利用先进的计算机技术、网络通信技术、综合布线技术，将与家居生活有关的各种子系统有机地结合在一起，通过统筹管理，让家居生活更加舒适、安全。

智能家居以家居为基础，运用物联网技术、网络通信技术、安全防范技术、自动控制技术、语音视频技术，高度集成与家庭生活相关的设施，建立高效的居住设施和家庭日程事务的管理系统。

智能家居基本分为家庭自动化、家庭网络、网络家电和信息家电这四大类。在功能方面，智能家居包括智能灯光控制、智能家电控制、安防监控系统、智能语音系统、智能视频技术、视觉通信系统、家庭影院等，智能家居可以大大提高家庭日常生活的便利性，让家庭环境更加舒适宜人。现阶段智能家居可实现以下主要功能。

（1）通过物联网将用户对讲、家电、照明、安保、娱乐等设备通过网络集成于一体，实现可视对讲、实时监视控制、灯光控制、电动窗帘控制、智能插座控制、红外电器控制、远程电脑控制、电话控制、门禁控制、安防报警、信息发布、背景音乐及多媒体娱乐等强大功能。

（2）实时监控，保障安全，如实时监控梯口、门口状况，防护房屋周边安全。

（3）远程监视功能，确保实时获悉家中安全状况，并可监视小区其他活动区域；可以连接红外电器、烟雾报警器、紧急按钮、门磁、窗磁等设备；具有警笛、短信、电话、管理中心呼叫等多种报警输出方式。

（4）带有实际状态反馈的家电控制技术，通过家庭控制终端或远程控制网页，可以真实反馈当前家电的工作状态。

（5）设置多套场景模式，在每一套场景模式中均包含连接到系统的各个灯光家电设备，用户可调节不同的亮度状态并将状态组合，即成为一个场景模式。用户可以通过触摸屏、遥控器、电话远程控制等方式自由切换不同的灯光效果。

（七）智能电网

智能电网是以实体电网为基础的。它在融合物联网技术、高速双向通信网络的基础上，结合现代先进的传感器技术、通信技术、信息技术、计算机技术和控制技术，与物理电网高度融合，形成新的电网，实现可靠性和安全性。

（八）智慧工业

在供应链管理、自动化生产、产品和设备监控与管理、环境监测与能源管理、安全生产管理等诸多方面，物联网都起到了至关重要的作用。近几年，工业生产的信息化和自动化取得了巨大的进步，但是各个系统之间的协同工作并没有得到很大的提升，它们还是在相对独立地工作。但是现在，利用先进的物联网技术，与其他先进技术相结合，各个子系统之间可以有效地连接起来，使工业生产更加快捷高效，实现真正的智能化生产和智慧工业。

（九）智慧农业

智慧农业就是将物联网技术应用于传统农业，聚焦农业生产、环境监测、生物本体识别、植物病虫害和动物疫病防治、畜禽水产养殖、渔船动态监控、渔政执法远程监控、水生生物资源监测、农产品质量追溯等场景，改造传统农业运维，通过移动平台或计算机平台，用传感器和软件控制农业生产，让传统农业有智能决策、智能处理、智能控制功能。

智慧农业是建立在农业生产现场的各种传感器上的，通过各种物联网设备和无线通信网络实现农业生产环境的智能感知、智能预警、智能决策、智能分析和专家在线指导，提供精准种植和精准养殖相结合的可视化管理和智能决策系统。

智慧农业在作物生产过程中的决策是基于各类在田间获取的定点数据。采用 GPS、地理信息系统（geographic information system，GIS）、遥感（remote sensing，RS）技术、决策支持系统及变量（撒布）技术的精准农业系统一般可以分成三大组成部分：田间数据采集、数据处理及处方决策、按处方变量撒布（喷洒）。

使用智慧农业系统，可以在施用种子、化肥、农药或灌溉时，对于“多少”“哪里”“何时”等问题给出比较精确的答案，通过精确的计算能够知道一片区域的农作物产量情况，能够有效提高生产效率。

（十）公共安全

在国内外，公共安全监测物联网已经存在众多应用案例，在公共安全领域发挥了明显的作用。美国 Material Technologies 公司开发了一套裂缝诊断传感器系统，已经在宾夕法尼亚州检查了三座桥梁及马萨诸塞州一座桥梁的裂缝。为了保护市民的生命和财产，遏制犯罪、恐怖袭击、火灾，韩国开始在城市内安全隐患区域安装感应系统。

目前，我国最大的城市明挖浅埋湖底隧道——玄武湖隧道，从施工开始，南京大学光电传感工程监测中心就将传感器置于混凝土层中，直至通车运行至今，一直对隧道的情况进行着实时监测。

任务三　物联网面临的主要挑战及发展新趋势

物联网作为一个新兴的融合创新技术，具有明显的多学科交叉特点，物联网中无处不在的数据收集和使用，以及自身不成熟及资源有限导致的安全脆弱性和潜在攻击手段的复杂多变性，使物联网环境下的信息安全和隐私保护面临着空前的挑战和严峻的安全形势。

物联网已经经历了超过 10 年的发展时期，尤其是最近几年，物联网各个领域需求旺盛，各式应用场景越来越丰富，技术和应用创新层出不穷，发展速度越来越快。

根据全球移动通信系统协会发布的《The mobile economy 2020》报告显示，2019 年全球物联网总连接数达到 120 亿，年复合增长率高达 13%。其中智能家居和智能建筑增长最多，分别有 20 亿和 33 亿。预计到 2025 年，全球物联网总连接数将达到 246 亿，产业物联网设备数量将超过消费物联网设备数量。

物联网迎来了新的发展机遇和挑战：一方面国内高科技产业快速发展，特别是芯片和操作系统;另一方面诸多行业企业数字化转型和智能化的需求更为迫切,越来越倾向于通过使用先进的机器人、嵌入式传感器和连接、大数据和分析、人工智能等不同的技术来升级供应链,使其变得更智能、更高效。

一、物联网面临的主要挑战

从物联网产业发展角度上看,目前物联网的产业链及其核心环节已基本明确,政策环境、经济环境、社会环境和市场环境等有利因素,使物联网产业正在经历不可多得的发展机遇。同时,行业规模化、统一技术标准及有效商业模式缺乏等问题,又使物联网产业发展面临严峻的挑战。

物联网产业的规模化发展需要以相对完善的产业链的形成作为基础条件,在应用需求驱动下,配合以良好的政策、经济、社会和市场等环境因素共同促进。物联网产业链的完善是物联网产业良性发展的前提条件,当前,我国物联网上下游产业环节已经相对成形,但产业链不同环节之间的结合度还不够紧密,需要进一步统筹规划,主要包括以下几方面。

(1)从物联网应用行业角度上看,目前物联网应用行业呈现碎片化的特征,应用行业覆盖面广,涉及行业多,难以形成规模化。各行业控制力较强,行业间壁垒显著。与此同时,各行业的需求呈现多样性,差异较大。

(2)从物联网技术标准角度上看,目前物联网相关的标准较为杂乱,由于物联网覆盖从感知到处理、传输及服务提供等诸多技术领域,即使是同一技术领域,多个标准化组织也会制定各自的标准规范,这些标准所涉及的技术范围常常互有重叠,难以融合和统一。

(3)从总体进度上看,目前国内外物联网发展仍相对缓慢,技术标准的成熟仍需要较长的时间。

(4)从物联网产业链环节合作角度上看,在运营模式仍未出现新突破的前提下,如何与物联网集成商合作实现共赢,实现产业链各环节的有效整合仍是亟待解决的问题。产业联盟是物联网产业链各环节横向合作的主要形式。目前,已存在多个地方、区域或者行业内的物联网产业联盟,具有影响力的全国性物联网产业联盟仍在成长中,同时产业联盟的工作成效也有待实质性地提升。

(5)从物联网关键技术角度上看,物联网产业发展还面临着一定的关键技术挑战,包括传感器技术、传输技术、处理技术及服务提供技术,突破下一代关键技术和新系统集成技术将有利于推动物联网产业的良性发展。

二、物联网发展新趋势

现阶段,物联网发展呈现以下几个新趋势。

(一)碎片化现象依然严峻

由于特殊的应用场景,物联网存在先天碎片化的问题。物联网赋能不同行业的转型升级,不同的应用场景和需求碎片化导致物联网的碎片化,包括连接协议多样、物联网平台林立、硬件和芯片各异等。不同厂商设备和产品之间的互联互通和互操作性很差,碎片化是解决“数字化”的最大难题,因此碎片化现象依然严峻是物联网趋势之一。

(二)协议标准化

物联网标准的制定是物联网发展自身价值和优势的基础支撑。由于涉及不同专业技术领域、不同行业部门,物联网标准既要涵盖不同应用场景的共性特征,以支持各类应用和服务,又要满足物联网自身可扩展性、系统和技术等内部差异性,所以物联网标准的制定是一个历史性的挑战。

目前,很多标准化组织均开展了与物联网相关的标准化工作,但尚未形成一套较为完备的物联网标准规范,在市场上仍有多项标准和技术在争夺主导地位,这种现象严重制约了物联网技术的广泛应用和产业的迅速发展,所以急需建立统一的物联网体系架构和标准化体系。

解决互联互通的问题需要制定统一的连接协议和应用协议标准,但是由于商业等各方面因素,各大龙头厂商都倾向于推自己的标准,导致协议标准多样和物联网平台林立。

2019 年 12 月,亚马逊、苹果、谷歌和 ZigBee 联盟宣布共同成立新工作组 Project Connected Home over IP(互联家居项目),开发和推广免专利费的新连接协议,以提升智能家居生态之间的兼容性。这一组织有望在一定程度上解决互联互通问题。

我国物联网产业发展起步较早,在研究、应用及标准化等方面与国际先进水平基本同步,个别领域甚至超前。当前,国际标准化组织对物联网国际标准的研究处于起步阶段,尚未形成统一标准。我国需要物联网各个标准化组织共同努力,制定适合我国产业发展特点的标准,引领国际标准走向,引导我国物联网产业的兴起。

(三)物联网操作系统的开发与应用

近年来随着芯片行业的发展,物联网芯片功能越来越强,主频从 10 MHz 到 1 GHz 不等,RAM 从 100 KB 到 500 MB 不等,内核从单核到多核甚至多核异构。国内外不同芯片厂商推出各种各样的物联网芯片,导致物联网开发越加困难。物联网操作系统是解决硬件碎片化问题的最佳方法。物联网操作系统可以屏蔽各种硬件的差异,用户选择一个友好的操作系统无异于事半功倍。

值得一提的是,阿里巴巴推出的物联网操作系统 AliOS Things 是目前国内广泛使用的、具有完全自主知识产权的、高可伸缩性的物联网统一操作系统,致力于推进物理世界数字化、智能化的发展,具备极致性能、极简开发、云端一体、丰富组件、安全防护等关键能力,并通过接入阿里云平台聚合了阿里经济体各类服务,可广泛应用在智能家居、智慧城市、新工业、新出行等领域。

(四)从“数字化”到“智能化”的转变

物联网发展经历了从第一阶段的“数字化”到第二阶段的“智能化”的转变,当前整体发展还处于数字化的后期阶段,但是数据智能化在某些细分行业崭露头角。

物联网的第一阶段是以互联互通为代表的数字化转型,帮助传统企业做数字化改造,这一阶段的关键技术是传感器采集及云连接技术,因此造就了一大批物联网平台、模组、传感器厂商。目前物联网发展到第二阶段企业智能化,在数字化的基础上通过大数据挖掘等技术产生额外的价值。

根据全球移动通信系统协会预测,到 2025 年,物联网平台、服务和应用带来的收入占比将达到物联网总体的67%,成为价值增速最快的环节,而物联网连接收入占比仅占5%。随着物联网的联网设备的指数级增加,以服务为核心、以业务为导向的新型智能化业务应用将迎来更多的发展机遇。因此在海量数据基础上的大数据计算和挖掘会成为物联网发展的一个重要趋势。

(五)新技术的发展和物联网的融合

技术是促进设备发展的源动力,新技术的发展,特别是新技术与物联网的结合,可给物联网产业带来全新的场景和体验。

通信技术特别是5G的发展大大缩小了设备和云端的距离,可以充分利用云端强大的计算能力减轻设备端的压力,形成“瘦终端,胖云端”的结构,有利于各类云服务的应用场景。

IPv6的逐渐普及将对未来物联网设备有很大的意义,未来的物联网设备会直接通过IPv6地址直接寻址,不用通过网络地址转换或者网关地址转换,并且可以通过IPv6探测节点移动和动态网络质量调整的机制满足更多的物联网应用场景。

边缘计算技术的发展可以把传统云端计算下放到边缘端完成,有利于提高数据的稳定性和加快处理速度,在工业生产、数字金融等领域有广泛的应用。

模式识别和深度学习的发展,特别是在语音识别和图像处理上的应用,使物联网领域增加了很多应用场景。比如通过语音识别技术控制设备,让语音作为入口,或者在智能大屏应用上对人脸识别的相关应用。

区块链技术大大提高了物联网数据的可信度,提高了物联网设备间的去中心化协同。比如在车联网等领域实现安全性和数据可信度的升级。

数字孪生技术可以利用传感器、数学建模等数据建立数字世界对物理世界的映射,可以提高物联网管理平台的运行效率,也有利于提高物联网设备部署的效率。

(六)成本持续降低

物联网想要在更多的行业实现规模化落地应用必须解决成本问题,只有构建方便快捷、低成本的物联网应用生态,才能真正地赋能企业,物联网产业也才能真正地发展。一般来说,成本包括原材料成本、开发成本、生产制造成本、流通成本、维护成本等多个方面,其中原材料成本、生产制造成本和流通成本跟供应链上下游和工厂生产直接相关,物联网开发平台可以有效地降低开发成本和维护成本。

物联网平台建设和使用成本高是限制物联网产业规模化推广的瓶颈之一,物联网行业长尾化效应明显,不可能一个平台覆盖所有行业,需要按照行业建立多个平台。平台建设和运维需花费巨大的成本。中小企业没有必要自建平台,使用开发的物联网平台将会大大降低整个系统成本,比如采用阿里云IoT的Link Platform平台开发物联网应用。

阿里云IoT推出的HaaS轻应用开发框架,就是降低成本的一个开发方式,它采用JavaScript或Python开发的物联网应用比传统C/C++开发的更为简单迅速,也更容易维护。它可以大大降低物联网的开发难度,从而降低成本,提高产品量产速度。

随着物联网的应用与发展,世界上物与物互联的业务将远远超过人与人通信的业务,在物联网普及以后,用于动物、植物、机器、物品等的传感器与电子标签及配套的接口装置的数量将大大超过手机的数量。

物联网将前所未有地加强人与物的联系，物联网变革给人类社会带来的影响无疑将是颠覆性的，能够通过高效协作和行业细分来优化配置社会的各种资源，将整个社会带入价值创造、吸收和提升的大循环。

人们能够以更加精细、动态、便捷和智能的方式管理生产、经营商品、享受生活，提高资源利用率、生产力水平、经济效益和工作效率，降低成本，改善人与人、人与物、人与自然的关系，使人与所处环境更加和谐统一。

拓展知识

一、近年来我国对物联网的政策支持

物联网产业作为数字经济的重要支撑力量，正在受到越来越多的关注。G20国家以移动物联网等产业作为经济复苏的支柱，中国政府和科研产业界也在大力推动移动物联网的发展与创新。

2021年3月11日，十三届全国人大四次会议表决通过了《中华人民共和国国民经济和社会发展第十四个五年规划和2035年远景目标纲要》(简称"十四五"规划)的决议。"十四五"规划对未来数字经济、数字化发展和工业互联网等发展前景和远景目标定调，其中5次提到物联网。"十四五"规划划定了七大数字经济重点产业，包括云计算、大数据、物联网、工业互联网、区块链、人工智能、虚拟现实和增强现实，这七大产业也将承担起数字经济核心产业增加值占GDP超过10%目标的重任。

2021年10月，工业和信息化部发布了《物联网基础安全标准体系建设指南(2021版)》(简称《指南》)。《指南》要求，到2025年，推动形成较为完善的物联网基础安全标准体系。

2022年4月13日，工业和信息化部重磅发布了《2021物联网示范项目公示》(简称《项目公示》)、《工业互联网专项工作组2022年工作计划》两项文件。其中，《项目公示》罗列了涵盖IoT关键技术攻关、融合应用创新两大类179个物联网示范项目。

2022年6月23日，工业和信息化部公布了《2021年物联网示范项目名单》，爱柯迪、东方日升、江淮汽车、太极股份、东土科技、百川股份、盈趣科技等多家上市公司入选。此次入选的示范项目共有179个，分为两大类：关键技术攻关类和融合应用创新类。上市公司的入选项目各具特色。作为信息基础设施的建设者，三大运营商均有项目入选。

2022年12月，我国自主研发的物联网安全协议关键技术(TRAIS)被国际标准化组织/国际电工委员会(ISO/IEC)发布成为国际标准。这是我国在物联网关键核心技术领域又一项拥有自主知识产权的国际标准。此前，我国在RFID、近场通信(near field communication，NFC)安全技术领域已发布6项国际标准。加上TRAIS技术，7项国际标准共同构成了物联网安全关键技术标准体系，有助于实现全球物联网系统的互联互通和共享共治。受益于良好的外部环境及市场前景，物联网产业在今后几年将继续保持快速增长，有望带动设备制造业、运营商、应用市场等领域的蓬勃发展。在技术、企业、人才、产业配套等方面具备优势的地区应抢抓机遇，出台优惠政策招商引资，加快物联网推广应用，使物联网产业成为拉动地方经济发展、促进产业结构调整的又一重要力量。

二、近年来我国物联网的市场规模

随着国内新一代信息基础设施的布局建设，移动可穿戴设备、车联网、无人机等移动物联网的典型应用迅速发展，相应的消费市场已初具规模。

2021 年，全国物联网市场规模约为 2.63 万亿元，同比增长 22.9%。

2022 年，全国物联网市场规模约为 3.05 万亿元。

截至 2023 年 8 月末，三家基础电信企业发展蜂窝物联网终端用户 21.77 亿户，比上年末净增 3.32 亿户，占移动网终端连接数（包括移动电话用户和蜂窝物联网终端用户）的比重达 55.9%。其中，应用于公共服务、车联网、智慧零售、智能家居的物联网终端已分别达 7 亿、4.4 亿、3.2 亿、2.4 亿户。

在投融资规模方面，近年来，我国物联网投融资事件数量整体呈现下降趋势，2021 年有所回升，2022 年再度下降。截至 2023 年 9 月，我国物联网投资事件数量达 64 件，投资金额达 66.73 亿元。

项目二

畜牧物联网概述

知识要求

1. 了解畜牧物联网的相关概念。
2. 熟悉畜牧物联网的网络构架和内容。
3. 了解畜牧物联网的关键技术。

能力要求

1. 能进行畜牧物联网的应用设计。
2. 能完成畜牧物联网的基本特征的释义。
3. 能拟定畜牧物联网的网络构架。

素质要求

1. 培养求知好学的态度。
2. 培养类比、联想的学习方法。
3. 树立正确的人生观、价值观，有“爱农兴农”的意识，勇于探索新的事物和知识。

随着我国畜牧的不断发展，传统养殖观念与养殖技术已经难以适应畜牧业快速发展的需要，特别是在资源利用率低、劳动力短缺、生产技术水平低、环境污染严重等多重问题的压力下，畜牧业亟待转型升级。传统畜牧养殖主要通过人力、简单设备获取养殖相关信息，缺乏统一的标准和流程，耗时又耗力，导致规模化水平低，所以科学养殖显得尤为重要。

畜牧业是关系国计民生的重要产业，肉、蛋、奶是百姓“菜篮子”的重要品种。近年来，我国畜牧业综合生产能力不断增强，在保障国家粮食安全、繁荣农村经济、促进农牧民增收等方面发挥了重要作用，但也存在产业发展质量效益不高、支持保障体系不健全、抵御各种风险能力偏弱等突出问题。为此，需以习近平新时代中国特色社会主义思想为指导，认真落实党中央、国务院决策部署，牢固树立新发展理念，以实施乡村振兴战略为引领，以农业供给侧结构性改革为主线，转变发展方式，强化科技创新、政策支持和法治保障，加快构建现代畜禽养殖、动物防疫和加工流通体系，不断提升畜牧业质量效益和竞争力，形成产出高效、产品安全、资源节约、环境友好、调控有效的高质量发展新格局，更好地满足人民群众多元化的畜产品消费需求。

畜牧业现代化是农业农村现代化的重要内容，也是加快建设畜牧强国、农业强国的必然要求。新时代的畜牧业现代化已经发生了深刻变化，主要表现在从畜牧大国向畜牧强国迈进的现代化，以保障粮食安全为前提、大食物观为引领的现代化，由传统粗放式向绿色高质量发展转变的现代化，实现乡村全面振兴、共同富裕必经之路的现代化，高水平科技自立自强的现代化。近年来，国家不断加大对畜牧业科技创新支持力度，畜牧业现代化水平不断提高，畜牧业生产效率不断提升，畜牧业总产值将恢复增长，在 2024 年超过 3.2 万亿元。应用物联网、云计算、大数据及人工智能等新一代信息技术的智慧畜牧系统是畜牧业的发展趋势，而基于国产自主研发的核心芯片将为智慧畜牧系统提供底层技术和安全保障。

物联网在智慧畜牧业生产、运输及消费环节中的应用前景将十分广阔。畜牧业生产需要采集大量信息以达到畜禽生长的最佳条件，而由无线传感器网络组成的物联网系统则有助于实现畜牧业生产的标准化、数字化、网络化。将无线传感器网络布设于牧场、圈舍、食槽等目标区域后，网络节点会大量实时地收集温度、湿度、光照、气体浓度等物理量，精准地获取各种信息，这些信息在数据汇聚节点汇集，可为精确调控提供可靠依据。网络对汇集的数据进行分析，可帮助生产者有针对性地投放畜牧业生产资料，智慧的控制温度、光照换气等动作，从而更好地实现牧场资源的合理、高效利用和畜牧业的现代化精准管理，推进我国牧场资源的高效管理和利用，提升畜牧业的生产效能。与此同时，智慧畜牧业技术与应用的发展，将为电信运营商、终端商等物联网服务企业提供新的、可供发掘的巨大潜在市场。

物联网可实时、精准、快速采集养殖环节中的各种信息，利用无线传感器网络将采集到的信息自动传输到后台处理中心，实现规模化、自动化管理和控制。将物联网技术与养殖业结合起来，能让养殖户在第一时间感知到养殖环境及畜禽生长变化，从而及时做出补救。这样，一方面可使畜禽的生长环境一直保持在最佳状态，保证畜禽身体健康和生长速度；另一方面通过远程监控、自动化控制，可大大降低人工成本。

因此，在畜牧业中应用物联网、大数据、人工智能技术，可以实现从畜牧场的设计、管理到精细化养殖，以及对肉、蛋、奶等畜产品的质量追溯，革新养殖业生产经营方式，可有效促进畜牧业高质量发展。

任务一　认识畜牧物联网

如何建设现代畜牧场？如何更好地保障畜禽的生长、繁殖、饲养和防疫？如何产出高质量的肉、蛋、奶？这些都离不开信息化的帮助。近年来，物联网技术及应用方兴未艾，物联网之于牧场仍是个新鲜事物。

随着科技的发展，以“感知”为基础的物联网技术迅速发展并逐步渗透到各行各业，包括畜牧业在内的畜牧物联网的发展也十分迅猛。通过研发畜禽生态-生理-生长多维专用感知技术、畜禽养殖智能调控装备与大数据云平台，形成畜牧物联网技术体系，加快我国畜牧业信息化发展。

现代畜牧业是一种高投入、高产出密集型产业，需消耗大量的人力和资源。物联网在现代畜牧业中的运用可有效缩减成本，使畜牧业成为一种节能、科学管理、效益明显、环保的产业。物联网技术在畜牧业的广泛应用，已成为畜牧业发展的必然的选择和客观规律。

物联网就是物物相连的网络，通过传感器、射频识别及定位系统等信息传感设备，把物品与互联网连接起来，进行信息通信及交换，实现智能化识别、跟踪、定位、监控及管理的一种新型技术。而畜牧物联网，可以看成是物联网在畜禽养殖中的应用技术，即“物联网＋畜禽养殖”，将让畜牧业在繁育、环境、饲养、疫病、质量追溯等各个方面都发生革命性的变革，传统的养殖技术和管理经验将被精准化的养殖管理体系和信息化的经营模式取代。

畜牧物联网围绕设施化畜禽养殖场生产和管理环节，通过智能传感器在线采集养殖场环境数据（二氧化碳、氨气、硫化氢、空气温湿度等），同时集成改造现有的养殖场环境控制设备、饲料投喂控制设备，实现畜禽养殖场的智能生产与科学管理。

养殖场通过手机、平板、计算机、智能手表等终端设备，可实时掌握养殖场环境信息，及时获取异常报警信息，并可根据检测结果，根据不同品种的不同生长阶段进行精细化管理，远程控制相应设备，实现健康养殖、降本增效的目标。

畜牧物联网是物联网技术在养殖生产、经营、管理和服务中的具体应用，具体来讲就是运用各类传感器，广泛采集畜禽养殖、畜产品物流等相关信息；通过建立数据传输和格式转换方法，实现畜牧业信息的多尺度传输；最后将获取的海量畜牧业信息进行融合、处理，并通过智能化操作终端实现养殖业生产全流程的过程监控、科学管理和即时服务，进而实现畜牧业集约、高产、高效、优质、生态和安全的目标。

畜牧物联网是由大量传感器节点构成的监控网络，通过信息传感设备实时采集畜禽个体生长状况、养殖环境等信息，利用无线传感器网络/局域网（local area network，LAN）和广域网实现数据异构、实时在线数据传送，为智慧畜牧系统提供丰富的数据，为开展智能化分析奠定基础。因此，我们可以对畜牧物联网进行定义：畜牧物联网是物联网技术在畜禽养殖中的具体应用，即运用各类传感器、RFID、视觉采集终端等感知设备，广泛地采集畜禽养殖相关领域的数据信息，利用无线传感器网络、电信网和互联网等多种现代信息传输通道，实现信息的有效传输，达到对畜禽养殖过程的实时监控、精确管理和科学决策的目的。

任务二　了解畜牧物联网的网络构架

畜牧物联网面向畜禽养殖领域的应用需求，通过集成畜禽养殖信息智能感知技术及设备、无线传输技术及设备、智能处理技术等，实现畜禽养殖的养殖环境监控、行为监控、精准饲喂、育种繁殖管理、疾病检测与预警。畜牧物联网总体构架如图 2-1 所示。

一、感知层

感知层在物联网中用于识别物体、采集信息，解决的是人类世界和物理世界的数据获取问题。它通过传感器、RFID 等技术手段对畜禽的养殖环境、健康状态、生长情况及行为活动等信息进行全面采集。

作为物联网对物理世界的探测、识别、定位、跟踪和监控的末端，末端设备及子系统承载了将现实世界中的信息转换为可处理信号的作用，其主要包括传感器技术、RFID 技术、二维码技术、机器视觉技术等。采用传感器采集温度、湿度、光照、二氧化碳、氨气和硫化氢等畜禽养殖环境参数，使用 RFID 技术、二维码技术、机器视觉技术等对畜禽个体进行自动识别，利用视频捕捉技术等实现多种养殖环境信息和畜禽状态信息的捕捉。

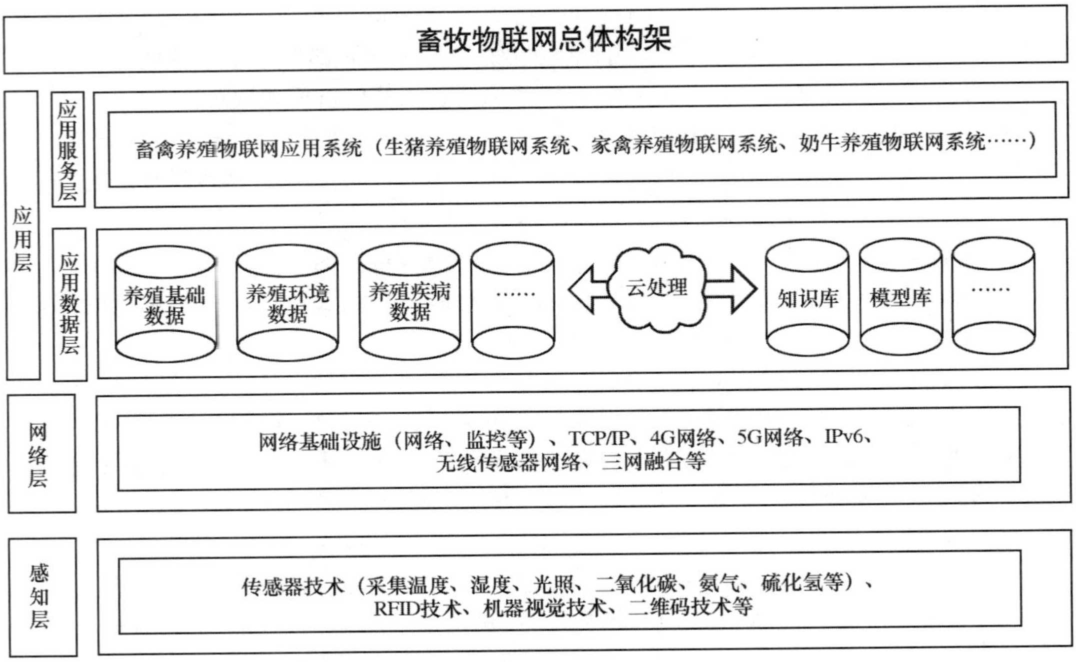

图 2-1　畜牧物联网总体架构

气象环境类传感器技术通过采集热电阻、湿敏电容、光电管和继电器等元器件电子信号的波动来感知畜禽生长环境的变化。采用气象环境类传感器技术的传感器主要包括温湿度传感器、光照传感器、降雨量传感器、风速传感器等。

气体类传感器技术主要分为电化学传感器技术和光学传感器技术。电化学传感器技术通过感知被测气体在传感器电极上发生化学反应并产生的电信号来工作。采用电化学传感器技术的传感器主要包括氧气传感器、氨气传感器和硫化氢传感器等。光学传感器技术主要是利用非色散红外(non-cispersive infrared,NDIR)原理,通过不同气体对特定波长吸收能力的不同,实现对气体浓度的测量。采用光学传感器技术的传感器主要包括二氧化碳传感器、一氧化碳传感器和甲烷传感器等。

生命本体传感器技术通过红外测温技术、运动传感器技术和流量传感器技术等测量畜禽生命本体信息。采用这种技术的传感器主要包括非接触式体温传感器、产奶量传感器、运动量传感器、饮水量传感器及饮食量传感器等。

多媒体传感器技术利用视频、声音和图像等感知动物的行为和声音特征等信息。采用这种技术的传感器主要包括工业相机、高速摄像头及麦克风等。

二、网络层

网络层用于完成感知层和数据层之间的通信传输。网络层的无线传感器网络包括无线采集节点、无线路由节点、无线汇聚节点及网络管理系统,采用无线射频技术,实现现场局部范围内信息采集和传输,采用 4G、5G 等无线通信技术实现过程数据采集。无线传感器网络具有自动网络路由选择、自诊断和智能能量管理功能。

网络层的传输技术主要是指将感知到的畜禽生长环境信息和畜禽个体情况信息通过有线或无线的方式传送给用户的技术。传输技术主要包括有线传输技术和无线传输技术。

有线传输技术主要是指互联网技术。互联网技术是指以计算机为基础，通过电缆或光缆进行通信的技术。

无线传输技术利用电磁波信号进行信息传输的技术，主要包括短信通信技术、ZigBee 无线传输技术、通用分组无线服务(general packet radio service，GPRS)无线传输技术、4G 无线通信技术和 5G 无线通信传输技术。

短信通信技术利用移动通信网，以短信的形式传递感知到的畜牧场的相关信息。ZigBee 无线传输技术利用支持 ZigBee 短距离无线通信协议的传感器节点，进行养殖环境信息的采集、汇总和传输，该协议具有自组网、低成本、低功耗和支持大量节点的优点。GPRS 无线传输技术位于第二代(2G)和第三代(3G)移动通信技术之间，4G 无线通信技术和 5G 无线通信传输技术分别为第四代和第五代移动通信技术。GPRS 无线传输技术具有可靠性高、信号覆盖广、费用低的优点，适合在涉及范围广、布局分散的情况下使用。和 GPRS 无线传输技术相比，3G 无线通信技术和 4G 无线通信传输技术具有数据传输率高、通信质量稳定和实时性强的优点。在畜牧场信息传输应用中，一般利用 GPRS 无线传输技术进行字节型数据的传输，利用 4G 无线通信技术和 5G 无线通信传输技术进行视频等量比较大的数据的传输。

三、应用层

应用层提供所有的信息应用和系统管理的业务逻辑，包括应用服务层、应用数据层等部分。其中，应用服务层负责分解业务请求，在应用支撑层的基础上，通过使用应用支撑层提供的工具和通用构件进行数据访问和处理，并将返回信息组织成所需的格式提供给客户端。同时为畜禽养殖物联网应用系统(生猪养殖物联网系统、家禽养殖物联网系统、奶牛养殖物联网系统等)提供统一的接口，为用户(养殖户、农民合作组织、养殖企业、涉农职能部门等)提供系统入口和分析工具。

畜牧物联网在进行构建时会有很多公共基础的应用服务内容，这些都是通过感知层、网络层和应用层最终体现的，根据不同的数据采集内容、要求和传输方式，按需为客户端提供最终的服务响应。畜牧物联网的最终应用系统，主要包括以下几个系统。

(一)畜禽养殖环境监控系统

利用传感器、自动控制、机器视觉、RFID 等现代信息技术，对养殖环境参数进行实时的监测，并根据畜禽生长的需要，对畜禽养殖环境进行科学合理的优化控制，实现畜禽养殖环境的自动监控，以实现畜禽养殖集约、高产、高效、优质、健康、节能、降耗的目标。

合理利用科学技术手段对畜禽养殖环境进行有效监管，是智慧养殖的首要要求。以生猪养殖为例，国内外大量的科学实验和生产实践表明，环境因素对生猪生产的影响占比达到了 20%～30%，涉及对温度、湿度、光环境、氨气及硫化氢等多方面的监测。随着传感器、移动通信和物联网技术的发展，通过传感器获得环境参数，将之传输到云端，并在手机、掌上电脑(personal digital assistant，PDA)、计算机等信息终端进行显示，已成为规模化、标准化养殖场普遍采用的信息化管理手段。对获取的大量监测数据可以进行科学有效地利用，进一步指导畜牧业生产，解决突出问题。

基于物联网的畜禽智能养殖监控系统利用物联网技术，围绕设施化畜禽养殖场生产和管理环节，通过智能传感器在线采集养殖场环境信息（二氧化碳、氨气、硫化氢、空气温湿度等），同时集成改造现有的养殖环境控制设备，实现畜禽养殖的智能生产与科学管理。养殖户可以通过手机、计算机、监控中心显示大屏等信息终端，实时掌握养殖环境信息，及时获取异常报警信息，并可以根据监测结果，远程控制相应设备，保证畜禽健康生长，提高畜禽质量，降低疫病发生概率。

（二）行为监控系统

行为监控系统利用机器视觉技术、自动控制技术、视频跟踪技术等对畜禽群体、个体的行为进行实时监测，包括每日的饮食次数、饮水次数、排泄次数和运动量等。系统提供的行为视频分析功能可进一步提取出目标畜禽个体的行为状态信息，当畜禽出现异常状态时，系统能够及时进行预警，便于养殖人员采取措施。

射频识别技术已在我国畜禽身份标识中取得了长足发展，不仅可以集成在耳标、项圈中，更有研究者探索研究微型的植入式 RFID 芯片，以期通过更加快捷的手段实时获取畜禽的身份信息。虽然以上技术取得了较大的研究进展，但在畜牧业中仍然存在维护成本高、操作复杂等现实推广问题，导致目前并未得到大规模应用。因此，研发更为廉价、操作更方便的新一代智能化个体身份标识技术将是未来的发展趋势。

（三）精准饲喂系统

目前，大多数贮料塔安装现场都反馈过料塔标定困难及后期料塔支撑受力变化后难以调整的问题。通过安装在料塔上的数字称重模块、数字接线盒、控制箱、数字仪表、倾角传感器、无线通信模块等，可以在无砝码和无已知重量饲料的情况下进行免砝码标定，并在后期使用中随时通过电脑客户端或应用（application，APP）软件进行数据查看和远程设置，当发现料塔某处支撑受力异常时，还可通过调整称重模块受力点高度进行直观修正，日常使用精度可达千分之一左右。

精准饲喂主要是面向猪、牛、羊等大中型畜禽的精准化养殖，主要包括饲喂站、自动称重、自动分群和饲料余量监测等设施仪器。智能化精准饲喂技术将营养知识与养殖技术相结合，根据畜禽个体生理信息通过科学运算方法精确计算饲料需求量，通过指令调动饲喂器来进行饲料的投喂，从而实现根据个体体况进行个性化定时定量精准饲喂，动态满足畜禽不同阶段的营养需求。该类技术是基于畜禽的个体识别、多维数据分析、智能化控制的集成应用，虽然饲养设备的建设成本相对较高，但经济效益显著，具有广阔的应用前景。

根据动物生长模型、营养优化模型、传感器、机器视觉、智能装备、自动控制等现代信息技术，以及畜禽的生长周期、个体重量、进食周期、食量等信息对畜禽的饲料喂养的时间、进食量进行科学的优化控制，实现自动化饲料喂养，以确保节约饲料，降低成本，减少污染和减少病害发生，保证畜产品安全。

（四）育种繁殖管理系统

畜禽育种繁殖管理系统支持接入监测畜禽繁育力、繁殖行为的传感器，可实时收集和分析数据,为养殖户提供合理的繁殖决策,提升繁殖率。该系统通过结合传感器技术、机器视觉技术、预测优化模型技术、RFID技术,根据基因优化原理,在畜禽繁育中进行科学选配、优化育种,科学监测母畜发情周期,从而提高种畜和母畜繁殖效率,缩短出栏周期,减少繁殖畜禽饲养量,进而降低生产成本和饲料、饲草资源占用量。

通过物联网收集的畜禽育种繁殖数据,还可为品种培育提供科学依据和最佳方案。将畜禽外貌特性、繁殖能力及副产品质量等参数在计算机中进行数据录入,同时构建系谱树,根据产品需求编写程序,经公式验算,辅以人工筛选,可获得较为科学的配种方案。

(五)疾病检测与预警系统

随着畜牧养殖模式和生态环境的改变及世界经济一体化进程的加快,与畜牧业发展息息相关的动物疫病流行态势发生了显著变化,从最初影响动物健康、损害畜牧业健康发展,逐步扩大到影响畜产品质量安全、公共卫生安全、环境安全及国际贸易、社会稳定、生物安全等多方面,特别是重大动物疫病已对全球社会经济和公共卫生安全造成严重威胁。现阶段,物联网、云计算和大数据等关键技术已经被用于动物疫病的远程诊断,出现了多种远程智能诊疗系统,可实现远程诊疗、图片影像诊断、疾控信息发布、产品追溯等功能。

畜禽疾病检测与预警系统可根据畜禽养殖的环境信息、疾病的症状信息、畜禽的活动信息,对畜禽疾病发生、发展、程度、危害等进行诊断、预测、预警,根据状态进行科学的防控,实现最大限度降低由于疫病疫情引发的各种损失的目标。

(六)生产溯源系统

农产品生产溯源系统由商务部中国国际电子商务中心诚信农商网创建,通过借鉴日本农产品质量安全管理体系的成功做法,结合商务产品编码标准,对农产品生产记录全程进行“电子化”管理,为农产品建立透明的“身份档案”。在养殖环节,通过将电子标签穿戴于畜禽身上,产生的数据与区块链平台进行对接,记录养殖过程中畜禽的身高、体重、免疫程序、环境因子、产品加工等信息。在消费环节,可通过特定条码或二维码,快速查询到相关生产信息,消费者通过扫码,可实现追根溯源,从原料采集、物流运输、商店销售等信息全程追溯,消费者知情权得到满足,可放心采购和消费。农产品生产溯源系统不仅可帮助消费者构建可信的食品追溯系统,还可为打造品牌农产品提供便捷的通道。

(七)养殖物联网管理系统

畜牧业生产主要受养殖品种、饲料种类与质量、疫病、生长环境和管理水平等因素的影响。其中环境因素所起的作用占20%～30%。圈舍环境因素包括温湿度、噪声、光照、有害气体等。环境因素对养殖业生产的重要影响作用已被国内外大量的科学实验和生产实践所证实。

畜禽养殖物联网管理系统是基于物联网技术,实现监测、报警、控制等一体化管理的平台,通过在线监测畜禽生长的环境信息,调控圈舍的生长环境条件,以实现畜禽的健康生长和繁殖,从而提高畜禽的生产率,节省人工成本,提高畜禽肉质品质。该系统主要包括以下功能。

(1)自动监控:该系统可按养殖区域、品种等,利用传感器设备自动采集空气温湿度、氨气、硫化氢、二氧化碳、光照强度等环境参数,并自动生成变化曲线图。数据以图表、数字列表等形式展示,选择一定的时间,可展示不同时间段的环境数据。

(2)手动监控:该系统可选择养殖区域所有传感器同时手动即时采集数据。

(3)视频监控:该系统可多通道同屏展示,可远程操作摄像头角度、变焦、变倍、光圈等参数。

(4)自动控制:该系统可远程设定风机、水阀、天窗、湿帘等电气设施的工作状态。

(5)预警提醒:该系统可设定各传感器参数报警区间阈值。该系统可监控圈舍内温湿度等环境参数,与设定的正常范围比较,参数异常的自动报警。

(6)用户管理:该系统可查看所有系统登录账户的情况和登录记录,以及新增不同权限用户。

(7)信息查询:该系统可进行历史数据查询、历史数据对比分析、历史数据备份、报警信息查询、设备状态查询、用户日志查询。

任务三 畜牧物联网的功能特点

随着人口的增长和社会经济的发展,畜牧业的发展上升到了一个新阶段。科学化的养殖方式冲击了传统养殖行业。而智慧养殖系统的出现,虽然从技术层面解决了劳动力,但不少养殖户对其的认识有限,并没有深入了解该系统的功能与优势。畜牧业现代化的主要特点是集中化、规模化,并以盈利为生产目的,畜牧业的健康发展需要依赖以信息技术、智能技术为支撑的智慧养殖系统提供新的解决方案,突破畜禽养殖核心关键技术,实现环境保护、畜禽健康养殖、畜牧业的可持续发展。换言之,应用物联网等新一代信息技术的智慧养殖系统是畜牧业的发展趋势。

针对当下畜牧业中存在的问题,从用户角度考虑,智慧养殖系统真正实现了畜禽养殖的智能化,为实现智慧养殖做出了卓越的贡献。智慧养殖系统将物联网智能化感知、传输和控制技术与养殖业结合起来,利用4G、5G、无线保真(wireless fidelity,WiFi)等无线网络传输技术,围绕集约化养殖生产和管理环节设计而成。该系统可对温湿度、有害气体浓度等主要环境参数进行准确和实时监测,同时集成及改造现有环境控制设备,实现畜禽养殖的智能生产与科学管理。

一、数据监测

安装在圈舍内的传感器可以把氨气浓度、二氧化碳浓度、光照强度及空气温湿度等环境信息、饲喂信息和个体成长信息等内容通过数据报表、变化曲线和实时图像方式显示。用户登录监测管理平台可以查看圈舍中任何时间段内的实时数据参数,通过对数据图表的分析可追溯畜禽的生长环境、饲喂情况、个体状态等,从而为用户的生产管理工作提供建议,确保畜禽按照优化标准生长在适宜的环境中。

氨气、二氧化碳、粉尘等气体的增加会导致疫情发生,空气温湿度、光照强度、气压的变化会影响饲养物的生长质量,空气密度、温湿度的变化及通风换气会影响饲养物的生长繁殖速度。当环境因素超标时,自动报警系统则会通知用户,用户可自行采取应对措施。

二、实时监控

智慧养殖系统能实现对整个养殖场的实时监控,在无人值守设备状态下运行,可为管理者提供高清的监控画面、实时环境参数波动、养殖场即时/累计能耗等数据，可以清晰地查询养殖场感知设备情况，以及养殖场环境变化、禽畜体温等信息。

将高清球机布置在需要监控的区域，可通过网络实时掌控现场情况，调整摄像机的镜头方向、焦距、光圈等，得到更清晰、更符合需要的现场画面，从而直观反映畜禽的生长环境和动态，以便应对畜禽生长过程中出现的各种突发情况。

三、软件平台

通过平台界面，可以切换到各个养殖单舍的分画面，灵活切换自动与远程控制方式，包括饲喂机、供水池水泵、加热器、风机、开窗机、刮粪板等设备。对供水管路缺水、养殖环境参数上下限、设备故障等情况，管理者能在微信、短信、APP 等渠道接收到预警通知，及时处理。同时云平台会自动记录预警前后的数据及相关操作，便于事后问责、追溯。

通过软件平台可以远程实时查看数据参数和自动控制。由采集器根据目标参数及与实际参数的偏差及室内环境的变化进行计算，可以实现自动控制风机、灯光、水帘等设备，从而实现通风、补光、降温，以保证畜禽生长所需的适宜环境。同时，通过平台数据还可分析畜禽生长参数和模型数据的动态趋势变化，通过大屏显示，将环境数据、生长参数等数据与视频信息相结合，方便生产管理人员对现场的情况进行精准把控。

管理员通过系统终端，可以记录日常喂养饲料、喂水、疫苗接种、清粪、畜禽死亡等现场信息，提交以后，数据直接传到软件平台。

四、智能决策

根据采集到的数据参数，通过智能决策管理系统可以设置报警限值，从而实现短信报警、邮件报警和远程控制。在智能决策管理系统中可设置每个传感器的报警限值，在超出报警限值时向预先设置的手机号码和邮箱发送报警短信和报警邮件，提醒用户可适当采取措施，以确保现场的环境条件适宜畜禽的生长。

通过物联网信息获取设备实时获取圈舍环境信息，结合通风、补光、调温设备实现圈舍最佳适应环境智能化调控，并结合可视化监控技术实现饲养物生长过程的远程可视化监测与在线诊断，对促进科学养殖、提高效率、节省人力、保障品质有重大意义。

任务四　畜牧物联网设计原则

1. 采用模块化设计

当该系统单一模块出现故障时应不影响其他模块的正常工作。同时，该系统应便于增加新的应用系统。

2. 开放性和兼容性

其系统设计应考虑用户使用便捷的因素，因此要求该系统支持互联网、手机等多种应用模式和方式。

3. 安全性

其系统数据库设计应考虑数据接口的安全性和统一性，一方面要保证数据的相对安全，另一方面还要为以后增加新的应用系统提供便捷的数据接口。同时，该系统应建立数据冗余机制，构建全方位、多层次、完善的安全保障体系，在保证物理安全和网络安全的基础上保证数据安全。

4. 标准性

该系统应符合业界主流标准与规范，包括基础架构与各个应用系统的集成和标识数据整合，均应遵循标准化原则，且不依赖特定的网络、系统软件与硬件，能够部署并运行在各种主流的软硬件环境中，解决目前该领域系统软件不兼容的问题。

5. 实用性

针对目前养殖环境指标监测困难、手段落后等缺点，可利用物联网技术，实时监测圈舍养殖信息，真正做到精准监测、精细生产和科学管理。考虑到系统用户的大众性，该系统应具有易学易用的特点，通过培训后用户能独立对系统进行维护、调整和扩展，最大限度地减少对系统开发商的技术依赖。

6. 适应性

该系统应采用技术成熟、成本易控制的传感器、智能手机等设备为信息输入端，使信息通过互联网、无线网络等可有序集成，并以养殖环境信息实时采集、后台自动运算与传输为基础，从而实现以自动监测、远程控制、视频控制为一体的综合管理平台。

7. 共享性

该系统应可为养殖企业提供信息管理平台数据采集功能，实现管理信息共享和生产调度指挥，做到数字化管理，提升智慧养殖管理水平，并为养殖企业提供生产和资讯信息服务。

8. 稳定性

该系统支撑着整个食品生产销售链的管理与监督，必须具有高可靠性、高容错性和强大的数据处理能力，以确保不间断地运行、局部出错不影响整体、快速响应，保证持续运行时间长、故障间隔大、无故障时间长。

任务五　畜牧物联网关键技术

物联网的技术发展目标是实现全面感知、可靠传输和智能处理，其关键支撑技术主要包括RFID技术、EPC技术、无线网络技术、传感控制技术、组网技术、人工智能技术等。

畜牧物联网是通过感知、传输、处理和控制等现代技术，将人(管理者、饲养者和消费者)、机、畜三者相互融合，提供更透明、更智能、更安全的一体化服务。

1. 感知技术

感知技术是利用传感器、RFID等技术手段，对畜禽的养殖环境、健康状态、生长情况及行为活动等信息进行全面采集。根据感知对象的不同，感知技术可分为气象环境类传感器技术、气体类传感器技术、生理特征传感器技术和多媒体传感器技术。

2. 传输技术

传输技术是将感知到的畜禽生长环境信息和畜禽个体情况信息通过有线或无线的方式传送给用户。传输技术分为有线传输技术和无线传输技术，包括互联网技术、ZigBee 无线传输技术、GPRS 无线传输技术、4G 无线通信技术和 5G 无线通信传输技术等。

3. 处理技术

处理技术是对传感器数据、图像、声音和视频等信息进行处理、加工，提取出能指导畜禽养殖的信息，包括数据处理技术、图形图像处理技术、声音处理技术、视频处理技术、多信息融合处理技术和智能信息处理技术等。

4. 控制技术

控制技术是通过对智能化设备的调控，确保畜禽养殖的最佳环境，同时节约生产成本，减轻劳动力负担，实现降本增效、科学决策和精准管理的目的，包括最优控制技术、自适应控制技术、专家控制技术、模糊控制技术和智能控制技术等。

拓展知识

智慧农业是农业中的智慧经济，或是智慧经济形态在农业中的具体表现。智慧农业是智慧经济的重要组成部分；是发展中国家消除贫困，实现后发优势，使经济发展后来居上、实现赶超战略的主要途径。2016 年，智慧农业被写入“中央一号”文件之中，标志着智慧农业发展已经被纳入国家顶层设计，上升到国家经济战略发展高度。

我国畜牧业的自动化水平在国际上相对较低，物联网的发展对我国畜牧业的自动化、智能化的发展起到促进作用。当然也要清醒地认识到，在这个过程中机遇与挑战并存。特别是在畜牧业中应用的高质量产品相对较少。但随着技术的逐步积累，在畜牧业中一定能形成多技术融合的应用，提高生产效率。

项目三

畜禽养殖信息感知技术

知识要求

1. 了解信息感知技术主要的技术手段和应用。

2. 针对目前发展较好、应用较为成熟的技术，如传感器技术、射频识别技术等，了解其工作原理和应用。

3. 了解多技术手段下对畜牧场进行信息化管理的现状和结果。

能力要求

1. 能完成物联网技术在畜牧业的相关解释。

2. 能解析不同传感器的应用。

3. 能说明射频识别技术的原理及应用。

4. 能解析定位与导航技术的相关原理、应用实例。

5. 能类比分析物联网技术在现代畜牧业信息化管理中的主要技术和应用。

素质要求

1. 培养归类、类比的学习方法。

2. 培养创新思维。

3. 针对畜禽养殖信息感知内容和技术特点，发散性学习，可扩展到具体应用。

任务一　了解畜禽养殖的背景

我国是一个畜禽养殖大国，养殖产量位居世界第一。随着我国城乡居民收入的不断提高，畜产品的消费量也在持续增长。相应地，畜牧业在农业总产值中所占的比重不断扩大，成为吸引农村剩余劳动力、增加农民收入的主要途径。

畜禽养殖对环境依赖程度较高，畜禽养殖环境质量直接影响着畜禽的健康和畜产品的品质，如冬天畜禽需要保温，畜禽舍内通风不畅，二氧化碳、氨气、二氧化硫等有害气体含量超标，温度、湿度等环境指标超标，这些均会导致畜禽产生各种应激反应及免疫力降低并引发各种疾病。因此，控制畜禽养殖环境是有效防控重大疫病传播和流行的先决条件。同时，畜禽繁育时对养殖环境和喂食也有较高的要求，尤其是对分娩舍和保育舍要进行严格的智能环境监控，以保证畜禽顺利繁育。

要解决畜禽养殖生产过程中所面临的问题，以物联网为代表的信息技术无疑是最重要的途径。畜禽养殖物联网在养殖业各环节上的应用大致有以下几个方面。

1. 养殖环境监控

随着畜禽养殖的规模化、集约化趋势越发明显，畜禽养殖方式也随之发生了深刻的变化：以自动化、数字化技术为平台，通过模拟生态和自动控制技术，每一个畜禽舍或养殖场都成为一个生态单元，能够自动调节温度、湿度和空气质量，实现自动送料和饮水，实现产品自动分拣和运输。

2. 行为监控

畜禽每日的饮食次数、排泄次数、运动量等行为反映了其生长状态、健康与否等多种信息，了解这些信息对于畜禽的健康养殖具有重要意义。因此，对畜禽进行行为监控及异常行为的检测是实现高效养殖、合理饲喂的重要手段。

3. 精准饲喂控制

科学喂养是养殖业中最重要的环节之一。畜禽的营养研究和科学喂养对畜牧业发展、节约资源、降低成本、减少污染和病害发生、保证畜产品安全具有重要意义。精准饲喂智能决策系统可根据畜禽在各养殖阶段营养成分需求，借助养殖专家经验建立不同养殖品种的生长阶段与投喂率、投喂量之间定量关系模型，解决喂什么、喂多少、喂几次等精准饲喂问题，而且也能为畜产品质量追溯提供数据资料。

4. 育种繁殖管理

在畜禽生产中，采用信息化技术提高公畜和母畜繁殖效率，可以减少繁殖家畜饲养量，进而降低生产成本和饲料、饲草资源占用量。因此，以畜禽繁育知识为基础，利用传感器、RFID、多媒体等感知设备对公畜和母畜的发情进行监测与识别，同时对配种和育种环境进行监控，为畜禽繁殖提供适宜的环境，全方位地管理畜禽繁育是非常必要的。

5. 疾病检测与预警

近年来，畜禽疾病呈多发态势，建立疾病检测与预警系统实现畜禽疾病的早发现、早诊治是非常重要的。畜禽疾病检测与预警系统可利用传感器获取畜禽生理数据，利用摄像头获取畜禽行为视频数据，利用声音传感器获取畜禽行为声音数据，对畜禽进行多数据来源、多角度的疾病检测。此外，根据专家确定的各类病因预警指标及疾病发生的可能程度，建立畜禽疾病预警模型，可实现畜禽疾病的精确预防、预警、诊治。

任务二　畜禽养殖信息感知的传感器技术

传感器是畜牧业信息化的“神经末梢”，传感器技术的发展程度反映了智慧畜牧业“感知”的能力。

一、传感器的概念

从广义上讲，传感器是一种能把物理量或化学量转变成便于利用的电信号的器件。国际电工委员会对传感器的定义为:传感器是测量系统中的一种前置部件,它将输入变量转换成可供测量的信号。《传感器通用术语》(GB/T 7665—2005)对传感器的定义为:能感受被测量并按照一定的规律转换成可用输出信号的器件或装置,通常由敏感元件和转换元件组成。

通俗地讲,传感器(图 3-1)是一种检测装置,能感受到被测量的信息,并能将检测感受到的信息按一定规律变换成电信号或其他所需形式的信息输出,以满足信息的传输、处理、存储、显示、记录和控制等要求,它是实现自动检测和自动控制的首要环节。

空气传感器　　温湿度传感器　　视觉传感器

图 3-1　各类传感器

二、传感器的分类

由于被测参量种类繁多,工作原理和使用条件又各不相同,因此传感器的种类和规格十分繁杂,分类方法也很多。现将常采用的分类方法归纳如下。

(一)按照工作原理分类

按照工作原理,传感器可分为物理传感器和化学传感器。物理传感器是利用某些物理效应,诸如压电效应,磁致伸缩现象,离化、极化、热电、光电、磁电等效应,把被测的物理量转化为便于处理的能量形式的信号的装置。主要的物理传感器有光敏传感器、力敏传感器、热敏传感器、磁敏传感器、声敏传感器、射线辐射传感器等。化学传感器是将各种化学物质特性的变化定性或定量地转化为电信号的装置。主要的化学传感器有气敏传感器、湿敏传感器、离子传感器、生物化学传感器等。

有些传感器既不能简单地划分为物理传感器,也不能简单地划分为化学传感器。大多数传感器是以物理原理为基础运作的。化学传感器技术问题较多,如可靠性问题、规模生产的可能性和价格问题等,解决了这些难题,化学传感器的应用将会有巨大发展。常见传感器的应用领域和工作原理见表 3-1。

表 3-1　常见传感器的应用领域和工作原理

传感器品种	工作原理	可被测定的非电学量
力敏电阻、热敏电阻半导体传感器	阻值变化	力、重量、压力、加速度、温度、湿度、气体
电容传感器	电容量变化	力、重量、压力、加速度、液面、湿度
感应传感器	电感量变化	力、重量、压力、加速度、旋进数、转矩、磁场
霍尔传感器	霍尔效应	角度、旋进度、力、磁场
压电传感器、超声波传感器	压电效应	压力、加速度、距离
热电传感器	热电效应	烟雾、明火、热分布
光电传感器	光电效应	辐射、角度、旋转数、位移、转矩

(二)按照用途分类

按照用途,传感器可分为压敏传感器、力敏传感器、位置传感器、液面传感器、能耗传感器、速度传感器、热敏传感器、加速度传感器、射线辐射传感器、振动传感器、湿敏传感器、磁敏传感器、气敏传感器、真空度传感器、生物传感器等。这种分类方法的优点是明确地说明了传感器的用途,给使用者提供了方便,容易根据测量对象来选择所需要的传感器;缺点是将原理互不相同的传感器归为一类,很难找出每种传感器在转换机制上有何共性和差异,因此,对掌握传感器的一些基本原理及分析方法是不利的。因为同一种类型的传感器,如压电传感器,它可以用来测量机械振动中的加速度、速度和振幅等,也可以用来测量冲击和力,但其工作原理是一样的。

(三)按照被测量物质的性质分类

按照被测量物质的性质分类,有利于准确表达传感器的用途。这种分类方法把种类最多的物理量分为基本量和派生量两大类。例如,力可视为基本物理量,从力可派生出压力、质量、应力、力矩等派生物理量。当我们需要测量上述物理量时,只要采用力传感器就可以了。所以,了解基本物理量和派生物理量的关系对于系统使用何种传感器是很有帮助的。基本物理量与派生物理量之间的关系见表 3-2。

表 3-2　基本物理量与派生物理量之间的关系

基本物理量		派生物理量
位移	线位移	长度、厚度、应变、振动、磨损、平面度
	角位移	旋转角、偏转角、角振动
速度	线速度	振动、流量
	角速度	转速、角振动
加速度	线加速度	振动、冲击、质量
	角加速度	角振动、转矩、转动惯量
力	压力	质量、应力、力矩
时间	频率	周期、基数
光		光通量与密度、光谱
温度		热容
湿度		水汽、含水量、露点
浓度		气(液)体成分、黏液

(四)按照输出信号分类

按照输出信号,传感器可分为以下几种。

(1)模拟传感器:将被测量的非电学量转换成模拟电信号,如要求配合数字显示器或数字计算机,需要配备模数转换(analog-to-digital conversion,A/D)或数模转换(digital-to-analog conversion,D/A)装置。

(2)数字传感器:将被测量的非电学量转换成数字输出信号(包括直接转换和间接转换),

可以直接用于数字显示和计算，可直接配合计算机，具有抗干扰能力强、适宜长距离传输等优点。目前这类传感器可分为脉冲、频率和数码输出3类。如光栅传感器等。

(3)数字传感器：将被测量的信号量转换成频率信号或短周期信号的输出(包括直接转换或间接转换)。

(4)开关传感器：当一个被测量的信号达到某个特定的阈值时，传感器相应地输出一个设定的低电平或高电平信号。

(五)应用材料的分类

在外界因素的作用下，所有材料都会做出相应的、具有特征性的反应。其中，对外界作用敏感的材料，即那些具有功能特性的材料，可被用来制作传感器的敏感元件。传感器的应用材料按照类别可分为金属、聚合物、陶瓷、混合物材料；按照物理性质可分为导体、绝缘体、半导体、磁性材料；按照晶体结构可分为单晶、多晶、非晶材料。

(六)按照能量转换关系分类

按照能量转换关系，传感器可分为能量控制型传感器、能量转换型传感器。半导体和介质材料的能量转换(调制)如表3-3所示。

(1)能量控制型传感器(无源传感器)：变换的能量由外部电源供给，而外界的变化(即传感器输入量的变化)只起到控制作用。在进行信号转换时，需要先供给能量，即从外部供给辅助能源使传感器工作，并且由被测能量来控制外部供给能量的变化。对于无源传感器，被测非电能量只是对传感器中的能量起控制或调制作用，需通过测量电路将它变为电压或电流量，然后进行转换、放大，以驱动指示或记录仪表。配用测量电路通常是电桥电路或谐振电路。如电阻式、电容式、电感式、差动变压器式、涡流式等传感器及热敏电阻、光电管、光敏电阻、湿敏电阻、磁敏电阻等都属于这类传感器。

(2)能量转换型传感器(有源传感器)：主要由能量转换元件构成，在进行信号转换时，不需要外部电源提供能量，直接由被测对象输入能量，把输入能量变换为另一种形式的能量输出使其工作。有源传感器类似一台微型发电机，它能将输入的非电能量转换成电能输出，传感器本身无须外加电源，信号能量直接从被测对象取得。因此，只要配上必要的放大器就能驱动指示或记录仪表。如压电式、压磁式、电磁式、电动式、热电偶、光电池、霍尔元件、磁致伸缩式、电致伸缩式、静电式等传感器都属于这类传感器。这类传感器中，有一部分能量的变换是可逆的，也可以将电能转换为机械能或其他非电能量，如压电式、压磁式、电动式等传感器。

表3-3 半导体和介质材料的能量转换(调制)

能量转换(调制)	转换元件	能量转换(调制)	转换元件
机械电(电压)	压电元件	光电(电压)	光能电池
机械电(阻抗)	力敏电阻	光电(电流)	光电转换器
热电(电压)	热电偶	磁电(电压)	霍尔元件
热电(阻抗)	热敏电阻	磁电(阻抗)	磁阻元件
热电(容抗)	电容器	气体电(阻抗)	气敏元件
热电(电压)	热电效应元件	湿度电(阻抗)	湿敏元件
		湿度电(容抗)	电容器

(七)按照传感器的结构参数在信号变换过程中是否发生变化分类

(1)物性型传感器:在实现信号的变换过程中,结构参数基本不变,而是利用某些物质材料(敏感元件)本身的物理或化学性质的变化来实现信号变换。这种传感器一般没有可动结构部分,易小型化,故又称为固态传感器,它是以半导体、电介质、铁电体等作为敏感材料的固态器件。例如,热电偶、压电石英晶体、热电阻,以及各种半导体传感器,如力敏、热敏、湿敏、气敏、光敏元件等传感器。

(2)结构型传感器:依靠传感器机械结构的几何形状或尺寸(即结构参数)的变化,将外界被测参数转换成相应的电阻、电感、电容等物理量的变化,实现信号变换,从而检测出被测信号。例如,电容式、电感式、应变片式、电位差计式等传感器。

(八)按照传感器与被测对象的关联方式分类

(1)接触式传感器:如电位差计式、应变式、电容式、电感式等传感器。

(2)非接触式传感器:接触式传感器的优点是将传感器与被测对象视为一体,传感器的标定无须在使用现场进行;缺点是传感器与被测对象接触会对被测对象的状态或特性不可避免地产生或多或少的影响,非接触式传感器则没有这种影响。非接触化测量可以消除传感器介入而使被测量对象受到的影响,提高测量的准确性,同时可使传感器的使用寿命增加。但是非接触式传感器的输出会受到被测对象与传感器之间介质或环境的影响,因此传感器的标定必须在使用现场进行。

(九)按照传感器的构成分类

(1)基本型传感器:只包含一种最基本的单个变换装置的传感器。

(2)组合型传感器:由不同单个变换装置组合而构成的传感器。

(3)应用型传感器:由基本型传感器或组合型传感器与其他机构组合而构成的传感器。例如,热电偶是基本型传感器,把它与能将红外线辐射转为热量的热吸收体组合成红外线辐射传感器,即一种组合传感器;把这种组合传感器应用于红外线扫描设备中,就是一种应用型传感器。

(十)按照作用形式分类

(1)主动型传感器:有作用型和反作用型,此种传感器能对被测对象发出一定探测信号,能检测探测信号在被测对象中所产生的变化,或者由探测信号在被测对象中产生某种效应而形成信号。检测探测信号变化方式的称为作用型传感器,检测产生响应而形成信号方式的称为反作用型传感器。雷达与无线电频率范围探测器是作用型传感器实例,而光声效应分析装置与激光分析器是反作用型传感器实例。

(2)被动型传感器:只是接收被测对象本身产生的信号,如红外辐射温度计、红外摄像装置等。

(十一)按照制造工艺分类

按照制造工艺,传感器可分为集成传感器、薄膜传感器、厚膜传感器、陶瓷传感器。

(1)集成传感器：用标准的生产硅基半导体集成电路的工艺技术制造，通常还将用于初步处理被测信号的部分电路也集成在同一芯片上。

(2)薄膜传感器：由通过沉积在介质衬底(基板)上的相应敏感材料的薄膜形成，使用混合工艺时同样可将部分电路制造在此基板上。

(3)厚膜传感器：利用相应材料的浆料涂覆在陶瓷基片上制成，基片通常由 Al_2O_3 制成，然后进行热处理，使厚膜成形。

(4)陶瓷传感器：采用标准的陶瓷工艺或其某种变种工艺(溶胶-凝胶等)生产。厚膜和陶瓷传感器这两种工艺之间有许多共同特性，在某些方面，可以认为厚膜工艺是陶瓷工艺的一种变种。

三、传感器技术的现状及发展趋势

传感器技术是现代科技的前沿技术，同计算机技术与通信技术一起被称为信息技术的三大支柱，是高度自动化系统乃至现代尖端技术必不可少的一个关键组成部分。传感器技术是世界各国竞相发展的高新技术，其水平高低是衡量一个国家科技发展水平的重要标志之一。传感器技术所涉及的知识领域非常广泛，其研究和发展也越来越多地和其他学科技术的发展紧密联系。传感器产业也是国内外公认的具有发展前途的高技术产业，以技术含量高、经济效益好、渗透能力强、市场前景广等特点为世人瞩目。

21 世纪是迈向信息化社会的崭新阶段。其中，光电信息学与生物学的迅猛发展已成为这一时期科学技术发展的重要标志，并有机会寻求更大的突破与飞跃。传感器技术作为一种与现代科学密切相关的新兴学科，在人类迈向新世纪、步入信息化社会的关键阶段，想要寻求空前迅速的发展，很大程度上取决于传感器在这两个前沿领域中的深入研究与广泛应用。

在国外，光电传感器技术已广泛地运用到各国军事技术、航空航天、检测技术及车辆工程等诸多领域。例如，军事上，国外激光制导技术迅猛发展，使导弹发射的精度和射中目标的准确性大幅度提高。美国在航空航天领域研制出了新型高精度高耐性红外测温传感器，使其在恶劣的环境中仍能高精度地测量出运行中的飞行器各部分温度。国外城市交通管理也大多运用电子红外光电传感器进行路段事故的检测和故障排解的指挥。同时，国外现有汽车中常装载有新型光电传感器，如激光防撞雷达、红外夜视装置及测量发动机燃料特性、压力变化并用于导航的光纤陀螺等。

在国内，传感器行业发展迅速，传感器市场近些年一直持续增长，势头良好，主要应用于工业制造、汽车产品、电子通信和专用设备，其中工业制造和汽车产品达到市场份额的 1/3。传感器的迅速发展给我国带来了无限商机。西门子、霍尼韦尔、凯乐、横河等传感器大企业纷纷进入我国市场，这为我国工业设备制造商和汽车制造业等传感器最终消费者带来了很大便利，但也对国内传感器行业施加了很大压力。国内传感器产品存在的主要问题是：品种少、质量较差、制造工艺技术相对落后，生产企业不掌握先进的核心制造技术，高性能传感器的科研成果转化率较低。

随着科学技术的迅猛发展，以及相关条件的日趋成熟，传感器技术逐渐受到更多人士的高度重视。当今传感器技术的研究与发展，特别是基于光电通信和生物学原理的新型传感器技术的发展，已成为推动国家乃至世界信息化产业进步的重要标志与动力。

根据对国内外传感器技术的研究现状，以及对传感器各性能参数的理想化要求分析，现代传感器技术的发展趋势可以从 4 个方面分析与概括：①新材料的开发与应用；②实现传感器的集成化、多功能化及智能化；③实现传感器的微小型化；④通过传感器与其他学科的交叉整合实现无线网络化。

(一)新材料的开发与应用

材料是传感器技术的重要基础和前提，是传感器技术升级的重要支撑，传感器技术的发展必然要求加大对新材料的研制力度。目前除传统的半导体材料、陶瓷材料、光导材料、超导材料以外，新型的纳米材料的诞生有利于传感器向微型方向发展，随着科学技术的不断进步将有更多的新型材料诞生。半导体材料在敏感技术中占有较大的技术优势。半导体传感器不仅灵敏度高、响应速度快、体积小、质量轻，且便于实现集成化，在今后一段时间内，仍将占有主要地位。以一定化学成分组成、经过成型及烧结的功能陶瓷材料，其最大的特点是耐热性，在敏感技术发展中具有很大的潜力。此外，采用功能金属、功能有机聚合物、非晶态材料、固体材料、薄膜材料等都可进一步提高传感器的产品质量及降低生产成本。

(二)传感器的集成化、多功能化及智能化

传感器的集成化分为传感器本身的集成化和传感器与后续电路的集成化。前者是在同一芯片上，或将众多同一类型的单个传感器件集成为一维线型、二维阵列(面)型传感器，使传感器的检测参数由点到面，再到体多维图像化，甚至能加上时序，变单参数检测为多参数检测。后者是将传感器与调理、补偿等电路集成一体化，使传感器由单一的信号变换功能，扩展为兼有放大、运算、干扰补偿等多功能，实现了横向和纵向的多功能。如日本丰田研究所开发出了能同时检测 Na^+、K^+ 和 H^+ 等多种离子浓度的传感器。这种传感器的芯片尺寸为 2.6 mm×0.5 mm，仅用一滴液体，如一滴血液，即可同时快速检测出其中 Na^+、K^+ 和 H^+ 的浓度，对医院临床非常方便实用。目前集成化传感器主要使用硅材料，它可以制作电路，又可制作磁敏、力敏、温敏、光敏和离子敏器件。在制作敏感元件时要采用单晶硅的各向同性和各向异性刻蚀、等离子刻蚀、离子注入等工艺，利用微机械加工技术在单晶硅上加工出各种弹性元件。当今，各国正在进行把传感器与电路集成在一起的研究。

智能化传感器是指那些装有微处理器的，不但能够执行信息处理和信息存储，而且还能够进行逻辑思考和结论判断的传感器系统。这一类传感器就相当于是微型机与传感器的综合体一样，其主要组成部分包括主传感器、辅助传感器及微型机的硬件设备。与传统的传感器相比，智能化传感器具有以下优点：智能化传感器不但能够对信息进行处理、分析和调节，能够对所测的数值及其误差进行补偿，而且能够进行逻辑思考和结论判断；智能化传感器具有自诊断和自校准功能，可以用来检测工作环境；智能化传感器能够完成多传感器多参数混合测量，从而进一步拓宽了其探测与应用领域，而微处理器的介入，使智能化传感器能够更加方便地对多种信号进行实时处理；智能化传感器既能够很方便地实时处理所探测到的大量数据，也可以根据需要将它们存储起来；智能化传感器配备有一个数字式通信接口，通过此接口可以直接与其所属计算机进行通信联络和交换信息。智能化传感器无疑将会进一步扩展到化学、电磁、光学和核物理等研究领域。

(三)传感器的微小型化

为了能够与信息时代信息量激增，要求捕获和处理信息的能力日益增强的技术发展趋势

保持一致，对于传感器性能指标的要求越来越严格。与此同时，传感器系统的操作友好性也被提上了议事日程，因此还要求传感器必须配有标准的输出模式。而传统的大体积、弱功能传感器往往很难满足上述要求，所以它们已逐步被各种不同类型的高性能微型传感器所取代。后者主要由硅材料构成，具有体积小、重量轻、反应快、灵敏度高及成本低等优点。就当前技术发展现状来看，微型传感器已经对大量不同应用领域，如航空、远距离探测、医疗及工业自动化等领域的信号探测系统产生了深远影响。目前开发并进入实用阶段的微型传感器已可以用来测量各种物理量、化学量和生物量，如位移、速度、加速度、压力、应力、应变、声、光、电、磁、热、pH、离子浓度及生物分子浓度等。

（四）传感器的无线网络化

无线传感器网络的主要组成部分就是一个个传感器节点，这些节点可以感受温度的高低、湿度的大小、压力的增减、噪声的升降。更让人感兴趣的是，每一个节点都是一个可以进行快速运算的微型计算机。它们将传感器收集到的信息转化成数字信号进行编码，然后通过节点与节点之间自行建立的无线网络，发送给具有更大处理能力的服务器。传感器网络是当前国际上备受关注的、由多学科高度交叉的新兴前沿研究热点领域，被认为是将对 21 世纪产生巨大影响力的技术之一。无线传感器网络有着十分广泛的应用前景，它不仅在工业、农业、军事、环境、医疗等传统领域具有巨大的应用价值，在未来还将在许多新兴领域体现其优越性，如家用、保健、交通等领域。无线传感器网络将无处不在，将完全融入我们的生活。比如微型传感器网络，最终可能将家用电器、个人电脑和其他日常用品同互联网相连，实现远距离跟踪，采用无线传感器网络负责安全调控、节电等。

四、传感器技术在畜牧业中的应用

传感器技术是物联网的基础，是各种感知信息的源头。目前已经有多种类型的传感器应用在畜牧业信息化中。目前在畜牧业中使用的传感器类型主要是用于牛、猪、羊、禽类等养殖环境气体监测的二氧化碳、甲烷、氨气、二氧化硫等的气敏传感器、光敏传感器、温度传感器、湿度传感器、断电报警传感器等；用于水产养殖的溶氧、水温、pH、氨氮、硫化氢、亚硝酸盐等的水质水文传感器；用于进行群体和个体活动监测的高清摄像头、图像传感器等；用于饲料厂的高、低料位传感器；用于监测畜产品中药物残留的生物传感器等。

这些传感器将畜牧业生产环境中的状态转换为计算机可以保存和处理的信息，可以在系统中存储、查询和使用，并可以通过网络传输至任何地方，使操作者不在现场就能了解现场环境状态。

由于成本因素，目前在畜牧业中应用的传感器主要以模拟传感器为主，需要在系统中部署智能节点进行模数转换，其部署方式和灵活性受限。随着数字传感器和智能传感器技术的发展，以及成本的降低，数字传感器、智能传感器、生物传感器会越来越多地被应用于畜牧业。

（一）养殖环境传感器

1. 温度传感器

畜禽是恒温动物，不同畜禽在不同生长阶段，其营养状况、生理调节对环境温度的要求也不同。畜禽一般通过产热和散热保持机体动态平衡，环境温度过高或过低会造成畜禽活动异常，影响饲料转化率，降低生产性能，甚至死亡。为了给畜禽创造更好的生长环境，需要监测养殖环境温度，当温度在适宜温度范围之外时，及时供热升温或防暑降温，改善畜禽舍内的环境条件。温度检测的方法主要包括热电阻测温、热电偶测温、红外线测温仪测温和红外热像仪测温。目前温度检测常用的主要有金属热电阻和半导体热敏电阻两类，具有性能稳定、使用灵活和可靠性高等优点，应用十分广泛。

热电阻传感器的工作原理是基于不同金属的电阻值随温度变化的波动不同，电阻值可以直接作为输出信号。热电阻有两种变化类型，即正温度系数和负温度系数。正温度系数表现为温度升高，阻值增加；而负温度系数正好相反，温度降低，阻值减少。以铂电阻温度传感器为例：Pt100 是电阻式温度传感器，测温的原理是测量传感器的电阻，将电阻变化转换成电压或电流等模拟信号的变化，最后经过模数转换，由微处理器计算得到对应的温度。铂电阻在 0 ℃时的电阻值 R_0 是 100 Ω，以 0 ℃作为基点温度，在温度为 t 时的电阻值（R）为：

$$R = R_0(1 + \alpha t + \beta t^2)$$

式中，α、β 为系数，经标定可以求出其值。

2. 湿度传感器

环境湿度对家禽的影响与温度有关，只有在高温环境下，湿度才会对畜禽体温有明显的影响。高温时畜禽以蒸发散热为主，较高的空气湿度会抑制蒸发散热，导致畜禽生产性能快速下降。高温低湿环境有利于畜禽蒸发散热，但是湿度过低时易造成畜禽脱水，影响畜禽的生长和健康。湿度测量方法有动态法（双压法、双温法、分流法）、静态法（饱和盐法、硫酸法）、露点法、干湿球法和电子式传感器法。湿敏电阻传感器具有稳定性、一致性好、体积小、高精度、低飘移和迟滞小等优点，是应用最广泛的湿度传感器。

湿敏电阻传感器主要由感湿层、电极和具有一定机械强度的绝缘基片组成，如图 3-2 所示。湿度传感器的工作原理是感湿层在吸收环境中的水分后会引起两电极间电阻值的变化，将相对湿度的变化转换成电阻值的变化。

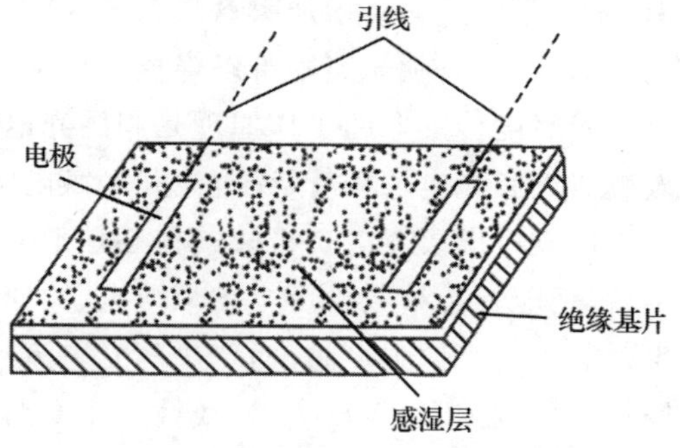

图 3-2　湿敏电阻传感器结构

3. 风速风向传感器

自然通风在畜禽养殖中依然占据着重要地位，通风能够促进畜禽舍内二氧化碳、甲烷和硫化氢等有害气体的排放，同时能够协助调节养殖舍内的温度和湿度，保持空气干燥清新，改善畜禽生长环境。风速风向是养殖环境监测的一项重要指标。用于持续监测风速风向的传感器主要包括机械三杯光耦感应器式风速风向传感器和超声波式风速风向传感器。

机械三杯光耦感应器式风速风向传感器由风杯、随风杯轴旋转的截光盘、光电转换电路组成。风杯带动截光盘转动，切割发光二极管光束产生脉冲，利用霍尔元件感应脉冲信号，脉冲频率与风速成正比，经换算后得到风速值。风向传感器由风向标、格雷码盘、光电元器件组成。风向标通过轴带动格雷码盘转动，码盘下面的光敏三极管处于导通或截止的状态，产生的光电信号经整形放大后输出格雷码，确定对应的风向信息。该传感器工作时一直在转动，随着轴承的老化和灰尘的干扰，轴承间的摩擦力会变大，灵敏度和精准度会降低，风越小摩擦阻力越大，在测量较小的风速时误差比较大。轴承的机械特性决定了其使用寿命比较短，一般每年都需要定期校准和维护。

超声波式风速风向传感器的工作原理是利用发送超声波，测量接收端的时间差来计算风速和风向。超声波在空气中的传播速度会受到空气流速的影响，如果超声波传播方向与风向相同，传播速度就会加快；如果相反，传播速度就会变慢。通过检测超声波在空气中的传播速度，可以计算出精确的风速和风向。超声波风速风向传感器有效克服了机械三杯光耦感应器式风速风向传感器轴承老化的问题，不会由于机械磨损、摩擦和冰冻等因素的影响造成测量精度下降，工作寿命得到了极大的提高，是机械三杯光耦感应器式风速风向传感器的替代品，但是目前价格较高。

4. 光照度传感器

光照强度对家禽的生长发育影响很大。在一定光照强度范围内，随着光照强度的增加，家禽活性也会增加。光照是家禽生产中的一个重要影响因素，合理的光照程序可以降低快速生长造成的负面效应。对光照来源、光的波长(颜色)、光照强度和光照节律等光环境因子对家禽的生长发育、生产性能、免疫性能及生殖性能等多个方面的影响研究进展进行归纳总结发现，光照来源对肉禽生产影响较小；光的波长(颜色)对家禽影响较为明显，其中，蓝绿光色在生产性能、肌肉发育、肉品质和免疫性能等方面都有优势；光照强度的影响主要体现在动物福利方面，光照强度过强会增加家禽活动量，过低则易诱发眼球疾病；光照节律中连续光照时间越长死亡率越高，间歇光照则可以降低死亡率、促进饲料转化率。

光照度传感器的工作原理是利用光电效应元件实现光信号和电信号的转换。常见的光电效应器件有光电二极管、光电池和光敏电阻等，其中，光电二极管体积小、性能稳定、灵敏度高，应用比较广泛。光电二极管的核心是 PN 结，光照射在 PN 结上时，携带能量的光子进入 PN 结后，把能量传给共价键上的束缚电子，使部分电子挣脱共价键，从而产生电子空穴对，称为光生载流子。光照强度越大，产生的光电流越大。光敏二极管把光照强度转换成模拟电信号，再经过稳压电路、运算放大器、线性校正电路和模数转换芯片，将模拟信号转换成数字信号。为了减小温度的影响，大部分光照度传感器还配备了温度补偿电路，进一步提高了传感器的灵敏度和探测能力。

5. PM_{10}、$PM_{2.5}$传感器

可吸入颗粒物，通常是指粒径在 10 μm 以下的颗粒物，又称 PM_{10}。PM_{10}在环境空气中持续的时间很长，对人类和畜禽健康的影响都很大。PM_{10}被吸入后，会积累在呼吸系统中，引发许多疾病。PM_{10}的浓度以 mg/m^2 表示。$PM_{2.5}$细颗粒物是指环境空气中空气动力学当量直径小于等于 2.5 μm 的颗粒物。它能较长时间悬浮于空气中，其在空气中含量浓度越高，代表空气污染越严重。虽然 $PM_{2.5}$只是地球大气成分中含量很少的组分，但对空气质量和能见度等有重要的影响。与 PM_{10}相比，$PM_{2.5}$粒径小、面积大、活性强，易附带有毒、有害物质(如重金属和微生物等)，且在大气中的停留时间长、输送距离远，因而对大气环境质量的影响更大。其中，$PM_{2.5}$中重金属的危害性不容小觑，主要包括 As、Cd、Cr、Mn、Ni、Pb 和 Sb 等有毒重金属，

这些重金属沉降到土壤中，会严重威胁动植物安全。

空气污染对生态环境的危害和影响是当前人类最关注的问题之一。各种形式的大气污染达到一定程度时，会直接影响家禽的正常生长，造成畜牧业的损失。大气颗粒物中的重金属影响着土壤结构的稳定性。重金属在土壤中的累积极其隐蔽，重金属产生生物毒性的含量极低，在土壤中不易察觉和降解。大气颗粒物中的重金属一旦进入土壤环境，便会长时间存在。有关学者研究发现，当土壤中的重金属含量超标时，蚯蚓的丰富度和数量会明显下降。大部分土壤中的重金属相对稳定、不易被分解，因此，容易通过物质循环和能量循环进入家禽体内，从而对家禽生长发育造成负面影响，严重干扰家禽正常发育。

$PM_{2.5}$的检测方法有红外法、重量法、β射线吸收法、微量振荡天平法和光散射法。光散射法具有精度高、速度快、重复性好、测量原理简单的优点，应用最为广泛。光散射法利用光散射和吸收的原理测量颗粒物数量、尺寸和浓度。光的散射受光源、测量角度、颗粒物尺寸、颗粒物形状及反射系数的影响。通过不同粒径的波形分类统计及换算公式可以得到不同粒径的实时颗粒物的数量、尺寸和浓度，按照标定方法得到与官方单位统一的质量浓度。由于颗粒物尺寸和形状难以估计，这类传感器只能得到近似的测量结果。

(二)气体传感器

1. 二氧化碳传感器

随着集约化、规模化养殖的快速发展，畜禽养殖密度逐渐提高。过高的饲养密度使养殖舍内二氧化碳浓度升高，容易导致畜禽食欲和免疫力下降，影响畜禽的生产能力。为实现健康养殖，需要监测养殖环境中的二氧化碳浓度。当二氧化碳浓度超标时，需要及时通风，改善畜禽舍内空气质量。二氧化碳检测的方法主要包括气相色谱法、滴定法、固体电解质传感器、电化学、电容式、光纤检测法和基于非色散红外(NDIR)原理的检测方法。由于 NDIR 二氧化碳传感器具有灵敏度高、选择性好、稳定性优良、使用寿命长、受环境影响小、响应速度快、无毒性、易于安装、再现性和重复性好的优点，它是最成熟和广泛应用的传感器。

NDIR 二氧化碳传感器是基于红外吸收的原理工作的。二氧化碳吸收波长为 4.26 μm 的红外线。当红外线照射含有二氧化碳的气体时，二氧化碳会吸收一部分红外线。透过红外线的光强和二氧化碳的浓度具有相关性，而且二氧化碳对红外线的吸收满足朗伯比尔(Lamber-Beer)定律。根据朗伯比尔定律，出射光强(I)为：

$$I = I_0 \exp(-KcL)$$

式中，I_0为入射光强；K 为气体的吸收系数，与气体的种类、光谱波长、压力和温度等许多因素有关；c 为待测气体浓度，mg/m^3；L 为气室的长度，cm。

NDIR 二氧化碳传感器一般由红外光源、测量气室、滤光片、双通道热电堆传感器等组成，如图 3-3 所示。其工作原理如下：含有二氧化碳的气体从进气口入，从出气口出；红外光源间歇性发出的红外线穿透被测气体和滤光片，双通道热电堆传感器会分别测量二氧化碳敏感波长和参照波长的光强；双通道热电堆传感器输出的电压比较微弱，需要对微弱信号进行滤波，去除噪声和放大红外光源发出的红外线，透过被测气体，其中，波长为 4.26 μm 的光会被二氧化碳吸收，光强会变弱，而参照光由于不会被气体吸收，光强没有改变；通过测量波长为

4.26 μm 的光被吸收的程度来计算被测气体浓度。

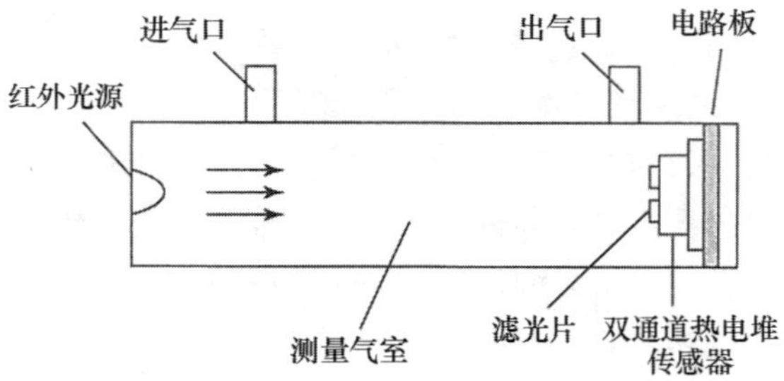

图 3-3 NDIR 二氧化碳传感器结构

2. 硫化氢电化学气体传感器

硫化氢是一种无色、有臭鸡蛋气味的刺激性气体，易挥发且易溶于水。硫化氢会对动物黏膜和结膜产生刺激作用，引起结膜炎，危害动物呼吸系统，导致抗病能力下降。

硫化氢电化学气体传感器主要包括电极、电解液和结构部件，电极部分包括工作电极、对电极及参比电极三部分。其工作原理如下：首先，在工作电极上硫化氢气体会发生氧化反应；其次，在对电极上氧气会发生还原反应，被分析气体的浓度和反应产生的电流量成正比，因此，可根据电流大小定量测定被测气体的浓度。参比电极既不参与氧化反应，也不参与还原反应，其作用是保证工作电极具有稳定电位，因为工作电极电位需要被控制，所以必须安装一个与之相匹配的恒电位电路以控制电极电位。

工作电极和对电极的反应式如下所示。

①工作电极的反应式为：

$$H_2S+4H_2O=H_2SO_4+8H^++8e^-$$

②对电极的反应式为：

$$8H^++2O_2+8e^-=4H_2O$$

③总反应式为：

$$H_2S+2O_2=H_2SO_4$$

电解液的作用是为离子迁移提供环境，是传感器两电极间的导体。因为在电解液中电极要进行氧化还原反应，所以电解液会直接影响传感器的灵敏度。硫化氢电化学气体传感器的结构由扩散孔、防尘膜和壳体等部件组成，需通过毛细管扩散孔后硫化氢气体才可以到达工作电极，因此，其孔径大小会影响气体扩散的速率。实验中硫化氢电化学传感器的孔径一般为 2.6 mm，远超过气体分子平均自由程（数量级一般为 $10^{-8}\sim10^{-7}$ m），电解电流和温度的关系为：

$$J=2.05\times10^5 D_0 T^{1/2} nd^2 p_1/(LP)$$

式中，D_0 为 273 K、101.325 kPa 条件下的扩散系数；T 为绝对温度；n 为每摩尔气体产生电子数；d 为毛细管孔径；L 为毛细管长度；p_1/P 为气体体积百分比。

3. 氨气电化学传感器

氨气作为一种刺激性气体，广泛应用在化工业和农业等许多领域，其对人体皮肤及黏膜有一定的腐蚀、刺激作用。氨气电化学传感器的工作原理是通过检测氨气通过电极前后的电位和电流变化从而测定氨气的浓度。氨气电化学传感器可分为电位型氨气传感器、直接电流型氨气传感器及电容型氨气传感器。

电位型氨气传感器是将氨气溶解在电解质中，根据其所产生的电位变化而实现测定的一种传感器。电位型氨气传感器一般用氨气敏电极。氨气敏电极是一种复合电极，一般以 pH 玻璃电极作为指示电极，Ag/AgCl 电极作为参比电极。使用时，将氨气敏电极置于盛有氯化铵的内充溶液的塑料套管中，管底部用一张疏水薄膜与测试液隔开，并使透气膜与 pH 玻璃电极间有一层很薄的液膜。测量时，氨气由于扩散作用通过透气膜进入氯化铵溶液，在溶液中与 NH_4^+ 建立平衡，从而改变电极上敏感膜表面的离子活度，建立起与氨气分压成正比的电极电势。测量电极电势可计算出被测体系中氨气的含量。

直接电流型氨气传感器是保持电位恒定，氨气通过介质时，将介质氧化或还原产生的电流变化作为输出的一类传感器，工作介质一般是碱性溶液。直接电流型氨气传感器一般需在电极表面修饰一层能催化氨气氧化的催化剂(如铂、钯、铑、铱，或这些金属颗粒的混合物，或其合金，如铂铱合金催化剂等)，然后测量氨气在某个固定电位(一般是氨气的氧化过程受扩散控制时的电位)氧化的电流。

4. 甲烷电化学传感器

甲烷不仅是生活、工业生产的重要燃料，还是洁净能源——天然气的主要成分(含量>99%)。另外，甲烷还是汽车、工业炉尾气，一般 1 分子甲烷所产生的温室效应多达二氧化碳的 21～22 倍。检测甲烷的方法主要有半导体气敏法、电化学方法、接触燃烧法、光纤法、气相色谱法和红外光谱法等，其中，应用最为广泛的是半导体气敏法与电化学方法。甲烷电化学传感器主要有电流型甲烷传感器与电势型甲烷传感器 2 种类型。

电流型甲烷传感器的工作原理如下。

传感器的结构包括固体电解质钇稳定氧化锆(yttria stabilized zirconia，YSZ)及两个 Pt 电极。当在 YSZ 两个 Pt 电极表面上加恒定电压时，在阴极表面使氧气发生还原反应，反应式为：

$$O_2+4e^- = 2O^{2-}$$

生成的 O^{2-} 通过 YSZ 氧离子传输，到达阳极表面并在此发生氧化反应，反应式为：

$$2O^{2-} = O_2+4e^-$$

氧气含量的测定可根据测量传感器电流大小而确定。在含氧的条件下，电流型甲烷传感器为了使甲烷在到阴极前被氧气完全氧化成水和二氧化碳，可以通过选择对甲烷氧化反应具有高催化活性的电极或外加一种合适的电压，通过对比前后实验消耗氧气的量从而确定甲烷含量，或在电极表面甲烷直接发生电化学氧化反应，根据通过的电流量可以确定甲烷含量。

电势型甲烷传感器的工作原理为：设计一种电池 Pd /YSZ/Au，其中，铂对甲烷氧化有很高的催化活性，作为活性电极；而金对甲烷氧化不起催化作用，作为惰性电极。当甲烷浓度较低时，活性电极上将发生反应，反应达到平衡时该电极的电极电势由氧气的分压所决定，反应式为：

$$CH_4+2O_2 = 2H_2O+CO_2$$

惰性电极上也将发生反应，反应式为：

$$O_2+4e^- = 2O^{2-}$$

由此，两个电极间建立一种电动势，该电动势可由能斯特方程计算得出。

(三)畜禽生理传感器

1. 运动量传感器

为有效提示育种人员展开对奶牛的繁殖与保健工作，以避免靠肉眼人为观察奶牛运动量来判断发情期的传统方法所造成的误差，减少奶牛空怀期及饲养成本，以便极大提高牧场繁殖水平，同时为减少空怀期，降低冷冻精液使用量，从而提高奶牛受配率，可对奶牛发情期进行监测。奶牛发情期监测对牛群管理意义重大，根据奶牛活动量的上升、静卧时间变短及体温升高等生理特征的变化，可有效判断奶牛发情期。计步器能够监测奶牛活动量，避免人工识别所造成的误差率，依靠计步器对奶牛的发情期进行判断，准确率可以达到 90%以上。

计步器中安装有三轴加速度传感器，利用其检测奶牛在 x、y、z 三个轴向上的加速度，通过所检测出的加速度可以判断奶牛的运动状态(如慢走、静止、小步和快走等)。通过所检测出的奶牛的运动状态，可将其转化为标准的计步数据，在根据所制定的相应换算法则来对奶牛的热量消耗进行测算，从而对奶牛的运动量进行一定掌握，以便判断奶牛是否处于发情期。利用动作识别算法即可对奶牛所经过运动区域进行检测，并对奶牛动作及姿态做出识别。在具有一定稳定硬件平台且平台具有较强处理数据能力的基础上，能够利用计步器对奶牛实现实时监测。其中，动作识别算法主要分为生成式分类算法和判别式分类算法。通常采用判别式分类算法对奶牛进行行为检测：首先，对三个轴向的数据进行取模求和；其次，综合三个轴向信号的数据；最后采用滑动均值滤波方法来统计步数。所采用的计步检测方法主要围绕阈值判断和峰值检测来对信号提取、去噪和步伐判断算法进行构建。具体来讲，首先，在均值滤波的基础上，利用简单期望值最大化的方法来判断峰值位置；其次，对一个轴向信号通过离散 Harr 小波进行变换处理以去除噪声的影响，并通过傅里叶分析和变换对大部分信号进行处理，以便获得较为明显的特征来实现具体功能。

通常，奶牛脚脖子上都戴有“电脑脚链”，能将奶牛的状态如实反映。该装置以三个轴向加速度传感器为基础，灵敏度高，传感器识读率高，发情期检测准确，设备安装简便，无需大规模施工。传感器采用全封闭设计，防水防潮，并可在泥泞或积水牧场环境中工作使用。其内部电路采用超低功耗设计，电池采用高性能、高容量锂电池，可保证传感器持久正常工作五年以上。传感器实时记录奶牛行为动作，包括 1 d 当中所走的步数及走路曲线等，并将相关信息储存于其中，通过挤奶平台的接收器将这类信息传到计算机里，计算机系统会分析读取奶牛的活动规律，确定奶牛 1 d 耗能多少、有无疾病、饮食是否正常和有无发情等，并推断出奶牛的配种时间。

2. 瘤胃传感装置

奶牛养殖者为了增加奶牛产奶量，从而过度增加精料饲喂量，使诸如亚急性瘤胃酸中毒

(subacute ruminal acidosis,SARA)等营养性代谢病发病率大大增加。SARA 对奶牛的健康状况具有很大影响,能够使奶牛精神不振,反刍行为减弱,采食量、产奶量下降,并引发间歇性腹泻等。在此期间,奶牛更容易出现瘤胃代谢障碍、瘤胃炎和蹄叶炎等问题,严重影响奶牛的生产性能。

基于 pH 传感器的瘤胃传感检测装置,能够监测瘤胃液的实时 pH,从而达到检测奶牛 SARA 发病率的目的(图 3-4)。瘤胃传感检测装置存留于奶牛的瘤胃中,体积较小,形如胶囊,合金质地,因一端属于加重处始终向下,使瘤胃传感检测装置始终浸在瘤胃液中,位置不随奶牛的活动而改变。天线保持在上端,传感器监测到的数据可通过天线传输到无线接收装置。pH 传感器内置于装置壳体内部,用于监测奶牛胃内环境。为减少接收无效的监测数据,瘤胃传感检测装置设置为温度达到 35 ℃以上时开始工作。瘤胃传感检测装置的壳体上设置有两个相对的窗口,从而形成连通通道,保证设置在壳体内部的 pH 传感器的感测探头通过探针插孔浸入通道中的瘤胃液中,并对相关数据进行准确监测,无线接收装置的通信模块接收到瘤胃传感检测装置通过天线发送的奶牛瘤胃液 pH 数据后,将数据保存在存储模块或通过个人计算机(personal computer,PC)接口连接电脑,或通过电脑实现对奶牛瘤胃液 pH 的实时监测,根据奶牛瘤胃液 pH,即可断定是否出现 SARA。检测过程中,在瘤胃传感检测装置内部由震动动力充电电池构成的供电装置通过震动自动充电,可保证整个检测装置的奶牛体内正常持久运行。当奶牛瘤胃 pH 每天低于 5.6 的累计时间达 3～5 h 时,则视为 SARA 出现。该传感检测装置不影响奶牛的正常活动,可节约养殖成本,增加农户收益。

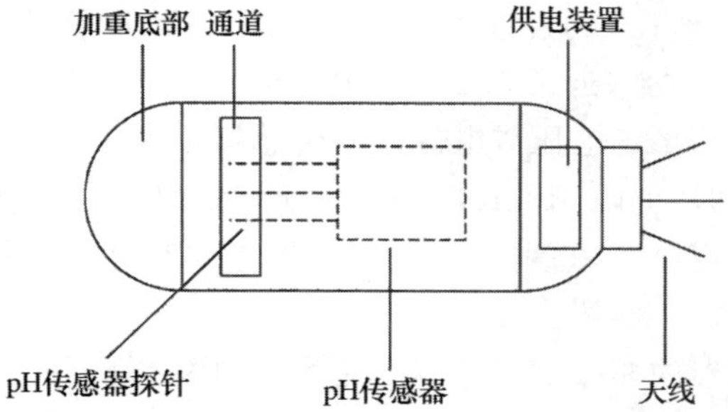

图 3-4　瘤胃传感检测装置结构

3. 体温传感器

体温是畜禽的一项重要生理参数。由于畜禽患各种疾病从而导致体温调节发生障碍致使体温发生改变,同时,畜禽发情前后会使体表温度和直肠温度发生较大变化,为实现对畜禽发情现象及患病情况的智能化鉴定,测量体温并观察其变化对畜禽生理状态评估、疾病诊断或预后判断都有重要意义。在实际生产中,因畜禽数量多、活动能力强,难以用传统玻璃水银体温计等工具对其进行大批、多次测量并统计其数据结果。

10TP583T 型非接触红外体温传感器具有良好性能,该传感器利用西贝克效应及汤普森效应作为温度感测的原理,通过红外辐射测得温度信号,而无需再与待测物体保持接触,符合实际测温需求。

利用 10TP583T 型非接触红外体温传感器不需与奶牛接触,即可对奶牛自身辐射的红外能量进行测量,以达到监测奶牛体温的目的。10TP583T 型非接触红外体温传感器由热电堆、热敏电阻集成芯片构成，其主要电路原理如图 3-5 所示。

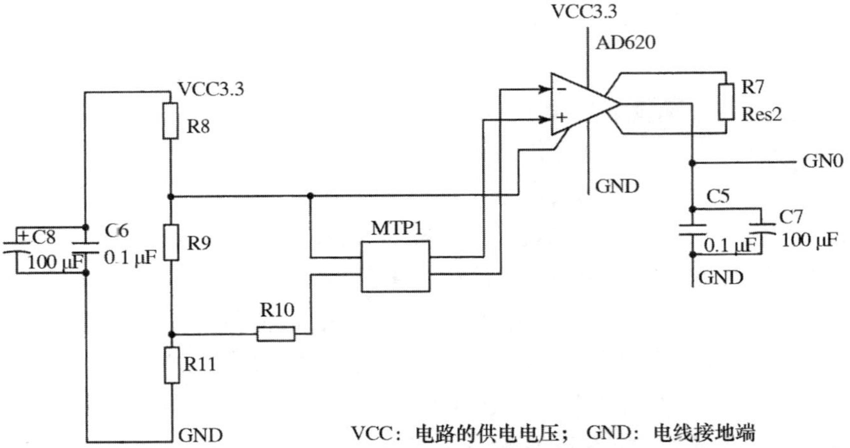

图 3-5　10TP583T 型非接触红外体温传感器主要电路原理

图 3-5 中的传感器芯片 MTP1 由热电堆和负电阻温度系数热敏电阻(negative temperature coefficient，NTC)两部分构成，热敏电阻可减小温度漂移达到对温度的补偿，同时能够对温度进行控制并达到稳压作用，其阻值与温度的关系为：

$$\varphi = \varphi_0 \sigma^{\beta(\frac{1}{T}-\frac{1}{T_0})}$$

式中，φ 为温度为 T 时的阻值；φ_0 为温度为 T_0 时的阻值；σ 为斯特藩-玻尔兹曼常数(又称斯特藩常数)；β 为热敏电阻材料常数(通常取 2 000～6 000 K)；T 为绝对温标。

利用驱动电路所提供的稳定电压或电流可将传感器中的输出信号转换为电信号。图 3-5 所示为恒电压驱动电路，利用电阻 R8、R9、R11 的分压作用可为非接触红外温度传感器芯片和仪表放大器芯片提供稳定电压，并利用仪表放大器 AD620 芯片在噪声环境下将传感器在驱动电路下的输出电压放大供其使用。

非接触红外体温传感器的非接触红外测温流程如图 3-6 所示。

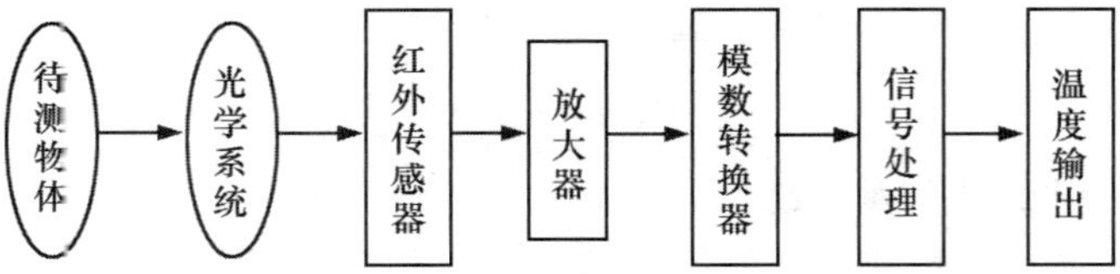

图 3-6　非接触红外测温流程

首先，待测物体自身发射红外能量，经光学系统聚焦后，该传感器进行接收；其次，将接收到的模拟信号进行放大，将放大后的模拟信号转换为数字信号；最后，对数字信号进行滤波等信号处理，结果经算法就可转化为温度值输出。

利用非接触红外体温传感器对畜禽体温进行测试，该传感器具有一个特制的光过滤器，该滤波器只可以透过 5.5～14 μm 的红外光，这样可以让该范围以外的光在探头接收辐射时不被采集到，以此得到精确的测量值。

非接触红外体温传感器都有自身的视场，也就是传感器接收待测物体自身发出的红外线的范围,也可以称作视野范围,如图 3-7 所示。衡量视野范围的大小,就是相对于视场主轴(热电堆电压输出峰值角度),50%热电堆电压输出处于的角度值。

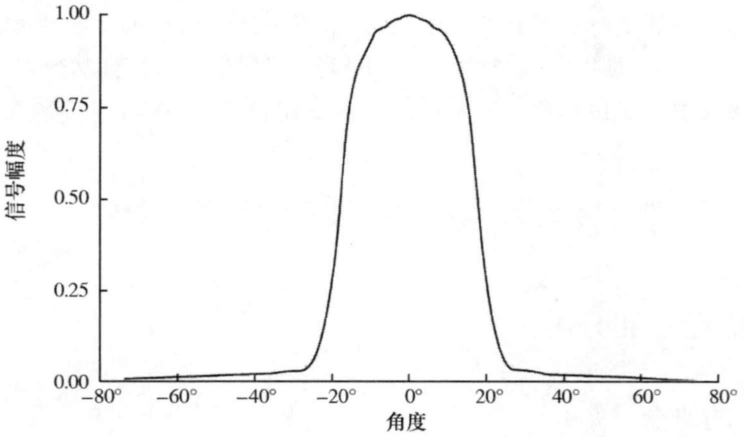

图 3-7　非接触红外温度传感器视场

由图 3-7 可知,在非接触红外体温传感器的主轴线 ±17°内,接收动物红外辐射信号峰值较好,也就是说,此传感器视场为 35°。

图 3-8 为 MLX90614 型红外测温传感器工作原理。

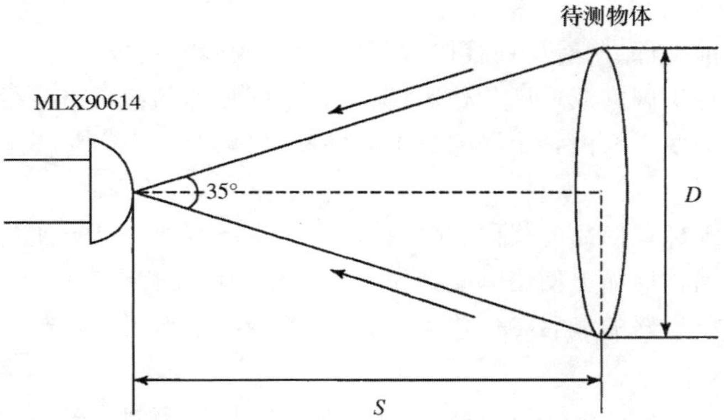

图 3-8　MLX90614 型红外测温传感器工作原理

图 3-8 中,传感器到待测物体的距离为 S,待测物体的直径为 D,D 与 S 的比值称作物距比,这是选择红外测温传感器的重要指标。由 35°的视场可知,传感器物距比为 1.6∶1,即在距离探头 1 cm 处,被测物体直径大于或等于 1.6 cm 时,可以准确采集温度。

4. 呼吸频率传感器

呼吸是指机体与外界环境之间气体交换的过程。奶牛的呼吸过程包括 3 个互相联系的环节:①外呼吸,包括肺通气和肺换气;②气体在血液中的运输;③内呼吸,是指组织细胞与血液间的气体交换。

呼吸频率是反映热应激的直观指标。正常情况下,奶牛的呼吸频率为 20 次/min;轻度热应激时,呼吸频率为 50～60 次/min;中等程度热应激时,呼吸频率为 80～120 次/min;严重热应激时，呼吸频率 120～160 次/min。呼吸频率作为生理参数的一种，是观察急性呼吸功能障碍、热应激、养殖环境是否适宜的敏感指标。不论是医生还是护理人员都把它作为生命指征之一，因此，呼吸频率传感器尤为重要。

呼吸频率传感器能够实时地反映呼吸状况，记录下单位时间内的呼吸次数并且能够显示当前的呼吸频率，这能够帮助医护人员和研究人员实时掌握奶牛的生理状况，并及时地做出有效的治疗。常见的呼吸频率传感器有应变式传感器、温湿度传感器、超声式流量传感器等。

任务三 条形码技术

一、条形码的概念和分类

(一)条形码的概念

条形码是由反射率相差很大的条和空按照一定的编码规则排列，用以表达一组信息的图形标识符。条形码具有输入速度快、准确度高、成本低、可靠性强等优点，在当今的自动识别技术中占有重要的地位。条形码技术的应用已有半个多世纪，其间经历了商品零售自动结算阶段、企业内部管理阶段及当前的供应链和电子商务阶段。

1. 条形码的构成

条形码一般由前缀码、制造厂商代码、商品代码和校验码构成。

前缀码是用来标识国家或地区的代码，赋码权由国际物品编码协会行使。

制造厂商代码的赋码权由各个国家或地区的物品编码组织行使，我国由国家物品编码中心赋予制造厂商代码。

商品代码是用来标识商品的代码，赋码权由产品生产企业自己行使，生产企业按照规定可自行决定在自己的何种商品上使用哪些阿拉伯数字作为商品代码。

校验码是商品条形码的最后 1 位代码，用于校验商品条形码中左起第 1 位数字至第 12 位数字代码的正确性。

EAN-13(标准版 EAN 码)、EAN-8(缩短版 EAN 码)的示例如图 3-9 所示。

EAN-13　6 901234 567892

EAN-8　6901 2341

图 3-9　EAN-13、EAN-8 的示例

下面以 EAN-13 为例说明条形码的构成。

第 1 至 3 位数字：共 3 位，对应该条码的“690”，为前缀码，用于标识国家或地区，这里代表中国。

第 4 至 8 位数字：共 5 位，对应该条码的“12345”，为生产厂商代码，由厂商申请、国家分配。

第 9 至 12 位数字：共 4 位，对应该条码的“6789”，为厂内商品代码，由厂商自行确定。

第 13 位数字：共 1 位，对应该条码的“2”，为校验码，依据一定的算法，由前面 12 位数字计算得到。

2. 条形码的编码原则

商品条形码的编码遵循唯一性原则，以保证商品条形码在全世界范围内不重复，即一个商品项目只能有一个代码，或者说一个代码只能标识一个商品项目。不同规格、不同包装、不同品种、不同价格、不同颜色的商品必须使用不同的商品代码。

3. 条形码的标准

商品条形码的标准尺寸是 37.29 mm×25.26 mm，放大倍率是 0.8～2.0。当印刷面积允许时，应选择 1.0 倍率以上的条形码，以满足识读要求。放大倍数越小的条形码，印刷精度要求越高，当印刷精度不能满足要求时，易造成条形码识读困难。

由于条形码的识读是通过条形码的条和空的颜色对比度来实现的，一般情况下，只要能够满足对比度要求的颜色即可使用，通常采用黑条白空。根据条形码检测的实践经验可知，红色、金色、浅黄色不宜作为条的颜色，透明色、金色不能作为空的颜色。

(二)条形码的分类

条形码可分为一维码和二维码。

1. 一维码

一维码是由黑白相间的竖条组成，看起来就像斑马线。一维码用来表示字母、阿拉伯数字和其他符号。一个完整的一维码是由两侧的空白区、起始符、数据符、校验符(可选)和终止符等组成的(图 3-10)。其中，数据符和校验符是代表编码信息的字符，扫描识读后需要传输处理，左右两侧的空白区、起始符、终止符等都是不代表编码信息的辅助符号，仅供条码扫描识读时使用，不需要参与编码信息的传输。

图 3-10　一维码的结构

常用的一维码的码制包括 EAN 码、39 码、128 码、93 码、25 码、ISBN 及库德巴(Codabar)码等，不同的码制有它们各自的应用领域。

(1)EAN 码：国际通用的符号体系，是一种长度固定、无含意的条码，所表达的信息全部为数字，主要应用于商品标识。它由国际物品编码协会制定，通用于世界各地，是目前国际上使用最广泛的一种商品条形码。我国目前在国内推行使用的也是这种商品条形码。

EAN码分为EAN-8(缩短版)和EAN-13(标准版)两种商品条形码。EAN-8码是指用于标识的数字代码为8位的商品条形码,由7位数字表示的商品项目代码和1位数字表示的校验符组成。

(2)39码和128码:目前国内企业内部自定义码制,可以根据需要确定条码的长度和信息。它编码的信息可以是数字,也可以包含字母,主要应用于工业生产线领域、图书管理等。

(3)93码:一种类似于39码的条码,它的密度较高,能够替代39码。

(4)25码:主要应用于包装、运输以及国际航空系统的机票顺序编号等。

(5)Codabar码:主要应用于血库、图书馆、包裹等的跟踪管理。

2. 二维码

由于受信息容量的限制,一维码只能充当物品的代码,而不能含有更多的物品信息,一维码的使用不得不依赖于数据库的存在,并且一维码不支持汉字信息,这样使它的使用有了较多的限制,所以二维码就诞生了。二维码是用某种特定的几何图形按一定规律在平面(二维方向上)分布的黑白相间的图形记录数据符号信息的(图3-11);在代码编制上巧妙地利用构成计算机内部逻辑基础的"0""1"比特流的概念,使用若干个与二进制相对应的几何图形来表示文字数值信息,通过图像输入设备或光电扫描设备自动识读以实现信息自动处理。它具有条码技术的一些共性:每种码制有其特定的字符集;每个字符占有一定的宽度;具有一定的校验功能等。同时它还具有对不同行的信息自动识别功能及处理图形旋转变化等特点。

图3-11　二维码

与一维码一样,二维码也有许多不同的编码方法,或称为码制。就这些码制的编码原理而言,通常可分为线性堆叠式二维码、矩阵式二维码和邮政码3种类型。

线性堆叠式二维码是在一维码编码原理的基础上,将多个一维码在纵向堆叠而产生的,典型的码制有16K码、49码、PDF417码等。

矩阵式二维码是在一个矩形空间通过黑、白像素在矩阵中的不同分布进行编码的,典型的码制有QR码、DataMatrix码等。

邮政码是通过不同长度的条进行编码的,主要用于邮件编码,如Postnet码、BPO4-State码。

目前,在许多种类的二维码中,国际上常用的码制有PDF417、DataMatrix码、QR码等,而国内具有自主知识产权的主要有汉信码、龙贝码。

PDF417 码是一种多层、可变长度、具有高容量和纠错能力的连续型二维码。PDF417 可通过线性扫描器、光栅激光扫描器或二维码成像设备读取。

DataMatrix 码是由许多小方格组成的正方形或长方形符号，信息的存储采用浅色与深色方格的排列组合的方式，主要用于电子行业小零件的标识，如英特尔的奔腾处理器的背面就印制了这种码。

QR 码可以容纳大量信息，且密度高，为普通条形码的 100 倍左右，节省印刷空间，并可对英文、汉字、数字进行编码。QR 码呈正方形，只有黑白两色，在 3 个角落印有较小的像“回”字的正方形图案，这三个图案帮助解码软件定位，使用者不需要对准，无论以何种角度扫描，资料仍能够被正确读取。

汉信码是由中国物品编码中心完成的国家“十五”重大科技专项，于 2007 年 8 月获得由国家质量监督检验检疫总局(简称质检总局)和国家标准化治理委员会发布的国家标准。汉信码是一种矩阵式条码，符号呈正方形，由特定的功能图形和数据区组成；利用位于符号四角位置的寻像图形完成快速定位、定向和符号尺寸的判定。

二维码具有以下优点。

(1)高密度编码，信息容量大。二维码的信息容量比普通条码信息容量高几十倍。

(2)编码范围广。二维码能把图片、声音、文字、签字、指纹等以数字化的形式进行编码，可以表示多种语言文字和图像数据。

(3)容错能力强。二维码具有纠错功能，这使它因穿孔、污损等引起局部损坏时，仍可正确得到识读，损毁面积达 50%仍可恢复信息。

(4)译码可靠性高。二维码比普通条码译码错误率百万分之二要低得多，误码率不超过千万分之一。

(5)可引入加密措施。二维码保密性、防伪性好；成本低，易制作，持久耐用；符号形状、尺寸大小比例可变；可使用激光阅读器或电荷耦合器件(charge coupled device，CCD)阅读器识读。

二、条码扫描器的分类和选型原则

(一)条码扫描器的分类

条码扫描器的分类方式有多种，简单地可以分为以下几类。

(1)按扫描方式来分类：条码扫描器可分为接触式和非接触式两种条码扫描器。接触式识读设备包括光笔与卡槽式条码扫描器；非接触式识读设备包括 CCD 扫描器、激光扫描器。

(2)按操作方式来分类：条码扫描器可分为手持式和固定式两种条码扫描器。

(3)按识读码制的能力来分类：条码扫描器可分为光笔、CCD、激光和影像型 4 种条码扫描器。光笔与卡槽式条码扫描器只能识读一维码；激光条码扫描器只能识读行排式二维码(如 PDF417 码)和一维码；影像型条码扫描器可以识读常用的一维码，还能识读行排式和矩阵式的二维码。

(4)按扫描方向来分类：条码扫描器可分为单向和全向两种条码扫描器，其中全向条码扫描器又分为平台式和悬挂式条码扫描器。

(二)选型原则

要依据以下选型原则进行条码扫描器的选择。

(1)与条码符号相匹配。条码扫描器的识读对象是条码符号,所以在条码符号的密度、尺寸等已确定的应用系统中,必须考虑扫描器与条码符号的匹配问题。

(2)首读率。首读率是条码应用系统的一个综合指标,要提高首读率,除提高条码符号的质量外,还要考虑扫描设备的扫描方式等因素。

(3)工作空间。一些日常办公条码应用系统,对工作距离及扫描景深的要求不高,选用光笔、CCD扫描器这两种较小扫描景深和工作距离的设备即可满足要求。一些仓库、储运系统,大都要求离开一段距离扫描条码符号,所以要求扫描器的工作距离较大,所以要选择有一定工作距离的扫描器,如激光枪等。

(4)接口要求。通用条码扫描器的接口方式有串行通信口和键盘口两种。

另外,条码扫描器的选择还要充分考虑性价比。

三、条形码技术和 RFID 技术的区别

从概念上来说,条形码技术和 RFID 技术很相似,目的都是快速、准确地确认、追踪目标物体。两者主要区别如下:有无写入信息或更新内存的能力;条形码的内存不能更改;射频标签不像条形码,它特有的辨识器不能被复制;射频标签的作用不仅仅局限于视野之内,因为信息是由无线电波传输,而条形码必须在视野之内。由于条形码成本较低,有完善的标准体系,已在全球广为应用,所以已经被普遍接受。

射频技术与条形码技术是两种不同的技术,有不同的适用范围,有时会有重叠。两者之间最大的区别是:条形码技术是"可视技术",扫描仪在人的指导下工作,只能接收它视野范围内的条形码。相比之下,射频识别不要求看见目标,只要在接收器的作用范围内就可以被读取。条形码本身还具有其他缺点,如标签被划破、污染或是脱落,扫描仪就无法辨认目标。条形码只能识别生产者和产品,并不能辨认具体的商品,贴在所有同一种产品包装上的条形码都一样,无法辨认哪些产品先过期。而射频标签的芯片内存有该产品的详细信息,如产品的名称、产地、材料、批次、生产日期,以及产品有效期等。

四、条形码技术在畜牧物联网中的典型应用

(一)条形码技术在物联网中的主要应用类型

条形码技术在物联网中的典型应用主要包括被读类业务和主读类业务。

1. 被读类业务

被读类业务的工作原理:物联网应用平台将二维码通过彩信发到用户手机上,用户持手机到现场,通过二维码机具扫描手机进行内容识别,如图 3-12 所示。其二维码应用领域如图 3-13 所示。

图 3-12　被读类业务的工作原理

被读类		
	移动订票	用户在网上商城完成购买并收到二维码作为电子票
	电子VIP	二维码作为电子会员卡，通过读取二维码验证身份
	积分兑换	用户积分兑换后收到二维码，到商家刷二维码获取商品
	电子提货券	二维码替代提货卡，用户到商家刷二维码领取货品
	自助值机	用户凭手机上的二维码到机场专用机具上值机
	电子访客	二维码存储访客信息，通过识读机具进行读取保存

图 3-13　被读类业务的二维码应用领域

2. 主读类业务

主读类业务的工作原理：用户在手机上安装二维码客户端，使用手机拍摄并识别媒体、报纸等上面印刷的二维码图片，获取二维码所存储的内容并触发相关应用。其二维码应用领域如图 3-14 所示。

主读类		
	溯源	使用手机扫描动物、蔬菜、水果等上的二维码，可进行来源查询
	防伪	使用手机扫描商品上的二维码，可连接后台查询真伪
	扫码上网	二维码替代网址，用户扫描二维码后即可跳转对应网站
	扫码购物	二维码存储商品购买链接，扫描并连接后台可实现手机购物
	名片识别	手机扫描名片上的二维码，可读取所存储的名片信息
	广告发布	二维码和传统平面广告结合，扫描可浏览和查看详细内容

图 3-14　主读类业务的二维码应用领域

(二)水产品追溯系统的条码编码方案

下面介绍水产品追溯系统的条码编码方案。这是可追溯性概念在水产品安全性管理方面的应用。国际食品法典委员会将追溯体系的定义表述为“食品市场各个阶段的信息流的连续性保障体系”。追溯体系能够从生产到销售的各个环节追溯检查产品。通俗地说，就是利用现代化信息管理技术给每件商品标上号码、保有相关的管理记录，从而可以进行追溯的系统。建立追溯体系的关键是水产品的标识技术，常见的标识技术包括条形码技术和 RFID 技术，具体方案如下。

1. 水产品编码对象分析

在以往农产品追溯编码体系研究和实践中，多针对个体大、附加值高的产品，而在我国水产品生产实际中，水产品具有兼顾单体大、附加值高与大批量、低值、个体小并存的特点，因此在水产品编码对象上应根据对象的不同采用不同的编码方式，具体可分为个体编码和批次编码。

2. 水产品追溯编码原则

编码制定应遵循唯一性、开放性、兼容性和简明性的原则。水产品编码应采用最短代码长度，形式简单明了，方便输入。在保证编码唯一性和开放性的前提下，水产品追溯编码（简称追溯码）应兼顾国际标准与国内监管实际需求，采用水产品追溯码和水产品监管码相结合的编码方式。水产品追溯码采用符合国际标准的 EAN・UCC 三段式编码规则，水产品监管码采用行政区划监管为主的编码方式。水产品追溯码主要考虑与国际标准统一，水产品监管码主要考虑满足国内监管实际需求。

3. 水产品编码设计

水产品编码采用 EAN-13 规范实现。EAN-13 码由前缀码、制造厂商代码、商品代码和校验码组成，前缀码由 2～3 位数字组成，是国际物品编码协会分配给国家（或地区）编码组织的代码，代表商品制造商所属的国家或地区；中间 4 位数字表示商品制造商的代码，由国家编码管理局审查批准并登记注册；后 5 位数字表示商品标识码，由企业自行编制；校验码用来校验条形阅读器的识别结果是否正确。

对商品编码的基本原则是根据行业和管理的需求设置商品的基本特征。通常情况下，商品的基本特征包括商品名称、商标、种类、规格、数量和包装类型等。但在水产养殖产品编码中应更多地考虑将产地、种类、商标、品种、等级、包装作为特征编码。在参考《水产及水产加工品分类与名称》（SC 3001—1989）的分类体系基础上，对水产养殖产品编码主要从类别、种类、品种和包装类型方面进行设计，编码字符的第 1 至 2 位从产品类别方面编码，如淡水鱼类、淡水虾类、淡水蟹类、淡水贝类等，第 3 至 4 位从产品类别中的常见产品品种方面编码，如淡水鱼类又可分成青鱼、罗非鱼、草鱼等，第 5 位为每一具体品种出池时的规格。图 3-15 中的编码包含的信息为某养殖企业养殖的规格为 800 g 以上罗非鱼淡水鱼类。

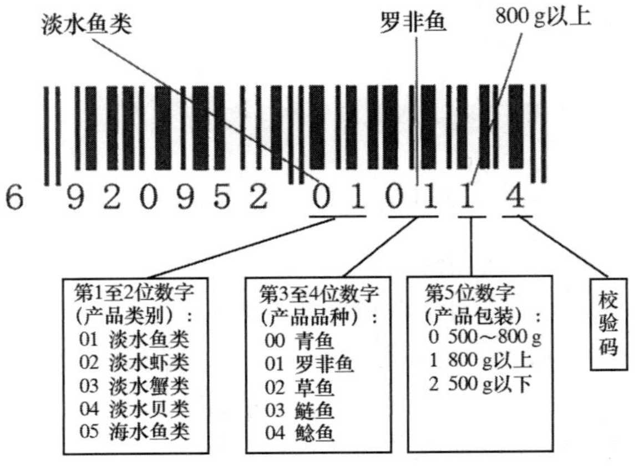

图 3-15 罗非鱼编码方案

任务四　RFID 技术

RFID 技术是一种非接触式的自动识别技术，它通过射频信号自动识别目标对象并获取相关数据，识别工作无须人工干预，可工作于各种恶劣环境。

一、RFID 技术的基本概念

RFID 技术即射频识别技术，也称为无线射频识别或电子标签技术，是一项利用射频信号通过空间耦合(交变磁场或电磁场)实现无接触信息传递，并通过所传递的信息达到识别目的的技术。RFID 技术可识别高速运动物体，并可同时识别多个标签，保证信息能够实时地表达实物流动过程，能够适应现代物流对货物仓储、运输等环节全程可视、可控的要求，操作快捷方便，在动物识别和物流中有着广泛的应用。

二、RFID 技术的发展历程

RFID 技术实现的基础是利用电磁能量实现自动标识数据采集，而电磁能量是自然界存在的一种能量形式。在 1922 年诞生的雷达(radar)就是利用电磁能量在空间的传播实现对物体的识别。雷达作为一种识别敌方空间飞行物的有效设备，在第二次世界大战中发挥了重要的作用，同时雷达技术也得到了极大的发展。RFID 技术直接继承了雷达的概念，并快速发展。

在 20 世纪中，无线电技术的理论与应用研究是科学技术发展最重要的成就之一。RFID 技术的发展可按 10 年期划分如下。

1940—1950 年：雷达的改进和应用催生了 RFID 技术。1948 年，哈里·斯托克曼发表的《利用反射功率的通信》奠定了 RFID 技术的理论基础。

1950—1960 年：早期 RFID 技术的探索阶段，主要处于实验室研究阶段。

1960—1970 年：RFID 技术的理论得到了发展，开始了一些应用尝试。

1970—1980 年：RFID 技术与产品研发处于一个大发展时期，各种 RFID 技术测试得到加速，出现了一些最早的 RFID 应用。

1980—1990 年：RFID 技术及产品进入商业应用阶段，各种规模应用开始出现。

1990—2000 年：RFID 技术标准化问题日趋得到重视，RFID 产品得到广泛采用，逐渐成为人们生活中的一部分。

2000 年以后，RFID 技术标准化问题日趋为人们所重视，RFID 技术的理论得到丰富和完善，RFID 标准已经初步形成。RFID 产品种类更加丰富，有源电子标签、无源电子标签及半无源电子标签均得到发展，电子标签成本不断降低，规模应用行业扩大。单芯片电子标签、多电子标签识读、无线可读可写、无源电子标签的远距离识别、适应高速移动物体的 RFID 技术与产品正在成为现实并走向应用。

2003 年 11 月，世界零售业巨头沃尔玛宣布采用 RFID 技术追踪其供应链系统中的商品，这揭开了 RFID 在开发系统中应用的序幕。

我国在 RFID 技术的研究方面也发展很快，比较典型的是在中国铁路车号自动识别系统建设中，推出了拥有完全自主知识产权的远距离自动识别系统。在近距离 RFID 应用方面，许多城市已经实现了公交射频卡作为预付费电子车票应用，此外还有预付费电子饭卡等。在 RFID 技术研究及产品开发方面，国内已具有了自主开发低频、高频与微波 RFID 标签与读写器的技术能力及系统集成能力。与国外 RFID 先进技术之间的差距主要体现在 RFID 芯片技术方面。尽管如此，在标签芯片设计及开发方面，国内已有多个成功的低频 RFID 系统标签芯片面市。

三、RFID 技术的构成和工作原理

最基本的 RFID 系统由 RFID 标签、阅读器和天线 3 部分组成，如图 3-16 所示。

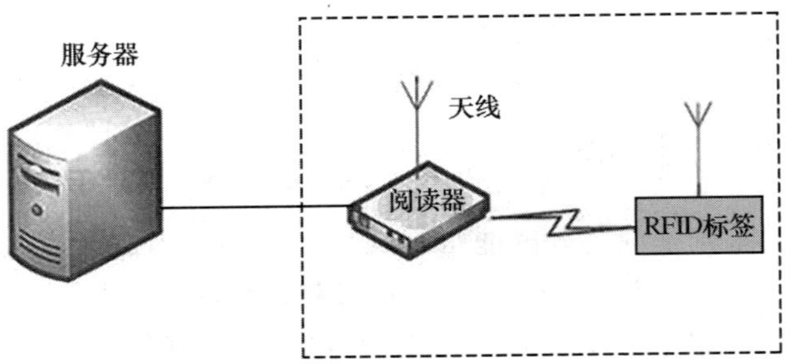

图 3-16 RFID 系统的组成

RFID 标签又称电子标签，主要由耦合元件、大规模集成电路芯片和天线组成，每个标签具有唯一的电子编码，附着在物体上标识目标对象，并且芯片中存储着该对象相关信息的电子数据，通过天线发送给阅读器进行编码，从而识别该对象。根据工作方式，RFID 标签可分为主动(有源)和被动(无源)两大类标签。RFID 标签芯片的内部结构主要包括射频前端、模拟前端、数字基带处理单元和 EEPEOM 存储单元 4 部分。

阅读器又称读取器，是读取(有时还可以写入)标签信息的设备，可设计为手持式或固定式。阅读器根据使用的结构和技术不同，可以是读或读、写装置，是 RFID 系统的信息控制和处理中心。阅读器通常由耦合模块、收发模块、控制模块和接口单元组成。阅读器的主要功能有：与 RFID 标签之间的通信功能；与中央信息处理系统之间的通信功能；在读/写区内实现多标签同时识读功能；能够进行固定和移动标签的识读；能够校验读、写过程中的错误信息等。

天线在 RFID 标签和阅读器之间传递射频信号。在 RFID 系统中，天线质量的优劣将直接影响整个 RFID 系统能否正确运行。

RFID 技术的基本工作原理非常简单：标签进入磁场后，接收阅读器发出的射频信号，凭借感应电流所获得的能量发送存储在芯片中的产品信息(无源标签或被动标签)，或者主动发送某一频率的信号(有源标签或主动标签)；阅读器读取信息并解码后，送至中央信息系统进行有关数据的处理。

四、RFID技术的特点和分类

(一)RFID技术的特点

RFID技术通过电磁耦合的方式来传送识别信息,不受空间限制,可快速进行物体跟踪和数据交换,具有以下特点。

(1)快速扫描。通过阅读器,不需要接触即可直接读取RFID标签内的数据并传至数据库,且可同时辨识读取多个RFID标签。

(2)体积小型化、形状多样化。RFID标签在读取上并不受尺寸大小与形状限制,不需为了读取精确度而配合纸张的固定尺寸和印刷品质。此外,RFID标签可往更小型化与更多样形态发展,以应用于不同产品。

(3)抗污染能力和耐久性。由于RFID标签是非接触式读写,所以能够抗恶劣环境,对水、油和化学药品等物质具有很强抵抗性。RFID标签是将数据存在芯片中,因此可以免受污损。

(4)可重复使用。由于RFID标签为电子数据,可以反复读写和使用,可以重复地新增、修改、删除RFID标签内储存的数据,方便信息的更新。

(5)穿透性和无屏障阅读。在被覆盖的情况下,RFID标签能够穿透纸张、木材和塑料等非金属或非透明的材质,进行穿透性通信。

(6)数据的记忆容量大。RFID标签最大的容量为数兆字节。随着记忆载体的发展,其数据容量也有不断扩大的趋势。未来物品所需携带的资料量会越来越大,对标签扩充容量的需求也相应增加,RFID标签容量不受限制,能够完全满足要求。

(7)安全性。由于RFID标签承载的是电子信息,其数据内容可经由密码保护,使其内容不易被伪造及变造篡改。

(二)RFID技术的分类

根据不同的分类方式,RFID技术可以有多种分类,主要有以下几种。

1. 依据电子标签的供电形式分类

依据工作时的供电方式,电子标签可分为无源电子标签和有源电子标签,如图3-17所示。

无源电子标签无内置电池,其工作所需的电源来自阅读器构建的射频场。

有源电子标签具有内置电池,又可分为半有源电子标签和有源主动式电子标签。半有源电子标签具有内置电池,向外传送信息的实现方式遵循负载反射调制技术的原理。也就是说,内置电池的能量并不转换为电子标签向外传送信息所需的射频能量,电子标签向外传送信息所需的射频能量仍然依赖于阅读器发出的载波能量信号。

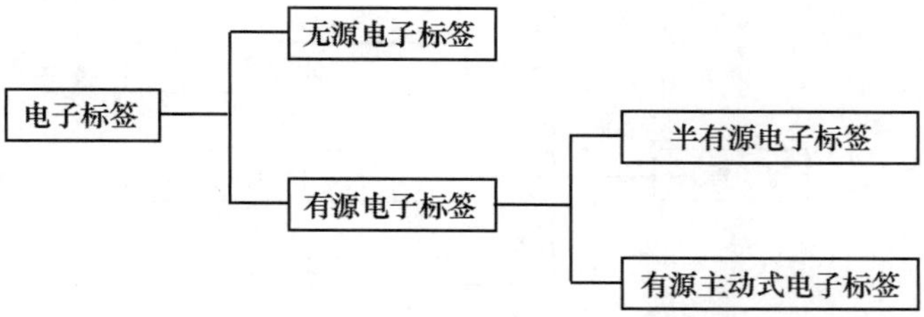

图3-17　依据电子标签供电方式的分类

2. 依据电子标签的工作频率分类

依据电子标签的工作频率分类如图 3-18 所示。

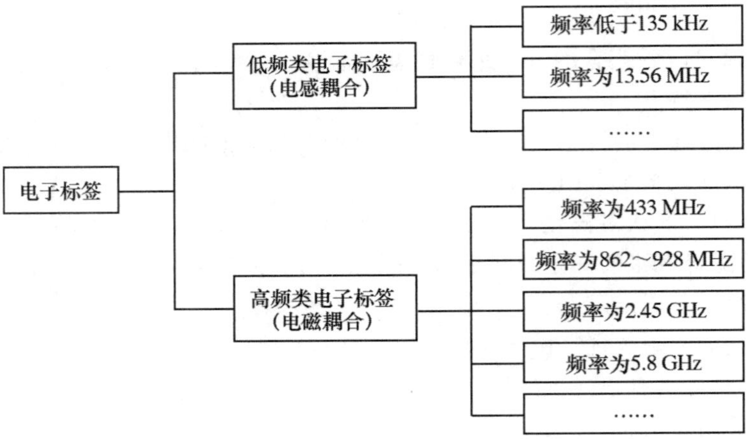

图 3-18 依据电子标签工作频率的分类

低频类电子标签技术的特点是电子标签与阅读器之间的无接触耦合一般是通过交变的磁场实现,其工作频率为 30～300 kHz,典型的工作频率为 125～133 kHz。低频类电子标签一般为无源电子标签,当电子标签进入阅读器的辐射场时,通过接收射频信号获得工作能量,其阅读距离一般小于 1 m。低频类电子标签优势主要是成本低,工作频率不受无线电频率管理制约,非常适合近距离、低速、数据量小的识别应用;劣势主要是存储容量小,仅适合近距离应用。目前低频类电子标签主要用于门禁管理、动物识别及频率为 13.56 MHz 的卡片(含柔性膜贴方式)识别等方面。

高频与微波类电子标签简称微波电子标签,其典型的工作频率包括 433 MHz,862～928 MHz、2.45 GHz 及 5.8 GHz 等,可分为有源和无源两类。微波电子标签的阅读距离一般大于 1 m,典型情况为 4～7 m,最大可达 10 m 以上。有源微波电子标签具有信号强、定位精确、阅读距离远、通信速度快、可存储容量大等优点。微波电子标签的典型应用包括移动车辆识别、电子身份证、仓储物流应用、电子闭锁防盗(电子遥控门锁控制器)等。随着集成电路尺寸的减少及成本的进一步降低,微波电子标签更适合未来应用场景,是当前电子标签研究的重点。

3. 依据电子标签使用的存储器类型分类

依据使用的存储器类型,可以将电子标签分为只读标签、可读可写标签和一次写入多次读出标签,如图 3-19 所示。

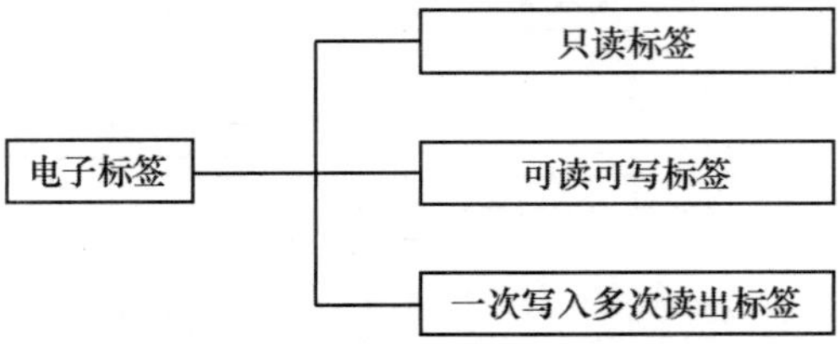

图 3-19 依据电子标签使用的存储器类型的分类

只读标签内部只有只读存储器(read-only memory,ROM)。ROM 中存储有标签的表示信息,这些信息可以在标签制造过程中,由制造商写入 ROM 中,在电子标签出厂时,即已将完整的标签信息写入标签。在应用过程中,只读标签只具有只读功能。只读标签一般容量较小,可用作标识标签。标识标签中存储的是目标对象的标识号码,用于对特定的标识项目,如人、物、地点进行标识,关于被标识项目的详细、特定的信息,需要在与系统相连接的数据库中进行查找。

一般电子标签的 ROM 中存放有厂商代码和无重复的序列码,每个厂商的代码是固定和不同的,每个厂商的每个产品的序列码也一定是不同的。所以,每个电子标签都有唯一码,这个唯一码又是存放在 ROM 中的,所以标签就没有可仿制性,是防伪的基础。

可读可写标签内部的存储器,内部除 ROM、缓冲存储器外,还有非活动可编程记忆存储器。这种存储器一般是电可擦除可编程只读存储器,它除存储数据功能外,还具有在适当的条件下允许多次对原有数据的擦除及重新写入数据的功能。有些可读可写标签还含有随机存取器,用于存储标签反应和数据传输过程中临时产生的数据。

可读可写标签一般存储的数据比较大,这种标签一般都是用户可编程的,标签中除存储标识码外,还存储有大量的被标识项目的其他相关信息,如生产信息、防伪校验码等。在实际应用中,关于被标识项目的所有信息都是存储在标签中的,读标签就可以得到关于被标识目标的大部分信息,而不必连接到数据库进行信息读取。另外,在读标签的过程中,可以根据特定的应用目的控制数据的读出,实现在不同情况下读出的数据部分不同。

一次写入多次读出标签一般大量用在一次性使用的场合,如航空行李标签、特殊身份证件标签等。

可读可写卡一般比一次写入多次读出卡和只读卡价格高得多,如电话卡、信用卡等。一次写入多次读出卡是用户可以一次性写入的卡,写入后数据不能改变,比可读可写卡要便宜。只读卡存有一个唯一的 ID 号码,不能修改,具有较高的安全性。

4. 依据 RFID 系统的传输方式分类

依据传输方式,RFID 系统可分为全双工系统、半双工系统和时序系统,如图 3-20 所示。

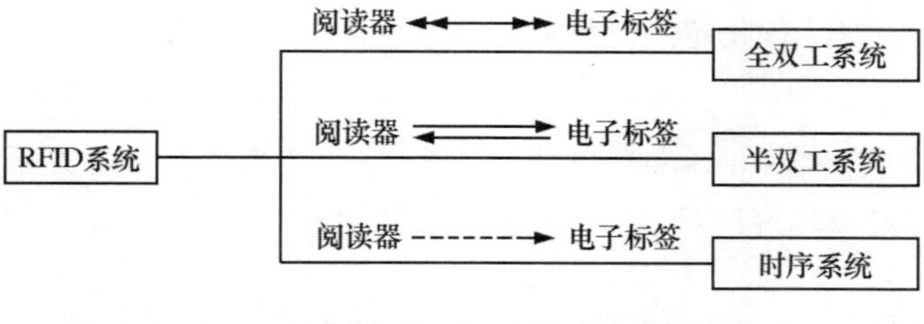

图 3-20　依据 RFID 系统传输方式的分类

在全双工系统中,数据在阅读器和电子标签之间的双向传输是同时进行的,并且从阅读器到电子标签的能量传输是连续的,与传输的方向无关。

在半双工系统中,从阅读器到电子标签的数据传输和从电子标签到阅读器的数据传输是交替进行的,并且从阅读器到电子标签的数据传输是连续的,与传输的方向无关。

在时序系统中,阅读器辐射出的电磁场时间周期性地断开,这些间隔被电子标签识别出来,并被用于从电子标签到阅读器的数据传输。因此,阅读器到电子标签的能量传输总是在限定的时间间隔内进行。

五、 RFID技术的应用领域

随着科技的进步，RFID技术被广泛应用于工业自动化、商业自动化、交通运输控制管理、防伪等众多领域。

1. 高速公路自动收费

高速公路自动收费系统是RFID技术最成功的应用之一。目前中国的高速公路发展非常快，地区经济发展的先决条件就是有便捷的交通条件。而高速公路收费却存在一些问题，如交通堵塞，在收费站口，许多车辆要停车排队交费。

REID技术应用在高速公路自动收费上能够充分体现该技术的优势。在车辆高速通过收费站的同时自动完成缴费，解决了交通的瓶颈问题，提高了车行速度，避免了拥堵，提高了收费计算效率。

2. 生产自动化及过程控制

RFID技术因具有抗恶劣环境能力强、非接触识别等特点，在生产过程控制中有很多应用。通过在大型工厂的自动化流水作业线上使用RFID技术，实现了物料跟踪和生产过程自动控制、监视，提高了生产效率，改进了生产方式，降低了成本。

在生产自动化及过程控制方面，德国BMW公司为保证汽车在流水线各位置准确地完成装配任务，将RFID系统应用在汽车装配线上；而Motorola公司则采用了RFID技术的自动识别工序控制系统，满足了半导体生产对环境的特殊要求，同时提高了生产效率。

3. 车辆的自动识别及防盗

通过建立采用RFID技术的自动车号识别系统，能够随时了解车辆的运行情况，不仅实现了车辆的自动跟踪管理，还可以大大减少发生事故的可能性，并且可以通过RFID技术对车辆的主人进行有效验证，防止车辆丢失，且在车辆丢失以后可以有效寻找丢失的车辆。

采用RFID技术可以对道路交通流量进行实时监控、统计、调度，还可以用作车辆闯红灯报警记录、被盗（可疑）车辆报警与跟踪、特殊车辆跟踪、肇事逃逸车辆排查等。据报道，英国计划在汽车上安装射频芯片，行驶超速时将被自动举报。

4. 电子票证

使用电子标签来代替各种卡，实现非现金结算，解决了现金交易不方便、不安全，以及以往的各种磁卡、IC卡容易损坏等问题。同时，电子标签用起来方便、快捷，还可以同时识别多张电子标签，并行收费。

RFID系统，特别是非接触IC卡（电子标签）应用潜力最大的领域之一就是公共交通领域。用电子标签作为电子车票，具有使用方便、缩短交易时间、降低运营成本等优势。

5. 货物跟踪管理及监控

RFID技术为货物的跟踪管理及监控提供了方便、快捷、准确的自动化技术手段。

以RFID技术为核心的集装箱自动识别，成了全球范围内最大的货物跟踪管理应用。将记录有集装箱位置、物品类别、数量等数据的电子标签安装在集装箱上，借助RFID技术，就可以确定集装箱在货场内的确切位置。系统还可以识别未被允许的集装箱移动，有利于管理和安全。

6. 仓储、配送等物流环节

将 RFID 技术用于智能仓库货物管理，可以有效地解决仓库里与货物流动相关的信息的管理问题，监控货物信息，实时了解库存情况，自动识别货物，确定货物的位置。

7. 邮件、邮包的自动分拣

RFID 技术已经被成功应用到邮政领域的邮包自动分拣系统中，该系统具有非接触、非视距数据传输的特点，所以包裹传送中可以不考虑包裹的方向性问题。另外，当多个目标同时进入识别区域时，可以同时识别，大大提高货物分拣能力和处理速度。由于电子标签可以记录包裹的所有特征数据，更有利于提高邮包分拣的准确性。

8. 畜禽跟踪和管理

RFID 技术可以用于畜禽跟踪与管理。将用小玻璃封装的电子标签植于畜禽皮下，可以标识畜禽，监测畜禽健康状况等重要信息，为牧场的现代化管理提供了可靠的技术手段。在大型养殖场，可以通过采用 RFID 技术建立饲养档案、预防接种档案等，达到高效、自动化管理畜禽的目的，同时为食品安全提供保障。

在畜禽的跟踪及管理方面，许多发达国家采用 RFID 技术，通过对畜禽的个体识别，保证畜禽大规模疾病暴发期间对感染者的有效跟踪及对未感染者的隔离控制。

9. 门禁保安

未来的门禁保安系统都可以应用电子标签，一卡可以多用，比如用作工作证、出入证、停车证、饭店住宿证甚至旅游护照等。使用电子标签可以有效地识别人员身份，进行安全管理及高效收费，简化出入手续，提高工作效率，并且有效地进行安全保护。人员出入时该系统会自动识别身份，非法闯入时自动报警。安全级别要求高的地方，还可以结合其他的识别方式，将指纹、掌纹或面部特征存入电子标签。

10. 防伪

将 RFID 技术应用在防伪领域有它自身的技术优势，它具有成本低而又很难伪造的优点。虽然电子标签的成本相对便宜，但芯片造价昂贵，这使伪造者望而却步。电子标签本身具有内存，可以储存、修改与产品有关的数据，利于进行真伪的鉴别，如应用于电子护照项目，我国的第二代身份证，学生证等其他各种电子证件的防伪。利用这种技术不用改变现行的数据管理体制，唯一的产品标识号完全可以做到与已用数据库体系兼容。

六、RFID 技术在畜牧物联网中的典型应用案例

1. 畜产品跟踪与识别

通过畜产品跟踪与识别技术可以有效保证食品安全，对于问题食品可以快速追溯与召回，降低食品问题引发的风险，该技术是公众健康的重要保证。

10 多年来，全球畜禽疫情不断爆发，如疯牛病、口蹄疫、禽流感等，不仅造成了巨大的经济损失，而且给人们的健康和生命安全带来了严重威胁。为此，许多国家将 RFID 技术应用于畜产品跟踪与识别，以增强动物性食品追溯机制。依据标签外形及佩戴方式，畜禽电子标签可分

为项圈式、耳牌(标)式(图 3-21)、注射式和药丸式等。

图 3-21　畜禽耳牌式电子标签示例

当畜禽进入 RFID 固定式读写器的识别范围,或者手持式读写器靠近畜禽时,即可自动识别标签中的相关信息,如畜禽的基本情况(品种、性别、免疫编号和出生日期等)、饲料使用情况、疾病和免疫进度等。系统可将畜禽从出生到屠宰过程的防疫、检疫、监督工作贯穿起来,可实现对畜禽的快速、准确追溯。我国也尝试将 RFID 技术应用于畜禽追溯与食品安全监管。2006 年,浙江省水产局推出了鱼类产品智能防伪卡——千岛湖“淳牌”有机鱼身份证,实现了从水体到餐桌的全程质量跟踪管理。

除对肉类食品进行追踪识别外,还需要对蔬菜产品进行追溯。相较于肉类食品,蔬菜类产品的追溯以条形码为主,为了摆脱对数据存储的限制,多地已经开始采用 RFID 技术。条码与 RFID 技术关联的蔬菜追溯已经在天津等地得到了应用,在上海与山东更是采用了以 RFID 技术为主要手段的有机蔬菜追溯管理系统。通过蔬菜的 RFID 标签可以详细地了解蔬菜产品的产地信息、运输信息和种植信息等,将每一棵蔬菜的责任落实到参与生产运输的个人身上,可以有效杜绝农药滥用、注射药剂等不合理的情况,为大众的菜篮子添上一把安全锁。

2. 数字养殖

数字养殖是数字农业的重要组成部分,是提高农业效益和养殖业集约化程度的重要手段,其关键是建立适合畜禽养殖的技术体系。RFID 标签可用于记录圈养畜禽的生理、生产活动,读写器通过有线或无线通信将相关数据传输到计算机数据控制中心,上位机软件根据相应信息对系统进行实时管理。依托 RFID 技术、网络技术及数据库技术,可准确而全面地记录畜禽的饲养、生长及疾病防治等情况,同时还可对肉类品质等信息进行准确标识,实现畜禽养殖信息的融合、查询和监控(图 3-22)。

20 世纪 80 年代,美国、荷兰、新西兰等国家已建立了数字化程度较高的奶牛场,其基本组成如图 3-22 所示。例如,奥斯本公司的 TEAM 系统主要用于妊娠母猪的饲养和管理工作,其原理是:每 50～60 头妊娠母猪圈养在一个 90～100 m^2 大栏中,根据饲养规模,每栏可以是同一批配种的妊娠母猪,也可以是不同日期配种的妊娠母猪。自动饲喂站通过母猪佩带的 RFID 电子耳牌对母猪个体进行识别和区分,并根据每头母猪的妊娠日程和体况,结合天气温度自动计算出母猪每天应采食的饲料定额并投放相应的饲料量给该母猪。母猪采食完自己当天的饲料定额后,即使它再进入饲喂站,饲喂站也不会再投放饲料给它,从而达到控制妊娠母猪采食量和保持母猪体况的目的。

TEAM 系统还在妊娠栏中为妊娠前 8 周的母猪安装了自动的电子发情探测站并配备了试情公猪。当栏内母猪接近发情或发情时,它们将接近电子发情探测站并与试情公猪进行鼻与鼻的接触，在此同时，电子发情探测站将记录下该母猪的电子耳牌，以及它与公猪接触的次数和接触持续时间，并将记录的数值转化为发情指数曲线，当曲线达到预设的发情阈值时，TEAM 系统将自动提醒饲养员或管理人员对该母猪进行发情的人工鉴定。电子发情探测站和试情公猪如同一位一直在工作的饲养员，它几乎不放过每一头发情母猪，这种发情鉴定完全符合母猪的自然生理特性，不会给母猪造成任何应激反应。理论计算表明，利用电子发情探测结合人工复查手段，母猪的妊娠受胎率将提高 8%。在实际应用中也可发现，使用了 TEAM 系统和电子发情探测站的某些猪场，其母猪受胎率甚至提高了 10%。

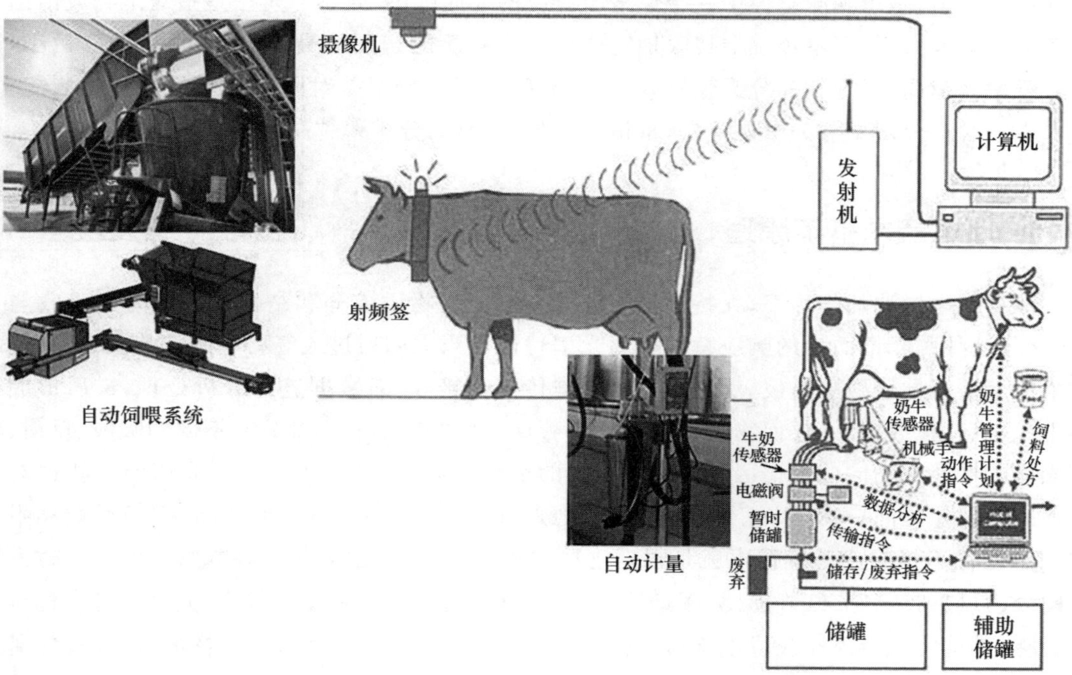

图 3-22　数字养殖系统

任务五　遥感技术

遥感技术是远距离获取图像信息的重要手段。由于农业生产地域广、季节性强、品种各异，在宏观尺度上采用遥感技术实现对农业资源、农情（旱涝、病虫害、作物长势）进行实时监测、估产是最有效的途径。因此，遥感技术是农业现场信息感知的重要手段之一，具有大面积同步观测、时效性强、综合性强的特点，尤其是对农业不同尺度信息的感知，具有得天独厚的优势。

及时获取牧草种植面积是研究生态区域平衡，预测农业综合生产力和畜禽承载力的基础。遥感技术已经成为提取作物种植面积的重要手段。牧草种植面积的遥感提取是在收集、分析不同作物光谱特征的基础上，通过遥感影像记录的地表信息，识别作物的种类，统计作物的种植面积。因此遥感影像分析方法的发展可推动作物种植面积的遥感提取方法的研究。

一、遥感技术概述

遥感技术是指以卫星、飞机等不同平台为媒介，通过记录地面目标物的电磁波特性，非接触远程对地球或其他星体表面进行观测，以获取面状图像(影像)信息的技术手段。其中，分辨率作为遥感传感器成像系统对输出影像细节辨别能力的一种重要的度量方式，是遥感影像应用价值的重要技术指标，对影像细节的不同度量则形成了多种不同类型的分辨率，通常分为以下 3 种：空间分辨率、光谱分辨率和时间分辨率。其中，空间分辨率表达了对遥感影像空间细节的辨别能力，是指观测影像中一个像素所对应的地面范围；光谱分辨率是指对地物波谱细节信息的分辨能力，是卫星传感器接收地物辐射波谱时所能辨别的最小波长间隔，间隔越小，光谱分辨率就越高，对地物的分类识别效果就越好；时间分辨率是对同一地点的重复观测能力，通常也把时间分辨率称为重访周期，重访周期越短，时间分辨率越高。

二、遥感技术基本原理

地物在电磁波的作用下，在特定波段形成能够反映物质成分和结构信息的光谱吸收与反射特征，这种因光谱而异的响应特性称为光谱特性。当太阳通过大气将电磁波传到地物时，地物根据光谱特性反射电磁波，反射的电磁波被传感器接收，对数据进行分析处理，最后形成遥感影像(或其他数据)。任何物体都具有光谱特性，具体来说，它们都具有不同的吸收、反射、辐射光谱的性能。在同一光谱区各种物体反映的情况不同，同一物体对不同光谱的反映也有明显差别。即使是同一物体，在不同的时间和地点，由于太阳光照射角度不同，它们反射和吸收的光谱也各不相同。遥感技术就是根据这些原理，对物体做出判断。遥感按常用的电磁谱段不同分为可见光遥感、红外遥感、多谱段遥感、紫外遥感和微波遥感。其中，光学遥感也称可见光遥感，是指传感器工作波段限于可见光波段范围(380～750 nm)的遥感技术，该波段的遥感数据具有分辨率高、易于解译的特点。

微波遥感是指利用波长为 1～1 000 mm 的电磁波遥感的统称，通过接收地面物体发射的微波辐射能量，或接收遥感仪器本身发出的电磁波束的回波信号，达到对物体进行探测、识别和分析的目的。现阶段在微波遥感中最常用的传感器为雷达，故又将微波遥感称为雷达遥感。与光学遥感技术相比，微波遥感技术具有全天候昼夜工作能力，能穿透云层，不易受气象条件和日照水平的影响；获取的微波图像有明显的立体感，能提供可见光照和红外遥感以外的信息。但由于微波的波长比可见光、红外线长几百至几百万倍，微波遥感器所获得的图像空间分辨率较低。

三、遥感技术在畜牧业中的应用

在畜牧业领域，遥感技术主要用于监测牧草长势、土壤墒情及牧草病虫害数据，也可用于估算牧草产量，结合 GPS 和 GIS，还可以系统、客观地收集农作物信息，监测生态资源，为农事决策提供便利。

1. 牧草长势监测

近几年生态环境遭到破坏，直接导致优质牧草质量的下降，畜禽营养也跟不上其成长的节奏，使畜牧业的发展难以稳定。遥感技术的运用，能够及时地掌握草场的现状及动态变化，在发现牧草质量下降时，能及时采取对策，科学施料，实现对草场的科学管理，保证牧草的质量一直保持优质状态，让畜牧业得到良好发展。

牧草长势监测具有客观、快速、经济的优势，将牧草长势监测与地面监测相结合，前者以各种波段的数学组合形成植被指数并估算叶面积指数，再利用农学模型，最终可获得农作物长势信息。

2. 土壤墒情监测

土壤墒情能够通过土壤反射率反映出来，一般情况下，土壤含水量与反射率成负相关，因此，可以采用遥感技术获取土壤反射率数据，了解土壤墒情及其变化。常用的土壤墒情监测方法有微波遥感法、土壤热惯量法、作物缺水指数法、垂直干旱指数法等。

3. 牧草病虫害监测

牧草感染病虫害后，其内部结构和外部特征都会与正常农作物有所区别，通过遥感监测获取农作物光谱影像，即可辨认出感染了病虫害的农作物。目前，遥感技术在病虫害监测方面的应用已较为成熟，可以及时识别病虫害，指导病虫害预防和治理，降低除害成本。

4. 牧草物产量估算

通过遥感技术可监测牧草长势，进而估算牧草产量，省时省力，误差较小。提取遥感影像中的植被指数信息，通过比值分析找出其与牧草产量之间的联系，从而建立产量估算模型。获取牧草多个生长期的植被指数，结合实际测量产量建立多种线型模型，以最终实际测量产量为依据对估算模型进行分析、优化，可以进一步提高牧草产量估算的准确性。

5. 生态资源监测

从遥感技术在畜牧业中的实践应用来看，之前受各种经济、技术的影响，我国畜牧业起步较晚，应用范围有限，但随着我国科学技术的不断发展，综合国力的增强，以及畜牧业的发展趋势来看，遥感技术的应用范围正在不断扩大。

遥感技术在推进生态建设方面也做出了极大的贡献。由于一些地区技术监管不到位，人们的环保意识淡薄，导致天然的优质牧草减少，裸露土地面积逐渐增多，产草量急剧下降，更有的地区呈现出荒漠化的趋势，形势非常严峻。随着遥感等科学技术的不断成熟，可以在不同地方对牧草的生长情况进行动态、客观、及时地动态监测，在发现草、树等森林资源遭到破坏时，及时地提出制止和惩罚警告，让天然的草地资源得到良好的保护，让社会效益、生态效益、经济效益达到完美的融合，进而让农业与畜牧业得到循环、可持续发展。

6. 畜禽监测

通过搭载红外相机及手持成像仪，分别对牛、羊等家畜进行红外热成像，通过可视化温度成像分析，可准确判断生病或妊娠家畜，辅助饲养人员及时发现并采取措施。

四、天地网一体化观测技术

随着物联网技术的飞速发展，特别是无人机和各类无线智能传感器、控制器组网建设的逐步完善，为农业遥感提供了新的数据获取手段，因此提出了“天地网一体化”的概念，其中的“天地网”指的是遥感、地面、无线传感网。天地网一体化技术能够自动采集农作物叶面到冠层、土壤表层到剖面的理化信息，为农田信息便携、精确和高效性采集奠定了基础，故而目前研究方向也逐渐从单源、单尺度转移到多源、多尺度融合研究，将卫星、航空、地面传感网络等多平台观测的遥感信息与作物模型、农学专家知识、气象等非遥感信息有机融合，形成能够贯穿作物生长全程的信息获取、校正、融合、解析和决策模型。天地网一体化观测系统如图 3-23 所示。

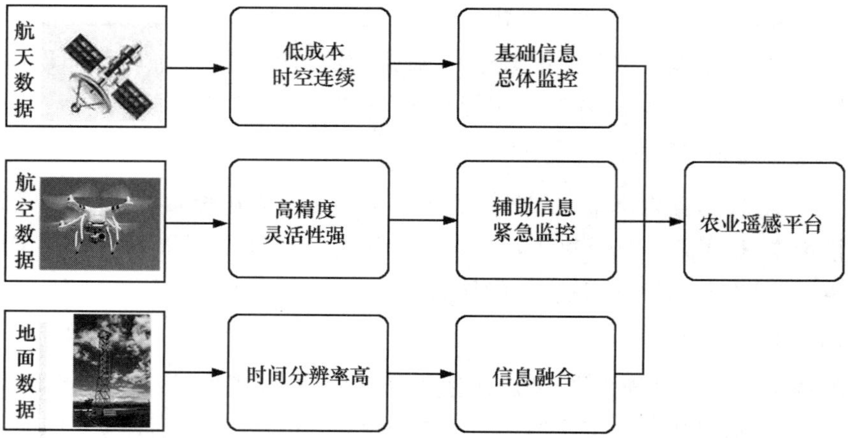

图 3-23 天地网一体化观测系统

任务六 定位与导航技术

现代畜牧业是由信息技术作支撑，根据空间变异定位、定时、定量地实施一整套现代化畜牧业操作与管理的系统。卫星定位技术可以用于精准导航、精准作业和精细管理，为现代畜牧业提供实时、高效、准确的定位信息，为畜牧作业提供高效的导航信息。导航结合卫星定位技术、畜牧业工程技术、计算机技术等高新技术得到了快速发展，并使畜牧业生产质量和效率得到提高。

在畜牧物联网中，卫星导航系统主要应用如下。

首先是用于牧草种植的田间信息和作业机具的准确定位，结合土壤中含水量，氯、磷、钾、有机质含量和作物病虫害、杂草分布情况等不同的田间信息，辅助牧草种植过程中的灌溉、施肥、喷药、除草等田间操作，包括农机作业导航、变量施肥导航、牧草产量监测等多个方面。其中，农机作业导航要求精度能够实现亚米级别，变量施肥导航要求精度能够达到亚分米级别，牧草产量监测要求精度能够达到分米至米级别。牧草种植作业机械导航主要有辅助导航和自动导航两种类型，根据导航系统工作原理又可分为机器视觉导航、GPS 姿态传感器导航、北斗导航和多传感器融合导航等多种类型。

其次是对放牧养殖的管理。畜禽分布在广阔的牧场、山区和丘陵等地，面临畜禽位置难以准确定位、畜禽易丢失、数量统计困难等问题，为了解决这些问题，物联网行业利用 GPS 和北斗卫星定位技术来帮助牧民更好地进行畜禽管理。针对散养畜禽的问题，可以采用 GPS 和北斗卫星进行卫星定位，并通过基站信号传输位置信息，实现远程获取畜禽位置的目的。

一、卫星导航系统工作原理

卫星导航系统由导航卫星、地面台站和用户定位设备 3 个部分组成。

导航卫星：卫星导航系统的空间部分，由多颗导航卫星构成空间导航网。

地面台站：跟踪、测量和预报卫星轨道并对卫星上设备工作进行控制管理，通常包括跟踪站、遥测站、计算中心、注入站及时间统一系统等部分。跟踪站用于跟踪和测量卫星的位置坐标。遥测站用于接收卫星发来的遥测数据，以供地面监视和分析卫星上设备的工作情况。计算中心根据这些信息计算卫星的轨道，预报下一段时间内的轨道参数，确定需要传输给卫星的导航信息，并由注入站向卫星发送。

用户定位设备：通常由接收机、定时器、数据预处理器、计算机和显示器等组成。它接收卫星发来的微弱信号，从中解调并译出卫星轨道参数和定时信息等，同时测出导航参数（距离、距离差和距离变化率等），再由计算机算出用户的位置坐标（二维坐标或三维坐标）和速度矢量分量。用户定位设备分为船载、机载、车载和单人背负等多种类型。

卫星导航按测量导航参数的几何定位原理分为测角法、时间测距、多普勒测速和组合法等定位方法，其中测角法和组合法因测量精度较低等原因没有实际应用。

多普勒测速定位："子午仪"卫星导航系统采取这种方法。用户定位设备根据从导航卫星上接收到的信号频率与卫星上发送的信号频率之间的多普勒频移测得多普勒频移曲线，根据这个曲线和卫星轨道参数即可算出用户的位置。

时间测距定位："导航星"全球定位系统采用这种体制。用户接收设备精确测量由系统中不在同一平面的 4 颗卫星（为保证结果唯一，4 颗卫星不能在同一平面）发来的信号的传播时间，然后完成一组包括 4 个方程式的模型数学运算，就可算出用户位置的三维坐标，以及用户钟差。

用户利用导航卫星所测得的自身地理位置坐标与其真实的地理位置坐标之差称为定位误差，它是卫星导航系统最重要的性能指标。定位精度主要决定于轨道预报精度、导航参数测量精度及其几何放大系数和用户动态特性测量精度。轨道预报精度主要受地球引力场模型和其他轨道摄动力影响；导航参数测量精度主要受卫星和用户设备性能，信号在电离层、对流层折射和多路径等误差因素影响，它的几何放大系数由定位期间卫星与用户位置之间的几何关系决定；用户的动态特性测量精度是指用户在定位期间的航向、航速和天线高度测量精度（图 3-24）。图 3-24 中，Position1、Position2、Position3、Position4 分别为 4 颗卫星的当前位置（空间坐标），d1、d2、d3、d4 分别为 4 颗卫星到要定位的 GPS 接收器的距离，Location 为要定位的 GPS 接收器的位置。定位时，利用函数 GetLocation()，可从已知的[Position1，d1]、[Position2，d2]、[Position3，d3]、[Position4，d4]4 对数据中求出 Location 的值。

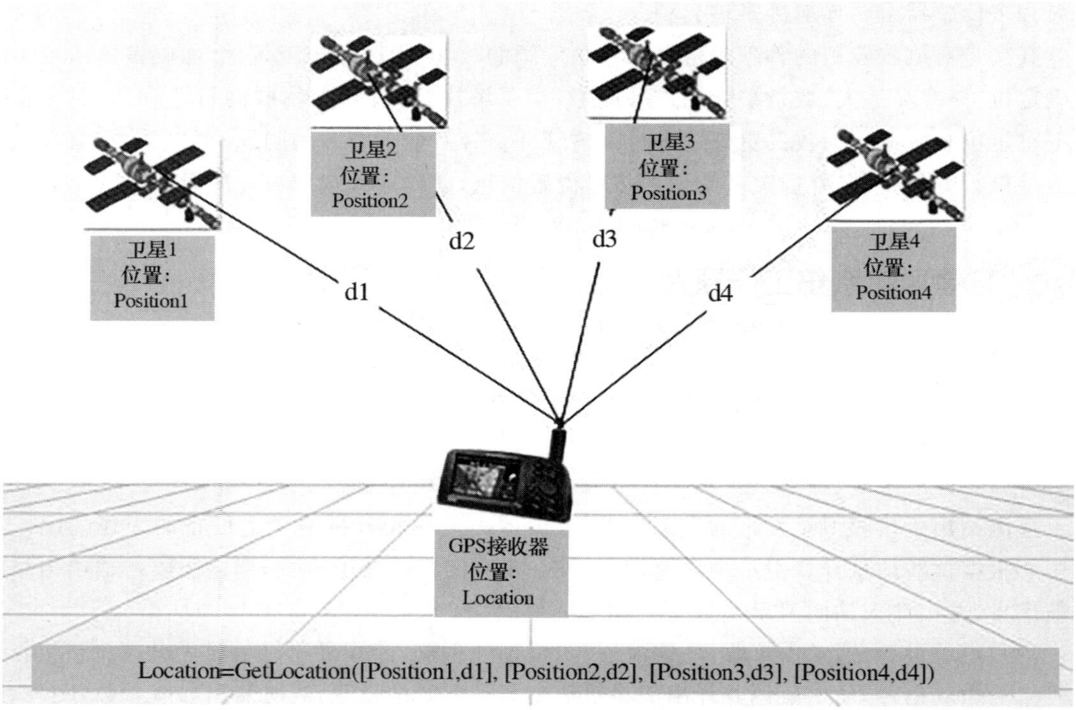

图 3-24 卫星定位导航原理

二、卫星导航系统分类介绍

全球导航卫星系统，又称全球卫星导航系统，是能在地球表面或近地空间的任何地点为用户提供全天候的三维坐标和速度及时间信息的空间无线电导航定位系统。

全球导航卫星系统包括一个或多个卫星星座及其支持特定工作所需的增强系统。全球卫星导航系统国际委员会公布的全球四大卫星导航系统供应商，包括中国的北斗导航卫星系统(Beidou navigation satellite system，BDS)、美国的全球定位系统(GPS)、俄罗斯的格洛纳斯卫星导航系统(global navigation satellite system，GLONASS)和欧盟的伽利略卫星导航系统(Galileo satellite navigation system，Galileo)。其中，GPS是世界上第一个建立并用于导航定位的全球系统，GLONASS经历快速复苏后已成为全球第二大卫星导航系统，二者正处于现代化的更新进程中；Galileo是第一个完全民用的卫星导航系统，正在试验阶段；BDS是中国自主建设运行的全球卫星导航系统，为全球用户提供全天候、全天时、高精度的定位、导航和授时服务。

(一)GPS

全球定位系统，又称全球卫星定位系统，是现有的众多导航系统中的一员。GPS是一个中距离圆形轨道卫星定位系统，通过位于太空中的24颗卫星实时监测时间和距离，从而组成全球定位系统。GPS工作过程中不受复杂天气的影响，测量速度快、测量精度高，并且具有较高的抗干扰能力和优良的保密性，因此应用非常广泛。

GPS在畜牧物联网中能够实施施肥机械作业的动态定位，即根据管理信息系统发出的指令，实施田间的精确定位。按照参考点的不同，GPS接收方式可分为单点定位和差分定位。动态差分定位过程中，采用测码伪距观测量进行相对定位，卫星轨道偏差、卫星钟差、大气折射等误差可有效减弱，加上载波相位平滑技术可达到分米级定位精度，因此，可作为农业应用的首选方案。在差分定位中需要设定基站的基准点，该基准点应使用已知定位点的大地坐标，或GPS经过一定时间的定位数据采集与统计处理后确定的基站地理坐标作为参考点。

通过定位装置对畜禽位置进行定位，尤其是在草原等地形复杂的大面积地区，可以精确获取畜禽的位置信息，除了方便管理，还能防止畜禽丢失。许多养殖户经历过畜禽突然消失的情况，对此可采用定位装置追踪畜禽位置，超出预设范围时自动报警，提醒养殖户及时找回畜禽，避免经济损失。

（二）GLONASS

GLONASS是由俄罗斯国防部独立研制和控制的第二代军用卫星导航系统，与GPS相似，该系统也开设了民用窗口。GLONASS技术可为全球海陆空及近地空间的各种军、民用户全天候、连续地提供高精度的三维位置、三维速度和时间信息。GLONASS在定位、测速及定时精度上优于施加选择可用性之后的GPS。由于GLONASS卫星与GPS卫星相比有更大的轨道倾角，所以其在50°以上的高纬度地区的可视性较好。

GLONASS的标准配置为24颗卫星，卫星轨道由3个相互之间间隔相同（夹角为120°）、倾角为64.8°的椭圆轨道组成，其中每个轨道上等间隔地分布8颗卫星，卫星离地面高度为19 100 km，轨迹重复周期为8 d，轨道同步周期为17 d。

GLONASS在畜牧业中的应用较为广泛，主要包括以下几个方面。

(1)监控运行：通过GLONASS可以跟踪移动设备在牧场中的位置、进入牧场的时间、运货车辆的行驶路线、车辆发动机怠速时间、运输车辆的具体位置，以及与牧场上的相关设备相连接的具体时间等信息。

(2)控制油耗：通过GLONASS可以在个人计算机或移动设备上观察到对农业车辆注入燃油的情况，包括车辆的油耗和机械设备在额外作业时需要注入的燃油量。

(3)田地电子地图：借助GLONASS绘制的田地电子地图，全面展现牧草有效种植面积，利用专用显示屏可清楚地观测到具体种植过程中作业机械的位置和运动轨迹。

（三）Galileo

Galileo是由欧盟研制和建立的全球卫星导航定位系统，是继GPS、GLONASS之后的第3个可供民用的定位系统。Galileo可以提供导航、定位、授时等基本服务，搜索与救援等特殊服务，也可以应用于海上运输系统、飞机导航与着陆系统中。Galileo可以使用户通过多制式的地面接收机，观测并接收更多导航定位卫星发送的数据，能够为民用用户提供高精度的定位信息。

Galileo由两个地面控制中心和30颗卫星组成，其中27颗为工作卫星，3颗为备用卫星。卫星轨道高度约为24 000 km，位于3个倾角为56°的轨道平面内。利用Galileo确定地面位置或近地空间位置要比GPS精确10倍，定位精度优于10 m，时间信号精度达到100 ns。Galileo不仅可以接收本系统的信号，而且可以接收GPS、GLONASS的信号，并且具有导航与移动电话功能相结合、与其他导航系统相结合的优越性。

Galileo 在畜牧业中的应用主要包括以下几个方面。

(1)化学药品喷洒：通过 Galileo 可以为飞机提供精确定位，因此飞行员能在需要的地区准确地喷洒适量的除草剂、杀虫剂或化肥。这种应用所需的定位精度优于 1 m，精确到厘米级会更理想。

(2)作物产量监测：利用 Galileo，牧民能够辨认其土地是高产还是低产，从而进行有效的资源管理。

(3)作物面积和畜禽跟踪：Galileo 可以提供农作物的精确面积，获得的测量数据还能够与地理信息系统相结合，在农业领域发挥更大作用。Galileo 可以帮助牧民实时准确定位牛、羊，监控牛等农场动物的活动和位置从而更有效地管理牧场。

(四)BDS

BDS 由我国自主建立，以先区域后全球的思想分为北斗一代和北斗二代两个阶段。BDS 为有源双星系统，能够为中国和东南亚其他地区提供定位、导航、实时通信、授时等服务。与 GPS 只提供定位服务相比，BDS 同时具备定位与通信功能，不需要其他通信系统的支持。

BDS 由空间段、地面段和用户段 3 部分组成。其中，空间段由若干地球静止轨道卫星、倾斜地球同步轨道卫星和中圆地球轨道卫星等组成；地面段包括主控站、时间同步/注入站和监测站等若干地面站，以及星间链路运行管理设施；用户段包括北斗兼容其他卫星导航系统的芯片、模块、天线等基础产品，以及终端产品、应用系统与应用服务等。

BDS 工作的基本原理是：测量出已知位置的卫星到用户接收机之间的距离，然后综合多颗卫星的数据就可知道接收机的具体位置。要达到这一目的，卫星的位置可根据星载时钟所记录的时间在卫星星历中查出。而用户到卫星的距离则通过记录卫星信号传播到用户所经历的时间，再将其乘以光速得到(由于大气层电离层的干扰，这一距离并不是用户与卫星之间的真实距离，而是伪距：当北斗卫星定为系统的卫星正常工作时，会不断地用 1 和 0 二进制码元组成的伪随机码发射导航电文)。

BDS 在农业中的应用主要包括以下几个方面。

(1)精准自动导航：主要是指农机自动导航控制，包括作业农机的自动导航驾驶与作业控制等。

(2)精准作业：在播种、耕整地、施药、施肥等多个农业生产环节得到了广泛应用。

(3)精准管理：包括面向生产企业的作业调度管理，面对主机企业的远程运维服务管理，面对主管部门的作业补贴管理 3 个管理方向，提供作业监测、作业统计、调度指挥、维修保养、精准补贴等多种农机管理服务应用。

(4)定位功能：通过定位装置对畜禽位置进行定位，并通过距离计算装置计算其畜禽和基准点之间的距离，最后通过比较装置来判断分析畜禽所在位置是否超出边界，并在畜禽位置超出预设范围的时候，通过提示装置进行提示。特别是在类似草原环境的开阔地区，BDS 成为畜禽定位和跟踪的主要技术手段。

(5)环境监测：通过草场视频监控系统，实现可视化管理，可远程查看草场、天气等状况；通过大数据分析对草场退化风险进行管理，对草场牛数量进行合理规划，可避免生态恶化。

(6)放牧管理：通过定位监控，实现畜禽分布地图、运动轨迹查看，做到畜禽的实时追踪，并通过预警系统，实现离群报警、剪线报警、拆卸报警、离开围栏报警等功能。不仅能帮助掌握畜禽的位置和状况，还能提供更多数据和信息，有助于管理畜禽的健康和生产情况。根据运动参数能及时发现疾病和异常情况，并采取相应措施。结合定位器、电子耳标和养殖管理系统，同步和分析畜禽生长数据，实现现代化饲养管理，根据体重、品种、生长阶段等因素，制订个性化饲喂计划，提高生产效率和生长速度。

目前上述 4 种定位导航系统都已投入运行，全球定位卫星数目超过 100 颗，因此，能够兼容多系统、多频段的接收机的研制成为重要的发展方向。实现多系统组合定位的前提是各卫星定位导航系统之间存在兼容性和互操作性，而不同的卫星定位导航系统在坐标系统、体系结构、调制方式、时间系统等方面有所不同，这给系统兼容和互操作增加了难度。全球导航卫星系统中不同系统之间的兼容性和互操作性，体现在时空基准和空间信号两个方面，因此，要实现不同系统之间的兼容性和互操作性就必须设定一个共同的框架，在空间上指明用户和卫星的位置，在时间上指明用户和卫星的钟差的时间标度。为了实现上述要求通常采用共用时间频率和频谱重叠方法。

拓展知识

基于中国的北斗导航卫星系统为主的地理信息放牧系统，利用“互联网＋”的思维模式，充分发挥了北斗导航卫星系统的应用特点，将低功耗无线物联网技术、无人机数据采集技术、大数据挖掘和分析技术等融为一体，进一步开发了低功耗超长时北斗项圈、无人机牧区数据采集系统、北斗数字牧场数据管理平台、牧区资源的生产管理和质量控制系统，以及内蒙古农牧业投融资管理平台等相关技术与系统。这项科研成果确实为牧民们提供了新的牧业管理方法。该系统通过一个联通消费者、牧民、供应链从业者、金融机构、政府管理者的大数据平台，能全面提升优质畜牧业的生产效率和经济效益，促进食品安全、保护生态环境，实现牧区经济的可持续绿色发展。

目前在我国新疆、内蒙古等地，不少牧民已经开始使用北斗导航卫星系统进行智慧放牧并从中享受到了其带来的便捷和增收。相信随着北斗导航卫星系统应用在畜牧业的深化与推广，智慧放牧模式将对广大牧民群众转变生产经营方式、减轻人力投入、提高收入水平产生积极影响。

项目四

畜牧物联网信息传输技术

知识要求

1. 了解通信技术的发展。
2. 了解多种信息传输技术的工作原理和技术参数。
3. 熟悉不同信息传输的区别和应用范围。
4. 了解多种信息传输技术在畜牧业生产过程中的具体应用。

能力要求

1. 能选择合适的网络传输类型。
2. 能理解不同信息传输技术的工作原理和内容。
3. 能选择不同使用区域进行信息传输框架设定。
4. 能应用畜牧移动互联网技术。

素质要求

1. 培养严谨认真的学习态度。
2. 通过对信息化网络技术的发展和挑战的了解,加强对现代畜牧业应用的思考。

畜牧物联网信息传输是以网络为载体,通过各种传感器采集信息,利用大量传感器节点构成的监控网络,帮助技术员及时发现问题,并且准确地确定发生问题的位置,从而大量使用各种自动化、智能化、远程控制生产设备,因此信息传输是畜牧物联网正常运行的根本保证。本章将从畜牧物联网信息传输技术的体系结构出发,阐述畜牧物联网信息领域中几种常用的有线和无线通信技术,并且根据传输特性对比分析多种现代畜牧物联网信息传输技术的优缺点,最后通过举例说明信息传输技术在畜牧物联网中的应用,提出信息传输技术应用于现代畜牧业的优势,以及对未来信息传输技术应用于现代畜牧业关键问题的展望。

任务一　有线通信和无线通信技术

畜牧物联网信息传输技术按照传输介质可以分为有线通信技术和无线通信技术。有线通信技术，即指通过双绞线、同轴电缆、光纤等有形媒质传输信息的通信技术。无线通信技术是利用电磁波信号在空间中直接传播而进行信息交换的通信技术，进行通信的两端之间无须有形的媒介连接，如 RFID、NFC、ZigBee、WiFi、蓝牙、窄带物联网（narrow band internet of things，NB-IoT）、GPRS、4G、5G 等。

一、有线通信技术

有线通信技术主要有基于双绞线传输的接入网技术，基于光传输的接入网技术和基于混合光纤同轴电缆（hybrid fiber/coax，HFC）传输的接入网技术。

（一）基于双绞线传输的接入网技术

基于双绞线传输的接入网技术，是指无须改动铜缆网络，在现有铜线用户线上提供各种宽带业务的技术。铜线接入技术主要有高比特率数字用户线（high-bit-rate digital subscriber line，HDSL）、非对称数字用户线（asymmetric digital subscriber line，ADSL）和甚高比特率数字用户线（very high-bit-rate digital subscriber line，VDSL）技术。

1. HDSL

HDSL 采用多对双绞线并行传输，将 T1 或 E1（E1、T1 是 ITU-T 统一规定的电接口速率，遵从 ITU-TG. 703/704 标准。E1 是欧洲标准的基群速率 2. 048 Mbit/s，T1 是北美和日本标准的基群速率 1. 544 Mbit/s，中国采用的是欧洲标准，即 E1）的数据流分在两对或三对双绞线上传输，降低每线对上的传信率，增加传输距离。HDSL 系统的基本构成如图 4-1 所示。HDSL 采用回波抑制、自适应滤波和高速数字处理技术，通过回声抵消技术实现全双工传输。HDSL 是对称式产品，其上行和下行数据带宽相同。HDSL 使用 0. 5 mm 的双绞线时，无中继传输距离为 3～4 km，可以提供 G703 E1/T1 和 V. 35 等标准接口。

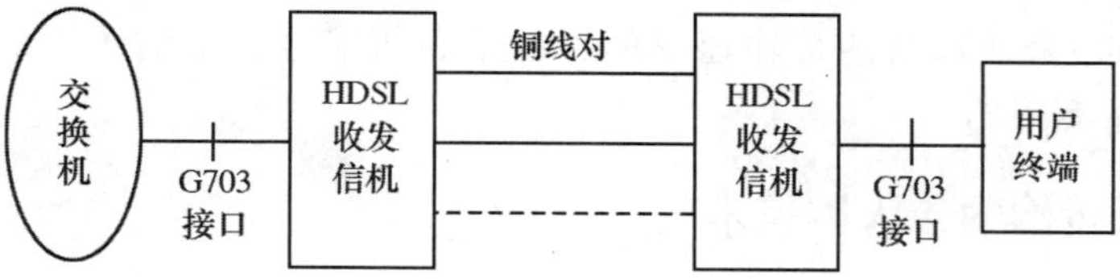

图 4-1　HDSL 系统的基本构成

2. ADSL

ADSL 是一种利用传统的电话线路高速传输数字信息的技术。ADSL 以普通双绞铜线作为传输介质，可实现下行高达 12 Mbit/s、上行 1 Mbit/s 的传输速率，这样就出现了所谓的非对称传输模式。ADSL 系统的基本构成如图 4-2 所示，只要在普通电话线路两端加装 ADSL 设备，个人用户即可使用高带宽的服务。

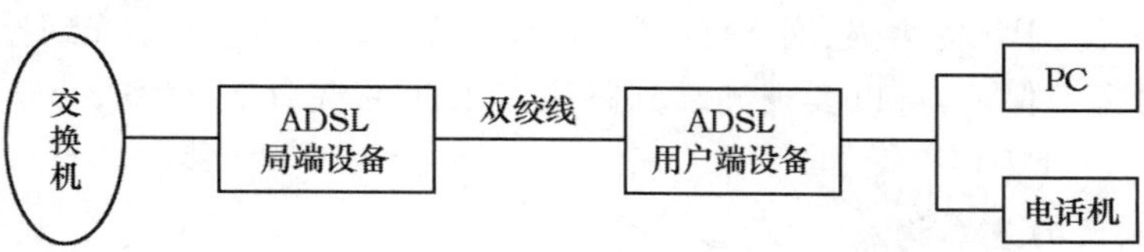

图 4-2　ADSL 系统的基本构成

传统的铜线电话线使用的是 4 kHz 以下频段，而 ADSL 将原来电话线路的频段划分成 256 个频宽为 4.3 kHz 的子频带，其中 4 kHz 以下频段用于电话业务，为标准的电话通道；20～138 kHz 频段用来传送上行信号，为 640 kbit/s～1 Mbit/s 的上行通道；138 kHz～1.1 MHz 频段用来传送下行信号，为 8～12 Mbit/s 的下行通道。ADSL 系统可使用户边打电话边上网，ADSL 电信局端设备与用户终端之间的距离不能超过 5 km。

3. VDSL

VDSL 是目前传输带宽最高的一种 x 数字用户线接入技术。在 VDSL 系统中，无须改动传统的电话线路。VDSL 系统由局端、远端和用户端组成，基本构成如图 4-3 所示。图像信号由局端经馈线光纤送到远端，速率为 622 Mbit/s；远端收发信机实际上是一个异频双工器，负责将各种信号耦合进双绞线铜缆；在用户端，首先利用耦合器将电话信号分离出来，剩下的信号经由收发信机解调为 25 Mbit/s 和 50 Mbit/s 的基带信号，分送给 PC、TV 等不同的终端，收发信机同时调制上行 1.5 Mbit/s 数字信号传送给双绞线。

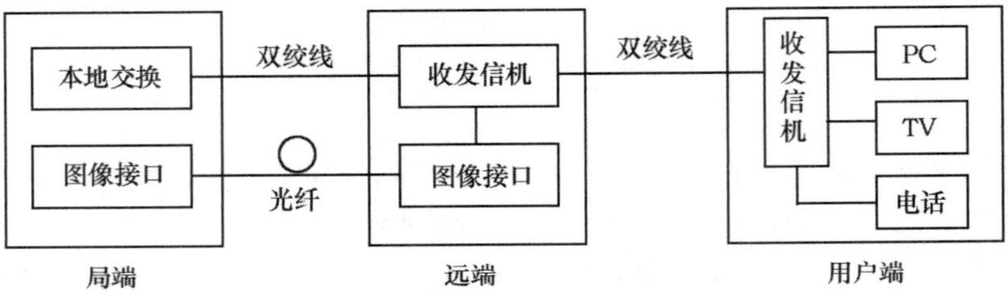

图 4-3 VDSL 的基本构成

VDSL 传输速率高，提供上下行对称和不对称两种传输模式。在不对称模式下，VDSL 最高下行速率能够达到 52 Mbit/s（在 300 m 范围内）；在对称模式下，最高速率可以达到 34 Mbit/s（在 300 m 范围内）。VDSL 是利用高至12 MHz的信道频带（远远超过了 ADSL 的 1 MHz 的信道频带）来换取高的传输速率的。由于高频信号在电话线上的大幅衰减，VDSL 的传输距离是非常有限的。

（二）基于光传输的接入网技术

在用户接入网的建设中，虽然利用原有的电话网可以发挥铜缆的潜力，投资少、见效快，但从发展的趋势来看，光接入方式是宽带接入网的理想解决方案。随着光纤覆盖范围的不断扩展，光纤技术也在逐渐用于接入网，最终将建成一个数字化、宽带化、智能化、综合化和个人化的用户光接入网络。

1. 光纤接入网的特点

光纤接入网与其他接入网相比，最大的优势在于可用带宽大。此外，光纤接入网还有传输质量好、传输距离长、抗干扰能力强、网络可靠性高、节约管道资源等特点。光纤接入网为用户提供了可靠性很高的宽带保证，可以实现光纤到路边（FTTC）、光纤到大楼（fiber to the building，FTTB）和光纤到户（FTTH）。

2. 光纤接入网的基本构成

光纤接入网是利用光纤作为主要传输介质，实现接入网的信息传送功能的。光纤接入网包括局端设备(光线路终端)和远端设备(光网络单元),如图 4-4 所示,它通过光线路终端(optical line terminal,OLT)与业务节点相连、通过光网络单元(optical network unit,ONU)与用户连接,OLT 与 ONU 则通过传输设备相连。OLT 的作用是为接入网提供与本地交换机之间的接口,它将交换机的交换功能与用户接入完全隔开。ONU 的作用是为接入网提供用户侧的接口,它可以接入多种用户终端,同时具有光电转换功能及相应的维护和监控功能。ONT 位于光纤网络的用户端,负责光信号的解封、解调,并将数据传输到用户设备。ONT 直接与用户设备相连。千兆无源光网络(gigabit-capable passive optical network,GPON)是一种基于无源光网络(passive optical network,PON)的宽带接入技术,它采用点到多点的网络架构。

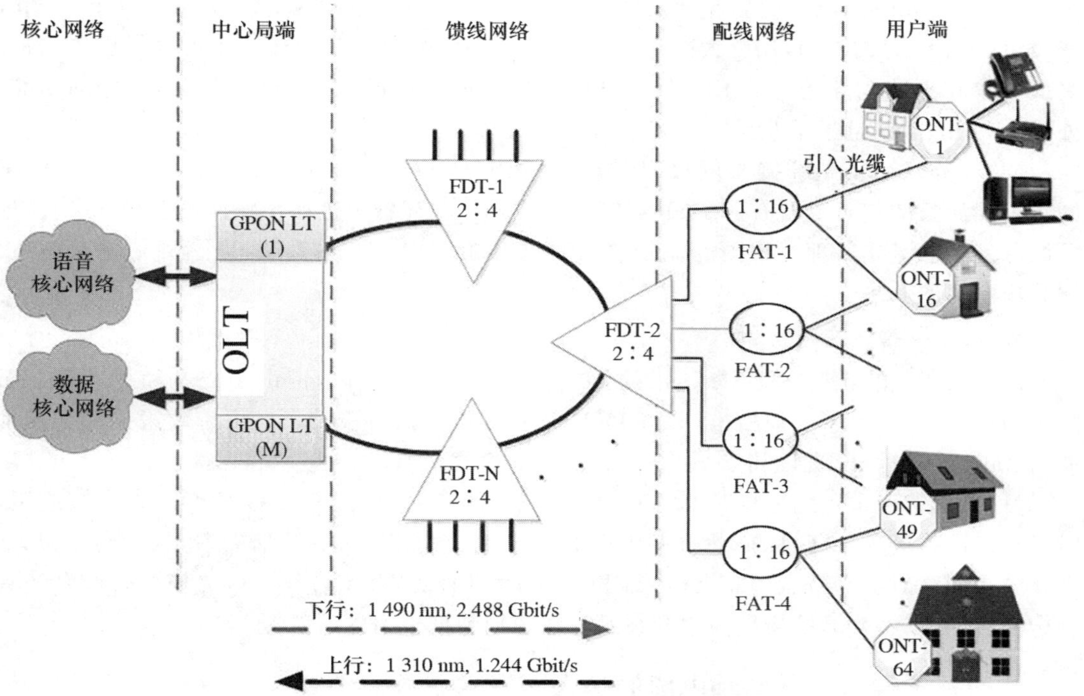

图 4-4　光纤网的基本构成

OLT 和 ONU 在整个接入网中完成从业务节点接口(service node interface,SNI)到用户-网络接口(user-network interface,UNI)间有关信令协议的转换。接入设备还具有组网能力,可以组成多种形式的网络拓扑结构。同时,接入设备还具有本地维护和远程集中监控功能,通过光传输形成一个维护管理网,并通过相应的网管协议纳入网管中心统一管理。

3. 光纤接入网技术

(1)有源光网络。光纤接入网可以是有源光网络(active optical network,AON)。AON 分为基于同步数字系列(synchronous digital hierarchy,SDH)和基于准同步数字系列(plesiochronous digital hierarchy,PDH)两类,以 SDH 为主。AON 的局端设备和远端设备通过有源光传输设备相连,局端设备主要完成接口适配、复用和传输功能,远端设备主要完成业务收集、接口适配、复用和传输功能。接入网的 SDH 传输设备一般提供 155 Mbit/s、622 Mbit/s 或 2.5 Gbit/s 接口,在不加中继设备的情况下传输距离可达 70～80 km。

(2)无源光网络。光纤接入网可以是无源光网络。PON并不是所有设备都工作在不需要外接电源的条件下。在PON中,光分路器的工作方式是无源的,光分路器根据光的发送方向,将进来的光信号分路并分配到多条光纤上,或是组合到一条光纤上。其余部分还是工作在有源方式下,需要外接电源才能正常工作,主要完成业务收集、接口适配、复用和传输功能。

PON分为窄带和宽带。异步传输模式(asynchronous transfer mode,ATM)无源光网络(ATM-PON)综合了ATM技术和PON技术,可以提供从窄带到宽带的各种业务。ATM-PON采用无源点到多点的网络结构,典型线路速率是下行622 Mbit/s、上行155 Mbit/s,由于无源的光分路器会导致光功率损耗,ATM-PON的传输距离一般不超过20 km。随着互联网协议(internet protocol,IP)的崛起和发展,又提出了以太网无源光网络(ethernet passive optical network,EPON)的概念,用以太网代替ATM作为链路层协议,构成一个可以提供更大带宽、更低成本和更宽业务能力的EPON。EPON的依据是IEEE 802.3ah工作组制定的标准,另外ITU/FSAN制定了千兆无源光网络标准G.984.1和G.984.2。

(3)波分复用。光纤接入网可以是波分复用(wavelength division multiplexing,WDM)的。不同波长的信号只要有一定间隔,就可以在同一根光纤上进行传输而不会相互干扰,这就是波分复用的基本原理。我国的宽带接入网已开始采用WDM系统,以达到传输速率高、带宽利用率高的效果。

4. 光纤接入网应用前景

FTTH是30年来人们不断追求的梦想和探索的技术方向,但由于成本和技术等方面的障碍,直到最近才得到大规模推广。FTTH是宽带接入的终极技术。由于政策扶持和技术发展,在沉寂多年后,FTTH再次成为热点,步入快速发展期。

目前,运营商采用的主要是G/EPON,在带宽需求的推动下,10 G EPON将会被应用,届时光接入网将进入10 G PON和NGPON时代。专家指出,随着高清晰度电视、交互式网络电视和电视网络对更高带宽的需求,10 G PON技术日趋成熟,40 G/100 G光模块领域已经有了一定的应用,下一代光接入网演进和技术正在规划和推进中。

(三)基于混合光纤同轴电缆的接入网技术

混合光纤同轴电缆接入网的主干网使用光纤,采用频分复用方式传输多种信息,分配网则采用树形拓扑和同轴电缆,用于传输和分配用户信息。HFC接入网是将光纤逐渐推向用户的一种新的演进策略,可实现多媒体通信和交互式视频图像业务。目前,包括国际电信联盟远程通信标准化组织(ITU-T)在内的很多国际组织和论坛正在对下一代的HFC系统进行标准化,这必将进一步推动其发展。

HFC接入网采用有线信息传输网络进行相关环境数据的监测预警,组网方式简单灵活,省时省力,且实时性强;低成本,低功耗,具有休眠、唤醒工作机制的传感器节点,可以保证网络长期稳定地工作在野外环境。例如,在猪舍环境中,不同的传感器节点和具有执行机构的装置可实时监测猪舍温湿度、光照、pH,以及氨和二氧化碳浓度等信息,基于有线传输技术的猪舍环境监测系统的信息传输方式如图4-5所示。其中,节点与节点、节点与网关之间采用无线方式传输信息,通过自组方式组网,以多跳的方式传播信息。

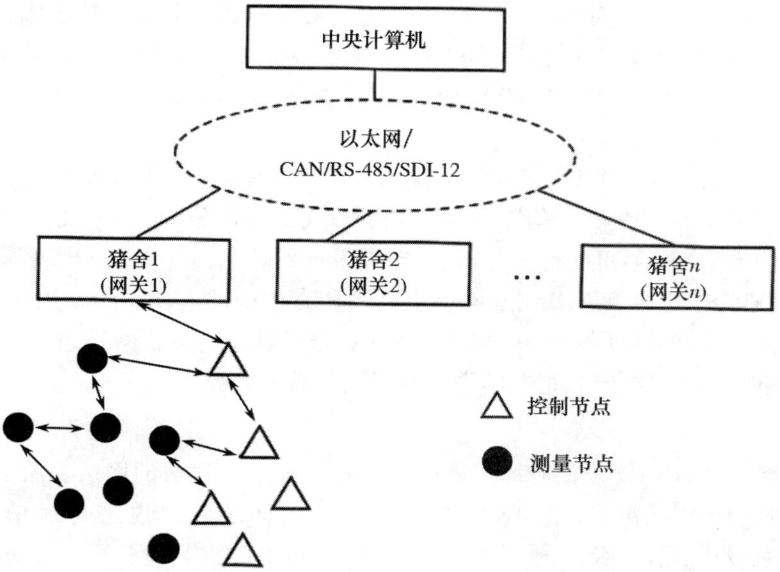

图 4-5　基于有线传输技术的猪舍环境监测系统的信息传输方式

二、无线通信技术

(一)无线通信网络

迄今为止,没有任何一种单一的无线通信网络能够满足所有的场合和应用需要,因而技术的多元性是无线网络的一个基本特征。依据通信覆盖范围的不同,无线网络从小到大依次为无线个域网(wireless personal area network,WPAN)、无线局域网(WLAN)、无线城域网(wireless metropolitan area network,WMAN)和无线广域网(wireless wide area network,WWAN)。其中,WPAN 覆盖的范围最小,ZigBee、蓝牙、超宽带(ultra-wideband,UWB)和60GHz 等都属于 WPAN 的范畴;WLAN 覆盖的范围比 WPAN 大,WiFi 属于 WLAN 的范畴;WMAN 覆盖的范围比 WLAN 大,全球微波接入互操作性(world interoperability for microwave access,WiMAX)属于 WMAN 的范畴;WWAN 覆盖的范围最大,移动通信 2G、3G、4G 和 5G 都属于其范畴。无线通信网络覆盖的范围如图 4-6 所示。

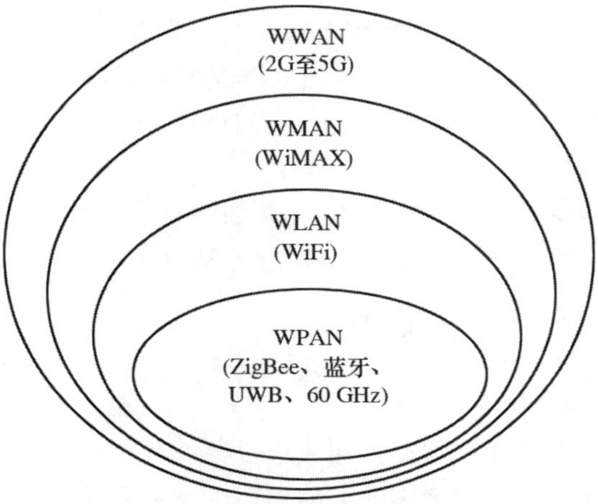

图 4-6　无线通信网络覆盖的范围

1. WPAN

在网络构成上,无线个域网(WPAN)位于整个网络链的末端。WPAN 主要用于实现同一地点终端与终端之间的无线连接，是活动半径较小、业务类型丰富、面向特定群体、无线无缝的无线通信技术。WPAN 覆盖的范围一般在 10 m 半径以内，能够有效解决“最后几米电缆”的问题，设备具有价格低、体积小、易操作、功耗低等优点。现在，WPAN 已经成为物联网通信末梢的一种短距离无线通信方式。

随着 ZigBee、蓝牙、RFID、UWB、60 GHz 等各种 WPAN 技术的竞相提出，短距离无线通信技术得到了飞速发展。在当今的短距离无线通信领域，每种 WPAN 技术又各有优势，例如，ZigBee 适合应用在感测和控制场合，蓝牙拥有服务质量（quality of service，QoS），UWB 和 60 GHz 具备高速传输速率，RFID 则在物品识别领域有广阔的天地。各种短距离无线通信满足了人们随时随地交互信息的愿望，与物联网中“通信无处不在”的特点正好契合。因此，WPAN 是物联网通信的“神经末梢”，铺平了物联网的普及之路。

2. WLAN

无线局域网（WLAN）就是在局部区域内以无线方式进行通信的网络。所谓局部区域，就是距离受限的区域，WLAN 是一种能在几十米到几百米范围内进行通信的无线网络。WLAN 主要在办公区域内、校园内、小范围公共场合内或家庭内使用，用于解决用户终端的无线数据接入业务。

IEEE 802.11 是无线局域网的标准。为了促进 IEEE 802.11 的应用，1999 年，工业界成立了 WiFi 联盟，现在 IEEE 802.11 这个标准已被统称为 WiFi。

3. WMAN

无线城域网（WMAN）的推出是为了满足日益增长的宽带无线接入需求。虽然多年来 WLAN 的 IEEE 802.11 一直被用于宽带无线接入，并获得了很大成功，但是 WLAN 的总体设计及特点并不能很好地适用于室外，WLAN 在带宽、用户数量和通信距离方面受到了限制。于是，IEEE 制定了一种能解决室外环境和 QoS 两方面问题的 IEEE 802.16 标准，能满足几千米到几十千米的无线接入问题。

IEEE 802.16 是无线城域网的标准之一。为了促进 IEEE 802.16 的应用，2003 年，工业界成立了 WiMAX 论坛，现在 IEEE 802.16 这个标准已被统称为 WiMAX。

4. WWAN

无线广域网（WWAN）是采用无线网络把物理距离极为分散的局域网连接起来的通信方式。WWAN 连接的地理范围较大，常常是一个国家或一个洲，它的结构分为末端系统（两端的用户集合）和通信系统（中间链路）两部分。

IEEE 也制定了 WWAN 标准（IEEE 802.20）。IEEE 802.20 是 2002 年 3 月提出的，是指移动宽带无线接入标准，可解决高速移动环境下的高速率数据传输。移动通信和卫星通信都属于 WWAN 的范畴，并有多个版本的标准。

(二)频谱的划分

1. 频谱划分原则

无线通信需要占用频谱资源。频谱的分配主要是根据电磁波传播的特性和各种设备通信业务的要求而确定的。因为电磁波存在于全球范围内，需要有国际协议来分配频谱，目前分配频谱的国际组织有国际电信联盟（ITU）等。在国际上对频谱的划分确定后，各国还可以在此基础上给予具体的分配。我国进行频谱分配的组织是工业和信息化部的无线电管理局。

2. 频谱划分方式

由于应用领域众多,频谱的划分方式有多种。较为通用的IEEE频谱分段法见表4-1。

表4-1　IEEE频谱分段法

频段	波长	频率	备注
极低频(ELF)	1 000～10 000 km	30～300 Hz	
音频(VF)	100～1 000 km	300～3 000 Hz	
甚低频(VLF)	10～100 km	3～30 kHz	
低频(LF)	1～10 km	30～300 kHz	长波波段
中频(MF)	0.1～1 km	300～3 000 kHz	中波波段
高频(HF)	10～100 m	3～30 MHz	短波波段
甚高频(VHF)	1～10 m	30～300 MHz	超短波波段
超高频(UHF)	10～100 cm	300～3 000 MHz	微波波段
特高频(SHF)	1～10 cm	3～30 GHz	微波波段
极高频(EHF)	0.1～1 cm	30～300 GHz	微波波段
亚毫米波	0.1～1 mm	300～3 000 GHz	微波波段
P波段	30～130 cm	0.23～1 GHz	
L波段	15～30 cm	1～2 GHz	
S波段	7.5～15 cm	2～4 GHz	
C波段	3.75～7.5 cm	4～8 GHz	
X波段	2.4～3.75 cm	8～12.5 GHz	
Ku波段	1.67～2.4 cm	12.5～18 GHz	
K波段	1.13～1.67 cm	18～26.5 GHz	
Ka波段	0.75 cm～1.13 m	26.5～40 GHz	

3. 工业、科学和医疗频带

工业、科学和医疗频带(industria scientific and medical band,ISM)主要是开放给工业、科学和医疗3个主要机构使用的。ISM属于免许可频段,没有使用授权的限制。ISM允许任何人随意地传输数据,但是对功率进行限制,使发射与接收之间只能是很短的距离,不同使用者之间不会相互干扰。

在物联网中,短距离无线通信不能对其他服务造成干扰,因而通常使用ISM。ZigBee、蓝牙、RFID、60 GHz、WiFi等就主要使用ISM。

ISM使用的频率主要为6.78 MHz(6.765～6.795 MHz)、13.56 MHz(13.553～13.567 MHz)、27.125 MHz(26.957～27.283 MHz)、40.68 MHz(40.66～40.7 MHz)、433.92 MHz(430.05～434.79 MHz)、869 MHz(868～870 MHz)、915 MHz(902～928 MHz)、2.4 GHz(2.4～2.4835 GHz)、5.8 GHz(5.725～5.875 GHz)、24.125 GHz(24～24.25 GHz)、60 GHz(我国为59～64 GHz)等。

任务二 移动通信技术

移动通信是指移动体之间的通信，或移动体与固定体之间的通信。也就是说，移动通信的双方至少有一方处于移动中。移动体可以是人，也可以是汽车或轮船等处于移动的物体。移动通信起源于19世纪末，意大利电气工程师马可尼完成了陆地与一只拖船之间的无线电通信，而本任务介绍的只是与手机相关的移动通信技术。从发明第一代移动通信技术(1G)开始，移动通信技术已经历了1G、2G、3G、4G和5G的发展历程，目前处于4G向5G的过渡期。

一、第一代移动通信技术

1G表示第一代移动通信技术，是指最初的模拟、仅限语音的蜂窝电话标准。1978年底，美国贝尔试验室研制成功了全球第一个蜂窝移动电话系统：高级移动电话系统(advanced mobile phone system，AMPS)。同一时期，欧洲各国也不甘示弱，纷纷建立起自己的第一代移动通信系统。瑞典等北欧4国在1980年研制成功了NMT-450移动通信网；英国则于1985年开发出频段在900MHz的全接入通信系统(total access communication system，TACS)。

在各种1G系统中，AMPS制式的移动通信系统在全球的应用最为广泛，它曾经在超过72个国家和地区运营。同时，也有近30个国家和地区采用TACS制式的1G系统。这两个移动通信系统是世界上最具影响力的1G系统。

我国的1G系统于1987年11月18日在广东第六届全运会上开通，采用的是TACS制式。从1987年11月开始运营，到2001年12月底关闭，1G系统在我国的应用长达14年，用户数最高曾达到了660万。如今，1G时代那像砖头一样的手持终端(“大哥大”)已经成为很多人的回忆。

由于采用的是模拟技术，1G系统在设计上只能传输语音，并受到网络容量的限制，1G系统的容量十分有限。此外，其安全性也存在较大的问题。1G系统的先天不足，使它无法真正大规模地普及和应用，价格更是非常高昂，成为当时的一种奢侈品和财富的象征。与此同时，不同国家的各自为政也使1G的技术标准各不相同，即只有“国家标准”，没有“国际标准”，国际漫游成为一个突出的问题。这些缺点都随着第二代移动通信技术(2G)的应用得到了很大的改善。

二、第二代移动通信技术

为解决1G的技术缺陷，1982年，北欧4国向欧洲邮电主管部门大会提交了一份建议书，要求制定900MHz频段的欧洲公共电信业务规范，建立欧洲统一的蜂窝移动通信系统。同年，成立了欧洲移动通信特别小组，后来该通信系统演变成全球移动通信系统(global system for mobile communication，GSM)。随后，美国制定了数字先进移动电话服务(digital-advanced mobile phone service, D-AMPS）和码分多址（code division multiple access, CDMA），其中，IS-95 是由高通公司发起的第一个基于 CDMA 数字蜂窝标准。

2G 系统以数字化为主要特征，以传输语言和低速数据业务为目的，因此又称为窄带数字通信系统，典型代表是 GSM 和 IS-95。2G 不仅可以进行语音通信，还可以收发短信、彩信等。2G 提供了更高的网络容量，改善了语音质量和保密性，还引入了无缝的国际漫游。

(一)全球移动通信系统、通用分组无线业务、增强型数据速率 GSM 演进技术

1. 全球移动通信系统

1987 年，GSM 成员国经现场测试和论证比较，就数字系统采用窄带时分多址（time division multiple access，TDMA）、规则脉冲激励长期预测语音编码和高斯最小频移键控（Gaussian minimum frequency-shift keying，GMSK）调制方式达成一致意见。1989 年 GSM 标准生效。1991 年，GSM 系统正式在欧洲问世，网络开通运行。1992 年，世界上第一个 GSM 网在芬兰投入使用，从此移动通信跨入了 2G 时代。1995 年，我国开通了 GSM 数字电话网。

GSM 被分成 3 个子系统：网络交换子系统（network switching subsystem，NSS）、基站子系统（base station subsystem，BSS）、网络管理子系统（network management subsystem，NMS）。NSS 是 GSM 系统的核心，它对 GSM 移动用户之间及移动用户与其他通信网用户之间的通信起着交换连接与管理的作用。BSS 是 GSM 系统中与无线蜂窝关系最直接的基本组成部分，它通过无线接口直接与移动台相连，负责无线信息的发送与接收，无线资源管理及功率控制等，同时它与 NSS 相连，实现移动用户间或移动用户与固定网络用户之间的通信连接，传送系统信息和用户信息等。NMS 负责对 NSS 和 BSS 的维护管理工作。

2. 通用分组无线业务

GPRS 是通用分组无线业务的简称。在 GSM 演进的道路上，GPRS 的提出迈出了重要的第一步。GPRS 常被称为 2.5G 技术，允许在电路交换的基础上增加数据包交换。在构建 GPRS 网络时，GSM 系统中绝大部分的部件都不需要做硬件改动，只需要在软件方面进行升级，主要是在 GSM 系统中增加 3 个主要部件：GPRS 服务支持节点（serving GPRS support node，SGSN）、GPRS 网关支持节点（gateway GPRS support node，GGSN）和分组控制单元。GPRS 支持 9.05～171.2 kbit/s 的接入速率。

3. 增强型数据速率 GSM 演进技术

增强型数据速率 GSM 演进技术（enhanced data rate for GSM evolution，EDGE）俗称 2.75G 技术，EDGE 比“二代半”技术的 GPRS 更加优良。在 GSM 的演进道路上，EDGE 的提出将无线端的数据传输速率提高到了 384 kbit/s，EDGE 是 GSM 迈向宽带码分多址（wideband code division multiple access，WCDMA）的最后一步。

EDGE 是基于 GSM/GPRS 网络的，EDGE 不同于 GSM 的优势在于：①8 相移键控（phase-shift keying，PSK）调制方式；②增强型的自适应多速率（adaptive multi-rate，AMR）编码方式；③MCS1～9 九种信道调制编码方式；④链路自适应；⑤递增冗余传输；⑥无线链路控制协议（radio link control，RLC）窗口大小自动调整。

从 GPRS 升级到 EDGE，对于上下行信道要提供 GMSK 和 8PSK 的调制解调功能，在终

端部分和基站收发台(base transceiver station,BTS)部分要进行硬件升级,在基站控制器(base station controller,BSC)部分进行软件升级,而在核心网部分无须太大改动。EDGE 的编码与 GPRS 相比更加复杂,但是,采用 EDGE 的 MCS1 到 MCS9 的编码方案,提供的数据传输速率就大大增加了。相对于 GPRS,EDGE 能提供更大的数据传输速率,也能够提供更多、更丰富的多媒体业务,并且在原有的 GSM、GPRS 网络上很容易就能升级。在链路控制层面上,相对于 GPRS,EDGE 也能提供更为强大的功能。

EDGE 主要影响 GSM 网络的无线访问部分,即基站收发台和基站控制器,而对基于电路交换和分组交换的应用和接口并没有太大的影响。因此,网络运营商可最大限度地利用现有的无线网络设备,只需少量的投资就可以部署 EDGE,并且通过移动交换中心(mobile switching center,MSC)和 SGSN 还可以保留使用现有的网络接口。EDGE 还能与以后的 WCDMA 制式共存,这也正是其所具有的弹性优势。

(二)IS-95

IS-95 是一个使用 CDMA 的 2G 移动通信标准,它是由高通公司发起的全球第一个基于 CDMA 的数字蜂窝标准。IS 的全称为"interim standard",即暂时标准,IS-95 是美国电信工业联盟分配的标准编号。基于 IS-95 的第一个品牌是 CdmaOne。在全球得到广泛应用的第一个标准是 IS-95A,这一标准支持语音服务。从 1996 年开始,为了解决中速数据传输问题,IS-95 又提出了 2.5 代的移动通信系统 IS-95B,IS-95B 提供 64 kbit/s 的数据业务。IS-95 的后继 CDMA2000 则被称为 CDMA。

IS-95 系统是一种直接序列扩频 CDMA 系统,它允许同一小区内的用户使用相同的无线信道,完全取消了对频率规划的要求。CDMA 系统具有频率资源共享的特点,具有越区软切换能力。为了减少远近效应,采用了严格的功率控制技术。前向链路和反向链路采用了不同的调制扩频技术。在前向链路上,基站通过不同的扩频码序列同时发送小区内全部用户的数据,同时还发送一个导频码,使所有移动台在估计信道条件时可以使用相干载波检测;在反向链路上,所有移动台以异步方式响应,并且由于基站的功率控制,理想情况下,每个移动台具有相同的信号电平值。

IS-95 系统的网络结构由移动台子系统、基站子系统和交换子系统构成。移动台是双模移动台,与 AMPS 模拟频率调制系统兼容。基站子系统(BSS)是设于某一地点、服务于一个或几个蜂窝小区的全部无线设备及无线信道控制设备的总称,主要包括集中基站控制器和若干个基站收发台。交换子系统包括移动交换中心、归属位置寄存器、漫游位置寄存器、鉴权中心、消息中心、短消息实体和操作维护中心。

三、第三代移动通信技术

3G 是指支持高速数据传输的蜂窝移动通信技术。相对于 1G 的模拟移动通信和 2G 的数字移动通信,3G 的代表特征是提供高速数据业务。3G 将无线通信与互联网相结合,使网络移动化成为现实。

(一)3G 的起源

1G 以频分多址(frequency division multiple access,FDMA)技术为基础,只能进行语音通话。2G 以时分多址(TDMA)技术为基础,增加了窄带数据通信的功能。3G 则以码分多址(CDMA)技术为基础,它能在全球更好地实现无缝漫游,处理图像、音乐、视频流等多种媒体信息,提供包括网页浏览、电话会议、电子商务等多种服务,并与 2G 有良好的兼容。

1985 年,在美国圣迭戈成立了一个名为“高通”的小公司(后成为世界五百强),这个公司开发出一种 CDMA 的新通信技术,就是这个 CDMA 技术直接导致了 3G 的诞生。

2000 年 5 月,国际电信联盟(ITU)正式公布了 3G 标准,我国提交的 TD-SCDMA 正式成为了国际标准,与欧洲的 WCDMA、美国的 CDMA2000 一起成为 3G 的三大技术。

2007 年 10 月,ITU 在日内瓦举行无线通信全体会议,WiMAX 正式被批准为第 4 个全球 3G 标准。

2009 年 4 月20 日,我国工业和信息化部印发了《第三代移动通信服务规范(试行)》通知,自 2009 年 6 月 1 日起施行,我国开始建设 3G 网络。

2011 年 8 月,谷歌公司收购了摩托罗拉公司,微软的操作系统取代了诺基亚的塞班操作系统,移动通信和互联网的高速发展与结合,让 3G 向着更高的目标迈进。

(二)3G 的技术特点

3G 手机是基于移动互联网技术的终端设备,是通信业和计算机产业相融合的产物,也是移动互联网时代的个人通信终端。

3G 的技术特点:全球范围设计的,与固定网络业务及用户互联,无线接口的类型尽可能少,具有高度兼容性;具有与固定通信网络相比拟的高语音质量和高安全性;具有在本地采用 2 Mbit/s 高速率接入和在广域网采用 384 kbit/s 速率接入的数据率分段使用功能;具有在 2 GHz 左右的高效频谱利用率,且能最大程度地利用有限带宽;移动终端可连接地面网络和卫星网,可移动使用和固定使用;可同时提供高速电路交换和分组交换业务,能处理包括国际互联网、视频会议、高速数据传输、非对称数据传输等业务;支持分层小区结构,也支持包括用户向不同地点通信时浏览国际互联网的多种同步连接;语音只占移动通信业务的一部分,大部分业务是数据和视频信息,可使每个用户在连接到局域网的同时还能够接收语音呼叫;一个共用的基础设施,可支持同一地方的多个公共的和专用的运营公司。

(三)3G 的网络结构

3G 的网络结构主要包括核心网、无线接入网(radio access network,RAN)和用户终端模块,其中核心网和无线接入网是 3G 系统的重要内容,3G 的网络结构如图 4-7 所示。3G 通过微微小区,到微小区,到宏小区,直到连接全球网络,可以与公共电话交换网(public switched telephone network,PSTN)、互联网、公共陆地移动网(public land mobile network,PLMN)相连,形成覆盖全球的广域网。

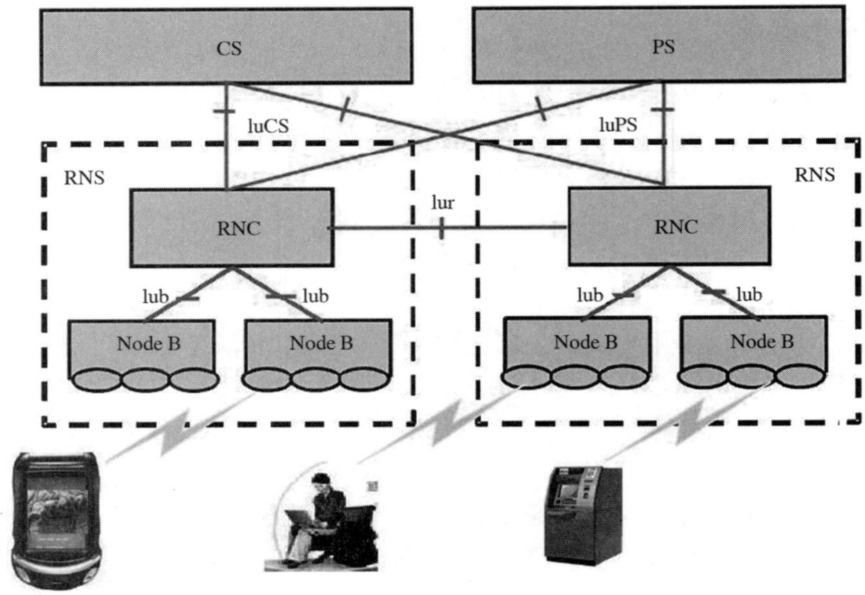

图 4-7 3G 的网络结构

1. 核心网

核心网主要负责与其他网络的连接，以及对用户终端的通信和管理。核心网从逻辑上划分为电路交换(circuit switch,CS)域和分组交换(packet switch,PS)域，其中 CS 域主要用于语音通话，PS 域主要用于网络数据传输。CS 域的实体包括移动交换中心、漫游位置寄存器、移动交换关口局等，PS 域的实体包括服务 GPRS 支持节点、网关 GPRS 支持节点。归属位置寄存器、鉴权中心等为 CS 域和 PS 域共用。

2. 无线接入网

无线接入网主要包括无线网络控制器(radio network controller,RNC)和基站(Node B)。RNC 主要执行系统信息广播与接入控制功能，完成切换和 RNC 迁移等移动性管理工作，执行宏分集合并、功率控制、无线承载分配等无线资源管理和控制功能。Node B 是 WCDMA 网站中的基站，是 3G 移动基站的名称。无线接入网在基站与 RNC 之间用 lub 接口，在 RNC 与 RNC 之间用 lur 接口，在 RNC 与核心网之间用 luCS 和 luPS 接口。

3. 用户终端设备

用户终端设备(user equipment,UE)包括移动设备和用户识别模块。3G 网络在手机与基站之间采用 Uu 接口。

(四)3G 的 3 种标准

1. WCDMA

WCDMA 是几种技术的融合。WCDMA 的支持者是以 GSM 系统为主的欧洲厂商，主要包括爱立信、阿尔卡特、诺基亚、朗讯、北电、NTT、富士通、夏普等公司。WCDMA 能够架设在原有的 GSM 网络上，WCDMA 使用的部分协议与 GSM 标准一致，该标准提出了 GSM→GPRS→EDGE→WCDMA 的演进策略。WCDMA 采用了直接序列扩频，载波带宽为 5 MHz，数据传输速率可达到 2 Mbit/s(室内)及 384 kbit/s(移动空间)。WCDMA 采用了频分双工(frequency division duplex,FDD)模式和异步传输模式(ATM),能够在一条线路上传送更多的语音呼叫,在人口密集地区线路不容易堵塞。WCDMA 还采用了自适应天线和微小区技术,提高了系统的容量。

2. CDMA2000

CDMA2000 是由窄带 CDMA(CDMA IS-95)发展而来的宽带 CDMA 技术。CDMA2000 是由高通公司主导提出的,摩托罗拉、朗讯和三星公司都有参与。这套系统可以从原有的窄带结构直接升级到 3G,研发技术是各标准中进度最快的,建设成本低廉。该标准提出了 CDMA IS-95→CDMA20001x→CDMA 20003x 的演进策略。

CDMA2000 采用多载波方式,载波带宽为 1.25MHz。CDMA2000 共分为两个发展阶段,第一阶段将提供 144kbit/s 的数据传输速率,第二阶段将提供 2Mbit/s 的数据传输速率。CDMA2000 做到了对 CDMA IS-95 系统的完全兼容,为技术的延续性带来了明显的好处,成熟性和可靠性比较有保障。

3. 时分同步码分多址

时分同步码分多址(time division-synchronous code division multiple access,TD-SCDMA)是我国制定的 3G 标准,使我国在 3G 标准制定方面占有一席之地。由于我国市场庞大,该标准受到各大电信设备厂商的重视,全球一半以上的设备厂商都宣布支持 TD-SCDMA 标准。

TD-SCDMA 是一种基于 CDMA 的结合智能天线、软件无线电、高质量语音压缩编码等先进技术的优秀方案。TD-SCDMA 采用时分双工(time division duplex,TDD)模式,载波带宽为 1.6MHz,在频谱利用率、业务灵活性、频率灵活性、成本等方面具有独特优势。TD-SCDMA 标准提出不经过 2.5 代的中间环节,直接向 3G 过渡,这非常适用于 GSM 系统向 3G 升级。TD-SCDMA 技术的一大特点是引入了业务管理接入点同步接入信令,在运用 CDMA 技术后可减少许多干扰。TD-SCDMA 技术的另一大特点是在蜂窝系统应用时的越区切换采用了指定切换的方法,每个基站都具有对移动台的定位功能,从而得知本小区各个移动台的准确位置,做到随时认定同步基站。但 TD-SCDMA 在技术的成熟性方面相较于另外两种技术有一定缺陷。

4. 3G 标准的比较

3 种 3G 标准的比较见表 4-2。

表 4-2　3 种 3G 标准的比较

项目	WCDMA	CDMA2000	TD-SCDMA
发起国家	欧洲各国、日本	中国	美国、韩国
继承基础	GSM	GSM	CDMA
同步方式	异步	同步	同步
双工方式	FDD	TDD	FDD
码片速率	3.84 Mchip/s	1.28 Mchip/s	1.228 8 Mchip/s
信号带宽	5 MHz	1.6 MHz	1.25 MHz
核心频率	1 920～1 980 MHz(上行) 2 110～2 170 MHz(下行)	825～835 MHz(上行) 870～880 MHz(下行)	1 880～1 920 MHz(上行) 2 010～2 025 MHz(下行)

续表 4-2

项目	WCDMA	CDMA2000	TD-SCDMA
补充频率	1 755～1 785 MHz(上行) 1 850～1 880 MHz(下行)	885～915 MHz(上行) 930～960 MHz(下行)	2 300～2 400 MHz
空中接口	WCDMA	CDMA2000	TD-SCDMA
核心网	GSM MAP	ANSI-41	GSM MAP

四、第四代移动通信技术

世界上很多组织给 4G 下了不同的定义,而国际电信联盟(ITU)的定义代表了传统移动运营商对 4G 的看法。ITU 认为:4G 是基于 IP 协议的高速蜂窝移动网,无线通信技术从现有的 3G 演进而来,4G 的传输速率可以达到 100 Mbit/s。

(一)4G 的起源

2005 年 10 月,在 ITU-RWP8F 第 17 次会议上,ITU 给了 4G 一个正式的名称——IMT-Advanced。按照 ITU 的定义,当时的 WCDMA、高速下行分组接入(high speed downlink packet access,HSDPA)等技术统称为 IMT-2000,未来的空中接口则称为 IMT-Advanced。IMT-Advanced 标准将 3G 标准组织已发展的多项标准加以延伸,如 IP 核心网、开放业务架构及 IPv6 等,同时其规划又必须满足整体系统架构能够由 3G 演进到 4G。

2009 年,ITU 在全球征集 IMT-Advanced 候选技术,ITU 共征集到 6 个候选技术。这 6 个技术可分为两大类:一类是基于 3GPP 的长期演进(long term evolution,LTE)技术,包括 TD-LTE 和 FDD-LTE;另外一类是基于 IEEE 802.16m 的技术。

3GPP 成立于 1998 年 12 月,目前欧洲电信标准组织、美国电信工业联盟、日本电信技术委员会、日本无线工业及商贸联合会、韩国电信技术协会和中国通信标准化协会是 3GPP 的 6 个组织伙伴。3GPP 最初的工作是为 3G 移动通信系统制定全球适用技术规范和技术报告,随后 3GPP 的工作范围得到扩展,增加了对 LTE 系统的研究和标准制定。3GPP 制定的标准规范以 Release 作为版本进行管理,平均 1～2 年就会制定一个版本,从建立之初的 R99,到 R4、R5、R6、R7、R8、R9、R10、R11、R12、R13 版本,其中 R8 版本开始制定 LTE 规范。R99 版本既有电路交换(CS)部分,又增加了分组交换(PS)部分,用于支持基于分组交换的数据业务,这种组网方式适合于传统的 GSM/GPRS 运营商。R4 版本与 R99 版本相比,在无线接入网方面没有网络结构的变化,只是在无线技术方面提出了一些改进。在核心网方面,R4 版本最大的变化在于 PS 域,引入了软交换的概念,将控制和承载分开,原来的移动交换中心(MSC)变为 MSC Server 和媒体网关,语音通过媒体网关由 CS 域传送。R5 版本是全 IP 的第一个版本,在无线接入网方面,提出了 HSDPA,使下行速率可以达到 8～10 Mbit/s;lu、lur、lub 接口增加了基于 IP 的可选传输方式,使无线接入网实现了 IP 化;在核心网方面,最大的变化是在 R4 版本的基础上增加了 IP 多媒体子系统(IP multimedia subsystem,IMS),它和 CS 域一起,可以实现实时和非实时的多媒体业务,并可以实现与 PS 域的互操作。R6 版本,在无线接入网方面研究正交频分复用(orthogonal frequency division multiplexing,OFDM)、多输入多输出(multiple-input multiple-output,MIMO)、WLAN 与 3G 系统的结合等问题,在核心网方面研究包括与PS域承载无关的网络框架研究，即研究是否在CS域实现控制和承载的分离，以及研究IMS与公共陆地移动网、公共交换电话网、综合业务数字网等网络的互操作，以实现IMS与其他网络的互联互通。2009年，3GPP发布了R8版本的TD-LTE和FDD-LTE，标志着LTE标准草案研究完成。2010年，R9版本提出了LTE-A，正式成为IMT-Advanced的主要技术。R10版本对其进一步完善，R10是LTE-A的关键版本。

2012年1月18日，在ITU无线电通信全会全体会议上，ITU正式审议通过将LTE-Advanced和Wireless MAN-Advanced(IEEE 802.16 m)技术规范确立为IMT-Advanced(俗称4G)国际标准，我国主导制定的TD-LTE-Advanced作为LTE-Advanced的一个组成部分也包含在其中。我国TD-SCDMA技术于2000年正式成为3G标准之一，经过2000年到2012年的发展，TD-LTE-Advanced标志着我国在移动通信标准制定领域再次走到了世界前列。目前TD-LTE在与美国企业主导的WiMAX产业竞争中胜出，全球90%的WiMAX网络将升级到TD-LTE，TD-LTE已成为全球TDD技术共同演进的方向。

2013年12月4日，我国工业和信息化部向三大运营商下发4G牌照，中国移动、中国电信和中国联通均获得TD-LTE牌照，我国三大电信运营商开始全面开展4G应用。

(二)4G的特点

1. 通信速度快

以移动通信系统数据传输速率为基础进行比较，1G系统仅提供语音服务；2G系统数据传输速率只有9.6 kbit/s，最高可达32 kbit/s；3G系统数据传输速率可达2 Mbit/s；而4G系统数据传输速率可达100 Mbit/s。

2. 通信灵活

从严格意义上说，4G手机已不能简单划归为“电话机”的范畴，毕竟语音的传输只是4G手机的功能之一而已。4G手机更应该算是一只小型计算机，4G通信使人们不仅可以随时随地通信，还可以双向传递下载资料、图片、影像，当然更可以和从未谋面的陌生人在网上连线打游戏。4G手机也许有被网上定位系统永远锁定无处遁形的苦恼，但是与它提供的出行便利和安全相比，这几乎可以忽略不计。

3. 智能性高

4G通信的智能性更高，不仅表现在4G通信的终端设备具有操作智能性，更重要的是4G手机可以实现许多功能。例如，4G手机能根据环境、时间及其他设定的因素，适时地提醒手机主人此时该做什么事，或者不该做什么事。

4. 提供增值服务

4G通信并不是从3G通信的基础上经过简单的升级而演变过来的，它们的核心建设技术是不同的。3G移动通信系统主要是以CDMA为核心技术的；而4G移动通信系统则以正交频分复用技术最受瞩目，利用这种技术可以实现无线区域环路、数字音频广播等方面的无线通信增值服务。

5. 兼容性好

4G通信具备全球漫游功能，接口开放，能与多种网络互联，终端多样化。

6. 费用便宜

4G 通信解决了与 3G 通信的兼容性问题,4G 通信部署起来就容易、迅速得多。4G 通信的无线即时连接等服务会比 3G 通信更加便宜。

(三)4G 的核心技术

1. 正交频分复用技术

4G 采用了 OFDM 技术。OFDM 技术是一种无线环境下的高速传输技术,主要思想是在频域内将给定信道分成许多正交子信道,在每个子信道上使用一个 4G 子载波进行调制,各子载波并行传输。尽管总的信道是非平坦的,即具有频率选择性,但是每个子信道是相对平坦的,在每个子信道上进行的是窄带传输,信号带宽小于信道的相应带宽。OFDM 的优点是可以消除或减小信号波形间的干扰,对多径衰落和多普勒频移不敏感,提高频谱利用率,可实现低成本的单波段接收机;缺点主要是功率效率不高。

2. 智能天线技术

智能天线具有抑制信号干扰、自动跟踪及数字波束调节等智能功能,被认为是未来移动通信的关键技术。智能天线应用数字信号处理技术,产生空间定向波束,使天线主波束对准用户信号到达方向,旁瓣或零陷(即增益为 0)对准干扰信号到达方向,达到充分利用移动用户信号并消除或抑制干扰信号的目的。智能天线技术既能改善信号质量又能增加传输容量。

3. 多输入多输出技术

MIMO 技术是指利用多发射、多接收天线进行空间分集的技术,它采用的是分立式多天线,能够有效地将通信链路分解成许多并行子信道,从而大大提高容量。信息论已经证明,当不同的接收天线和不同的发射天线之间互不相关时,MIMO 系统能够很好地提高系统的抗衰落和噪声性能,从而获得巨大的容量。例如,当接收天线和发送天线数目都为 8 根,且平均信噪比为 20 dB 时,链路容量可以高达 42 bit/(s·Hz),这是单天线系统所能达到的容量的 40 多倍。因此,在功率带宽受限的无线信道中,MIMO 技术是实现高数据速率、提高系统容量、提高传输质量的空间分集技术。

4. 软件无线电技术

软件无线电技术是将标准化、模块化的硬件功能单元通过一个通用硬件平台,利用软件加载方式来实现各种类型的无线电通信系统的一种具有开放式结构的新技术。软件无线电技术的核心思想是在尽可能靠近天线的地方使用宽带 A/D 和 D/A 变换器,并尽可能多地用软件来定义无线功能,各种功能和信号处理都尽可能用软件实现,其软件系统包括各类无线信令规则与处理软件、信号流变换软件、信源编码软件、信道纠错编码软件、调制解调算法软件等。软件无线电技术可使系统具有灵活性和适应性,能适应不同的网络和空中接口,能支持采用不同空中接口的多模式手机和基站,能实现各种应用的可变 QoS。

5. 载波聚合技术

LTE-A 系统提出可以支持最大 100 MHz 的频率带宽。在当前频谱资源紧张的情况下,连续 100 MHz 带宽的资源很少,只能考虑将非连续的频段聚合使用,采用载波聚合技术将分散在多个频段上的频谱资源聚合在一起。

6. IPv6

4G 移动通信系统选择了基于 IP 的全分组方式传送数据流，因此 IPv6 技术将成为下一代网络的核心协议。

(四)4G 的网络结构

4G 移动通信系统包括核心网、无线接入网和移动终端，其中核心网是指演进的分组核心。2G 的无线接入网包括基站收发台(BTS)和基站控制器(BSC)二级转发；3G 的无线接入网包括基站(Node B)和无线网络控制器(RNC)二级转发；相比而言，4G 的无线接入网由基站(eNodeB)一级转发，4G 的扁平化网络结构更简单。eNodeB 即演进型 Node B，是 LTE 中基站的名称。4G 的核心网是一个基于全 IP 的网络，可以实现不同网络间的无缝互联。4G 采用 IP 后，无线接入方式、协议与核心网络协议、链路层是分离的，IP 与多种无线接入协议相兼容，在设计核心网络时具有很大的灵活性，不需要考虑无线接入采用何种方式和协议。4G 的核心网能提供端到端的 IP 业务，能同已有的核心网和公共电话交换网(PSTN)兼容。4G 的核心网具有开放的结构，能允许各种空中接口接入核心网，同时核心网能把业务、控制、传输等分开。4G 的网络结构如图 4-8 所示。

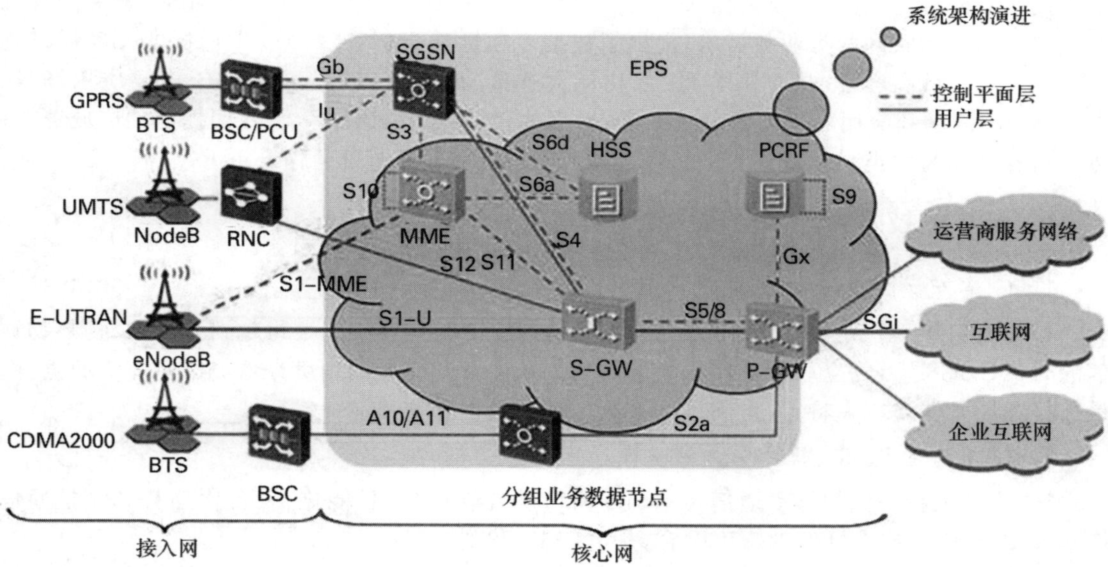

图 4-8　4G 的网络结构

核心网主要由移动管理实体(mobile management entity，MME)、服务网关(serving gateway，S-GW)、分组数据网关(packet data network gateway，P-GW)、归属用户服务器(home subscriber server，HSS)、策略与计费规则功能单元(policy and charging rule function，PCRF)等组成。其中，S-GW 和 P-GW 可以合设，也可以分设。核心网架构秉承了控制与承载分离的理念，将分组域中 SGSN 的移动性管理、信令控制功能和媒体转发功能分离出来，分别由两个网元来完成，其中，MME 负责移动性管理、信令处理等功能，S-GW 负责媒体流的处理及转发等功能，P-GW 则仍承担 GGSN 的职能。LTE 无线系统取消了 RNC 网元，将其功能分别移至

eNodeB 和核心网网元，eNodeB 将直接通过 S1 接口与 MME、S-GW 互通，简化了无线系统的结构。

五、第五代移动通信技术

5G 将不仅具有更高速率、更大带宽和更强能力的空中接口技术，而且是面向用户体验、业务应用和行业应用的智能无线网络，5G 的速率、流量密度、连接密度等关键指标要求将对技术、频率、运营等方面提出巨大挑战。

（一）5G 的研究进程

自 2012 年初 ITU 通过了 4G 标准之后，通信业界开始研究 5G，各国成立了专门组织推进 5G 研究，争抢新一轮技术和标准的影响力和制高点。例如，欧盟启动了 METIS、5GNOW 等多个 5G 预研项目，并成立了 5G PPP；韩国成立了 5G Forum 等；美国和日本也启动了 5G 研究；我国则成立了 IMT-2020(5G)推进组。

2013 年 2 月，我国发起成立了 IMT-2020(5G)推进组，目标是在"3G 突破、4G 同步"的基础上，实现"5G 引领"全球。IMT-2020(5G)推进组前期完成了 5G 的需求、概念、无线技术和网络技术的分析，且有多项成果输入 ITU。IMT-2020(5G)推进组分析了驱动 5G 发展的移动互联网和移动物联网两类业务需求，提出了包括 6 项性能指标和 3 项效率指标的"5G 需求之花"，定义了广域高容量、热点高容量、低功耗大连接、低时延高可靠 4 类 5G 主要应用场景。ITU 将 5G 需求和应用场景主要分为 3 类：增强的移动宽带(eMBB)(将我国提出的广域覆盖、热点高容量归为此类)、海量连接的机器类通信、超可靠和低时延通信。

（二）5G 的技术特点

1. 5G 是万物互联、连接场景的一代

移动通信从 1G 到 4G 主要是以人与人通信为主的时代，5G 则是跨越到人与物、物与物通信的时代。5G 是万物互联和连接场景的时代。从业务和应用的角度来看，5G 具有大数据、海量连接和场景体验三大特点，可满足未来更广泛的数据和连接业务需要。

2. 5G 是电信 IT 化、软件定义的一代

5G 将是全新一代的移动通信技术，5G 网络呈现软件化、智能化、平台化趋势，5G 是通信技术(CT)与信息技术(IT)的深度融合，是电信 IT 化的时代。

软件定义的 5G 通过采用软件定义网络(software defined network，SDN)、网络功能虚拟化(network functions virtualization，NFV)及软件定义无线电的无线接入空口，实现 5G 可编程的核心网和无线接口。SDN 和 NFV 将引起 5G 的 IT 化，包括硬件平台通用化、软件实现平台化、核心技术 IP 化。

3. 5G 是云化的一代

5G 的云化趋势包括基带处理能力的云化(云架构的 RAN，即 C-RAN)、采用移动边缘内容与计算(mobile edge content and computing，MECC)、终端云化。C-RAN 将多个基带处理单元(baseband unit，BBU)集中起来，通过大规模的基带处理池为成百上千个远端射频单元(remote radio unit，RRU)服务，此时基带处理能力是云化的虚拟资源。MECC 在靠近移动用

户的位置上提供IT服务环境和云计算能力，使应用、服务和内容部署在分布式移动环境中，针对资源密集的应用（如图像、视频、制图等），将计算和存储卸载到无线接入网，从而降低了对通信带宽的开销，并提高了实时性。终端云化使移动终端能力和资源（包括计算、存储、传感等）得到大幅提升，也可以实现本地资源共享和云化。

4.5G是蜂窝结构变革的一代

从1G到4G都是基于传统的蜂窝系统，即形状是基本规则（六边形）的蜂窝小区组网。目前，密集高层办公楼宇、住宅和场馆等城市热点区域承载了70%以上的无线分组数据业务，而热点区域的家庭基站、无线中继站、小区基站、分布式天线等（统称异构基站）大多数呈非规则、无定形部署特性，层叠覆盖形成了异构分层无线网络。另外，结合虚拟网络运营商需求，产生了虚拟接入网与虚拟小区的概念，虚拟接入网可以在一个物理设备上按需产生多个RAN。可见，传统单层规则的蜂窝小区概念已不存在，5G移动通信首次出现了去蜂窝的趋势。

5.5G是承前启后和探索的一代

移动通信技术更新约10年一代。1G的目的是要解决语音通信，但语音质量与安全性都不好；到2G时，GSM和CDMA在解决语音通信方面达到极致；1998年提出的3G最初目标是解决多媒体通信（如视频通信），但2005年后出现移动互联网接入的重大应用需求，并未完美解决；LTE对移动互联网接入需求的解决是到位的，但又面临语音通信问题。目前呈现的是“1G短、2G长、3G短、4G长”的特征，而5G的目标是实现万物互联，但目前还没有得到垂直行业（物联网、工业互联网等）的正面回应。因此，5G将是有探索价值的一代，是移动通信历史上迈向万物互联的承前启后的一代。

(三)5G的关键技术

1. 无线传输关键技术

我国IMT-2020(5G)推进组梳理了5G无线传输关键技术，主要有大规模多天线、新型多址接入、超密集组网、高频段通信、低时延高可靠、灵活频谱共享、新型编码调制、新型多载波、M2M、终端直通（device to device，D2D）、灵活双工和全双工共12项关键技术。

2. 网络关键技术

我国IMT-2020(5G)推进组梳理了5G核心网络的系列关键技术，主要有控制转发分离、控制功能重构、新型连接管理与移动性管理、移动边缘内容与计算、按需组网、统一的多无线接入技术融合、无线网状网与动态自组织网络、无线资源调度与共享、用户和业务的感知与处理、定制化部署与服务，以及网络能力开放等关键技术。

(四)5G引领的战略目标

突破5G核心技术是取得5G国际标准制定话语权和引领产业的根本。5G的竞争将不仅是通信基础技术的竞争，而且是核心器件等基础产业的全产业链竞争、面向行业应用的新产业生态竞争。因此，在推动5G的发展中，需要特别提升3个能力：系统及标准体系的设计和推动能力；基础产业能力，包括器件、芯片、软件等制造能力；垂直行业的整合及应用推广能力（如工业互联网、车联网等）。我国应采取“发挥优势、引领标准，政策引导、率先示范，突破瓶颈、带动行业”的整体战略。

任务三　蓝牙技术

蓝牙是一种短距离无线通信技术，其标准为 IEEE 802.15，在 2.4 GHz 频段工作，传输范围为 10～100 m，在此范围内，采用蓝牙技术的多台设备，如手机、微型计算机、激光打印机等能够无线互联，以约 1 Mbit/s 的速率相互传递数据，并能方便地接入互联网。

一、蓝牙的起源

蓝牙的创始人是瑞典爱立信公司，爱立信公司早在 1994 年就已经开始进行蓝牙技术的研发。1998 年 2 月，5 个跨国公司（爱立信、诺基亚、IBM、东芝、英特尔）组成了一个特殊兴趣小组（special interest group，SIG），目标是建立一个全球性的小范围无线通信技术，也就是现在的蓝牙。

蓝牙技术的宗旨是提供一种短距离、低成本的无线传输应用技术，使短程无线通信技术标准化。在蓝牙技术中，英特尔公司负责半导体芯片和传输软件的开发，爱立信公司负责无线射频和移动电话软件的开发，IBM 和东芝公司负责笔记本电脑接口规格的开发。

1999 年下半年，微软、摩托罗拉、朗讯及蓝牙技术联盟的 5 家公司共同发起成立了蓝牙技术推广组织。全球业界开发了一大批蓝牙技术的应用产品，使蓝牙技术在当时呈现出极其广阔的市场前景，并预示着 21 世纪初将迎来蓝牙技术的无线通信全球浪潮。

二、蓝牙的技术优势

1. 全球可用

蓝牙技术在 2.4 GHz 频段运行，该频段在全球是无需许可的 ISM，使用蓝牙不需要支付任何费用。蓝牙技术是支持最广泛、功能最丰富、比较安全的无线标准。自 1999 年发布蓝牙规范以来，超过 4 000 家公司成为蓝牙的成员，安装的基站在 2005 年底已经达到 5 亿个。

2. 应用广泛

蓝牙技术得到了广泛的应用，集成了该技术的产品有手机、笔记本电脑、汽车、医疗设备等。该技术的用户既有普通消费者，也有各种企业。

3. 易于使用

蓝牙技术是一项即时技术，不要求固定的基础设施，易于安装和设置。蓝牙新用户只需检查可用的配置文件，即可连接至使用同一配置的另一个蓝牙设备。设备可以随身携带，甚至可以与其他网络连接。

4. 数据传输与语音通信

蓝牙技术既可以传输数据，也可以进行语音通信，是一种无线数据与语音通信的开放性全球规范，可实现无缝连接。无缝连接是指在掌握系统底层协议和接口规范的基础上开发的完全兼容产品。

三、蓝牙的各种技术

(一)拓扑结构

蓝牙技术支持点对点、点对多点的语音、数据业务,采用灵活的无基站组网方式。在有效的通信范围内,所有设备的地位都是平等的,具有相同权限。首先提出通信要求的设备称为主设备(master),被动进行通信的设备称为从设备(slave)。一个 master 最多可以同时与 7 个 slaver 进行通信,一个 master 与一个以上 slave 构成的主从网络称为微微网(piconet)。为了能容纳更多的装置,并且扩大网络通信范围,多个微微网互联在一起,就构成了蓝牙的自组织网,称为散射网(scatternet),如图 4-9 所示。蓝牙无线信道使用跳频/时分复用方案。虽然每个微微网只有一个 master,但是 slave 可以基于 TDD 机制加入不同的微微网,而且一个微微网的 master 可以成为另外一个微微网的 slave,具有多种角色的节点可以作为桥节点连接邻近的微微网而形成散射网。每个微微网都有其独立的跳频序列,它们之间的跳频并不同步,由此避免了同频干扰。

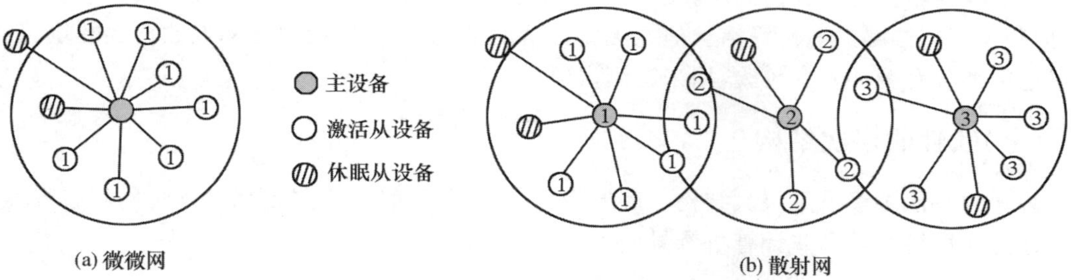

图 4-9　蓝牙设备组成的微微网和散射网

(二)系统组成

蓝牙系统一般由天线单元、链路控制(硬件)、链路管理(软件)和蓝牙软件(协议)4 个功能模块组成。其中,链路控制(硬件)负责处理基带协议和其他一些底层常规协议,链路管理(软件)实现链路的建立、认证及链路硬件配置等。

(三)射频特征

蓝牙设备的工作频段为 2.4 GHz,频道采用 23 个或 79 个,频道间隔均为 1 MHz。蓝牙设备的最大发射功率分为 3 个等级:100 mW(20 dBm)、2.5 mW(4 dBm)、1 mW(0 dBm)。由于要求采用功率控制,故蓝牙设备之间的有效通信距离为 10～100 m。

(四)跳频技术

蓝牙特别设计了快速确认和跳频技术,以确保链路稳定。跳频是指在接收或发送一组分组数据后,即跳至另一颗点。跳频技术是把频带分成若干个跳频信道(hop channel),在一次连接中无线收发器按一定的码序列(即一定的规律,技术上称为伪随机码)不断地从一个信道跳到另一个信道,只有收发双方是按这个规律进行通信的,而其他干扰不能按同样的规律进行干扰。跳频的瞬时带宽是很窄的，但通过扩展频谱技术，这个窄带宽可以成百倍地扩展成宽频带，使干扰的可能影响变得很小。

在蓝牙无线信道的跳频/时分复用方案中，信道以 625 μs 时间长度划分时隙，根据微微网主节点的时钟对时隙进行编号，以 227 为一个循环长度，每个时隙对应一个跳频频率，通常跳频速率为每秒 1 600 跳。

(五)TDMA 结构

蓝牙的数据传输速率为 1 Mbit/s，采用数据包形式按时隙传送。蓝牙的基带协议是电路交换与分组交换的结合，系统支持实时的同步定向连接和非实时的异步不定向连接。蓝牙支持一个异步数据信道、3 个并发的同步语音信道，还可以用一个信道同时传送异步数据和同步语音。每个同步语音信道支持 64 kbit/s 的同步语音链路，异步数据信道支持一端最大速率为 721 kbit/s，另一端速率为 57.6 kbit/s 的不对称连接，或者是支持 432.6 kbit/s 的对称连接。

(六)纠错技术

蓝牙的纠错机制分为前向纠错编码和包重发。采用前向纠错编码方式可减少数据重发次数，抑制长距离链路的随机噪声。但在无差错情况下，前向纠错编码会降低数据吞吐量。每一数据包中都含有循环冗余校验，用来检测误码。

(七)软件的层次结构

蓝牙的通信协议采用层次结构。底层为各类应用所通用；高层则视具体应用而有所不同，大体分为计算机背景和非计算机背景两种。

四、蓝牙的协议体系

SIG 在制定蓝牙的协议堆栈时，一个重要的原则就是高层尽量利用已有的协议，而不是对于不同的应用去定义新的协议。所以，在蓝牙协议堆栈中，许多协议不是蓝牙特有的。蓝牙的协议堆栈遵循开放互联参考模型，从低到高定义了各个层次，如图 4-10 所示。

(一)蓝牙协议体系的分层

蓝牙的协议体系分为 4 层：核心协议层、电缆替代协议层、电话控制协议层、可选协议层。

在核心协议层，包括基带协议、链路管理协议(link manager protocol，LMP)、逻辑链路控制和适配协议(logical link control and adaptation protocol，L2CAP)、服务发现协议(service discovery protocol，SDP)。

在电缆替代协议层中，包括规范的串行仿真协议(radio frequency communication，RFCOM)。

在电话控制协议层中，包括二元电话控制协议(TCS-Binary)、AT 命令集电话控制协议(AT-commands)。

在可选协议层中，有点对点协议(point-to-point protocol，PPP)、用户数据报协议(user datagram protocol，UDP)、传输控制协议(transmission control protocol，TCP)/互联网协议

(IP)、对象交换协议(object exchange,OBEX)、无线应用协议(wireless application protocol,WAP)、无线应用环境(wireless application environment,WAE)、电子名片(vCard/vCal)。

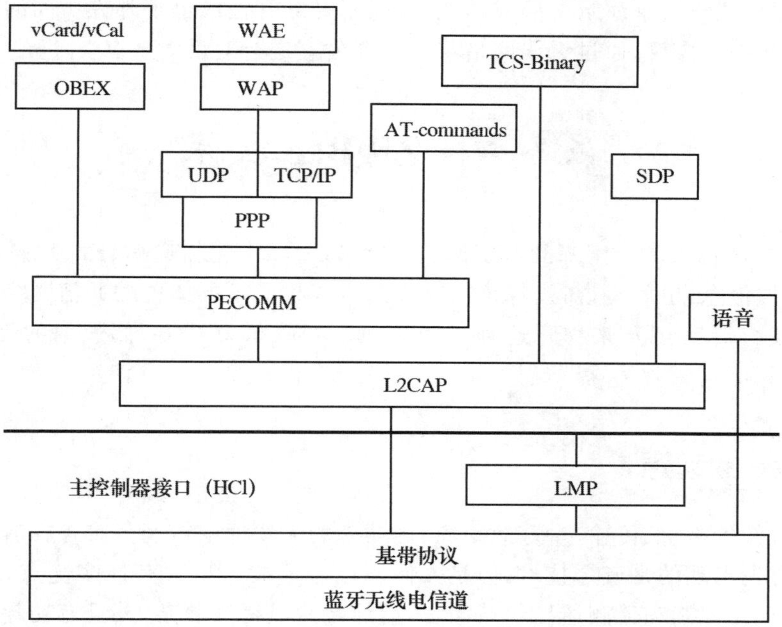

图 4-10　蓝牙协议堆栈

(二)核心协议

基带协议:基带协议确保各个蓝牙设备之间的物理射频连接。蓝牙的射频系统是一个跳频系统。跳频是把频带分成若干个跳频信道,任何一个分组在指定时隙、指定频率上发送,可为基带数据分组提供同步面向连接、异步非连接两种物理连接方式。

LMP:负责蓝牙各设备之间连接的建立。首先,它通过连接的发起、交换、核实进行身份认证和安全加密;其次,它通过设备间协商确定基带数据分组的大小;另外,它还控制无线部分的电源模式、工作周期和微微网内设备之间的连接状态。

L2CAP:这是基带的上层协议,它是与 LMP 并行工作的,采用多路技术、分割和重组技术、群提取技术等为上层提供数据服务。

SDP:服务发现协议,是所有用户模式的基础。

五、蓝牙的应用场景

1. 语音/数据接入

语音/数据接入主要是指将一台计算机通过安全的无线链路连接到通信设备上完成与广域网的连接。

2. 外围设备互连

外围设备互连主要是指将各种设备通过蓝牙链路连接到主机上。鼠标、键盘、打印机、膝上型计算机、耳机、扬声器等均可以在 PC 环境中无线使用。

3. 个人局域网

个人局域网主要用于个人网络与信息的共享与交换。启用蓝牙的设备，能够创建个人的即时网络，让用户能够共享演示文稿或其他文件，不受兼容性或电子邮件访问的限制。蓝牙设备能方便地召开小组会议，通过无线网络与其他办公室进行对话。

任务四 ZigBee 技术

ZigBee 这一名称来源于蜜蜂的八字舞。蜜蜂(bee)靠飞翔和嗡嗡(zig)地抖动翅膀与同伴传递花粉的方位信息，也就是说，蜜蜂依靠这样的方式构成了群体中的通信网络。借助于蜜蜂的通信方式，人们用 ZigBee 来称呼这种近距离、低功耗、低复杂度、低速率的无线通信技术。ZigBee 的中文译名通常称为"紫蜂"。

一、ZigBee 的起源

长期以来，低价格、低传输速率、短距离、低功率的无线通信市场一直存在着。在这个无线通信市场中，首先出现的是蓝牙技术，但是人们发现蓝牙技术尽管有许多优点，但仍存在着许多缺陷。对自动化控制和遥测遥控领域而言，蓝牙技术显得太复杂，并且有功耗大、距离短、组网规模小等弊端。与蓝牙技术相比，ZigBee 是一种新兴的短距离无线通信技术。

ZigBee 的前身是 1998 年由英特尔和 IBM 等公司发起的、面向家庭网络的通信协议 Home RF Lite。2002 年，ZigBee 联盟成立。目前超过 150 多家成员公司还在积极进行 ZigBee 标准的制定工作。

二、ZigBee 的特点

ZigBee 是基于 IEEE 802.15.4 标准的、关于无线组网、安全和应用等方面的技术标准，被广泛应用在无线传感器网络的组建中，其主要特点如下。

(1)低功耗。ZigBee 主要通过降低传输的数据量、降低收发信机的忙闲比、降低帧开销、实行严格的功率管理机制(如关机及睡眠模式)等方式降低设备功耗。在相同电池条件下，ZigBee 可支持一个节点工作 6～24 个月，而蓝牙只能工作几周，WiFi 只能工作几小时。

(2)低成本。ZigBee 通过大幅简化协议，降低了设备的成本。ZigBee 应用于主机端的芯片成本远低于蓝牙。而且，ZigBee 还免除了协议专利费。

(3)低速率。ZigBee 工作在 20～250 kbit/s 的较低速率，在 2.4 GHz、915 MHz 和 868 MHz 分别提供 250 kbit/s、40 kbit/s 和 20 kbit/s 的原始数据吞吐率，能满足低速率传输数据的应用需求。

(4)有效范围大。ZigBee 相邻节点间的传输距离一般为 10～100 m，如果通过路由和节点间通信的接力，传输距离将可以更远。

(5)短时延。ZigBee 的响应速度较快，一般从睡眠转入工作状态只需 15 ms，节点连接进入网络只需 30 ms。而蓝牙的响应需要 3～10 s，WiFi 的响应需要 3 s。

(6)高容量。ZigBee 可采用多种网络结构,一个主节点管理若干子节点。一个主节点最多可管理 254 个子节点。主节点还可由上一层网络节点管理,最多可组成拥有 65 000 个节点的大网。

(7)高安全。ZigBee 提供了三级安全模式,包括安全设定、使用接入控制清单防止非法获取数据、采用高级加密标准的对称密码,以灵活确定其安全属性。

(8)工作频段灵活。ZigBee 采用 ISM,工作频段可以为 2.4 GHz(全球)、915 MHz(美国)和 868 MHz(欧洲)。

三、 ZigBee 网络的特点

(一)拓扑结构

ZigBee 网络支持 3 种拓扑结构:星形、网状和树状拓扑结构,如图 4-11 所示。其中,全功能设备 (full function device,FFD)通常有 3 种状态(主协调器、协调器、终端设备),由于全功能设备是路由器,可以同时与多个精简功能设备(reduced function device,RFD)或多个全功能设备通信;精简功能设备是终端,只能与全功能设备通信。网络由一个网络协调器(coordinator)控制。在星形拓扑结构中,节点只能与网络协调器节点进行通信,两个节点之间的通信必须通过网络协调器转发。在树状拓扑结构中,网络协调器可以连接一系列的全功能设备和精简功能设备,子节点的全功能设备也可以连接一系列的全功能设备和精简功能设备,这样可以重复多个层级。网状拓扑结构具有更加灵活的信息路由,路由节点之间可以直接通信,而且当一个路由路径出现问题时,信息可以自动沿着其他路由传输。

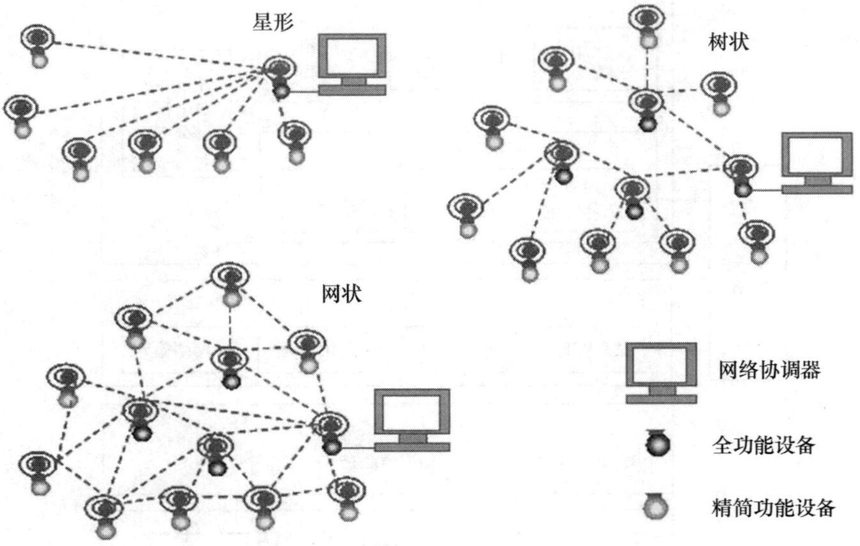

图 4-11 ZigBee 的 3 种拓扑结构

(二)特点

ZigBee 网络是一种高可靠、低功耗的无线数据传输网络。在可靠性方面,ZigBee 网络在物理层采用了扩频技术，在介质访问控制(medium access control，MAC)层有应答重传功能。在低功耗方面，节点休眠时间占总运行时间的大部分，节点只需很少的能量。

ZigBee 网络采用自组织网络。ZigBee 网络在网络模块的通信范围内，通过彼此自动寻找，很快就可以形成一个互联互通的网络。由于成员的移动，ZigBee 网络彼此间的联络还会发生变化，其网络模块可以通过重新寻找通信对象，对原有网络进行刷新。

ZigBee 网络是一个最多可由 65 000 个节点组成的无线数据传输网络平台。每一个 ZigBee 网络节点类似一个移动通信网络的基站，节点的通信距离可以从标准的 75 m 到几百米，整个 ZigBee 网络还可以与其他网络连接。与移动通信网络不同的是，ZigBee 网络主要是为传感和控制中的数据传输而建立的自组织网络，ZigBee 网络节点可以作为监控点，还可以自动中转数据，此外也有不承担网络信息中转任务的孤立子节点。

四、ZigBee 协议

ZigBee 网络节点要进行相互的数据交流，就要有相应的无线网络协议。ZigBee 协议的基础是 IEE 802.15.4，但 ZigBee 联盟扩展了上述协议的范围，对 ZigBee 的网络层协议和应用程序接口(application program interface，API)进行了标准化。

(一)ZigBee 的协议架构

ZigBee 采用了 IEEE 802.15.4 制定的物理层和 MAC 层，ZigBee 联盟在此基础上又建立了网络层和应用层框架。ZigBee 的协议架构如图 4-12 所示。

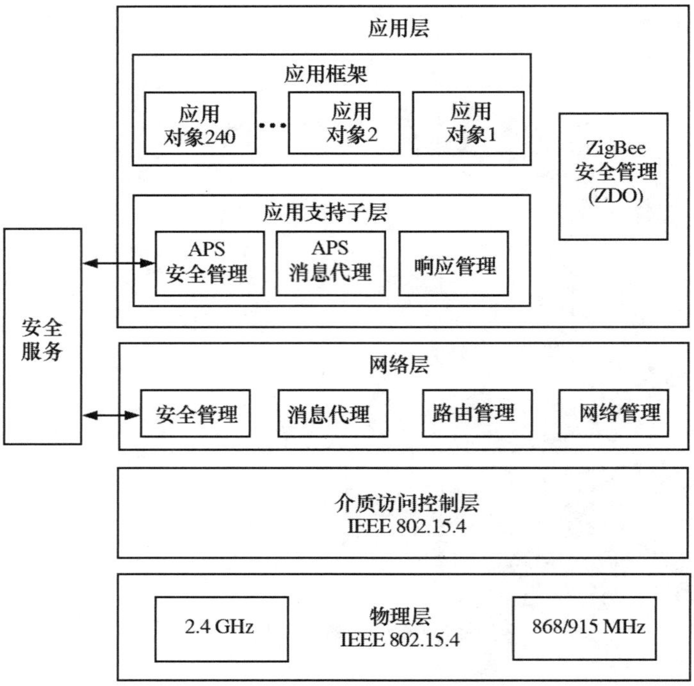

图 4-12 ZigBee 的协议架构

(二)IEEE 802.15.4 的物理层

IEEE 802.15.4 的物理层提供两类服务:物理层数据服务和物理层管理服务。物理层的主要功能包括无线收发信机的开启和关闭、能量检测、链路质量指示、信道评估和通过物理媒体收发数据包。

IEEE 802.15.4 定义了两种物理层。一种物理层的工作频段为 868/915 MHz、系统采用直接序列扩频、双相移相键控和差分编码技术,868 MHz 频段支持 1 个信道,915 MHz 频段支持 10 个信道。另一种物理层的工作频段为 2.4 GHz,在每个符号周期,被发送的 4 个信息比特转换为一个 32 位的伪随机序列,共有 16 个伪随机码对应这 4 个比特的 16 种变化,这 16 个伪随机码进行正交,随后系统对伪随机码进行 O-QPSK 调制,支持 16 个信道。

(三)IEEE 802.15.4 的介质访问控制层

IEEE 802.15.4 的 MAC 层提供两类服务:MAC 层数据服务和 MAC 层管理服务。MAC 层的主要功能包括 CSMA/CA 信道访问控制、信标帧发送、同步服务和提供 MAC 层可靠传输机制。

(四)ZigBee 的上层协议

ZigBee 联盟负责制定 ZigBee 的上层协议,包括应用层、网络层和安全服务。应用层包括 3 个组成部分:应用支持子层(application support sub layer, APS)、应用框架(所定义的应用对象)和 ZigBee 设备对象(ZigBee device object,ZDO)。ZigBee 的网络层主要实现节点加入或离开网络、接收或抛弃其他节点、路由查找及传送数据等功能。在安全服务方面,ZigBee 引入了信任中心概念,负责分配安全密钥。ZigBee 定义了网络密钥、链路密钥和主密钥 3 种密钥。

五、ZigBee 的应用场景

1. 无线传感器网络

无线传感器网络采用的就是 ZigBee 技术。

2. 其他应用

通常,符合如下条件之一的应用,就可以考虑采用 ZigBee 技术:①需要数据采集或监控的网点多;②要求传输的数据量不大,设备成本低;③要求数据传输的可靠性高,安全性高;④设备体积很小,电池供电;⑤地形复杂,需要较大的网络覆盖。

任务五　WiFi 技术

WiFi 是一个国际无线局域网(WLAN)标准,是一种创建于 IEEE 802.11 标准的无线通信协议,在中文里又称作“移动热点”,是 WiFi 联盟制造商的商标,作为产品的品牌认证。

IEEE 802.11 协议最初发表于 1997 年，定义了 WLAN 的 MAC 层和物理层标准。继该协议发表后，又相继推出了 802.11a、8021.11b、802.11g、802.11n 等。

WiFi 是一个无线网络通信技术的品牌，由 WiFi 联盟所持有，目标是改善基于 IEEE 802.11 标准的无线产品之间的互通性，即不同芯片厂商的 WiFi 产品可以基于 IEEE 802.11 标准之下无障碍，流畅地进行通信交互。为了达到这个目的，WiFi 联盟提出市面上流通的 WiFi 产品需要去他们指定的认证实验室进行认证测试。目前很多国家和地区会要求在本地售卖的 WiFi 产品需通过 WiFi 联盟认证。这也是为了更好地统一各个芯片厂商，使大家生产出来的产品能够更好地互联互通。目前市场上的产品基本都有 WiFi 联盟的认证 Logo。

基于两套系统的密切相关，也常有人把 WiFi 当做 IEEE 802.11 标准的同义术语。与蓝牙一样，WiFi 同属于短距离无线通信技术，速率最高可达 11 Mbit/s。WiFi 虽然在数据安全性方面比蓝牙技术差一些，但在电波的覆盖范围方面却略胜一筹，可达 100 m 左右。

WiFi 的网络结构包括基础结构模式和自组网（Ad Hoc）模式两种模式，如图 4-13 所示。

（一）基础结构模式

无线网络中的设备包括：至少一个无线接入点，若干个无线终端设备。一个无线接入点和若干个无线终端设备组成基本服务集（basic service set，BSS），两个或者多个基本服务集（BSS）构成扩展服务集（extended service set，ESS）。

（二）自组网模式

Ad Hoc 网络是一种无中心的、自组织的无线网络。整个网络没有固定的基础设施，每个节点都是移动的，并且都能以任意方式动态地保持与其他节点的联系。Ad Hoc 模式又称为点对点（pear-to-pear）模式。

在 WiFi 中，Ad Hoc 网络相当于独立式基本服务集。独立式基本服务集由若干个无线终端设备组成临时性网络，各个无线终端设备之间可以直接通信。

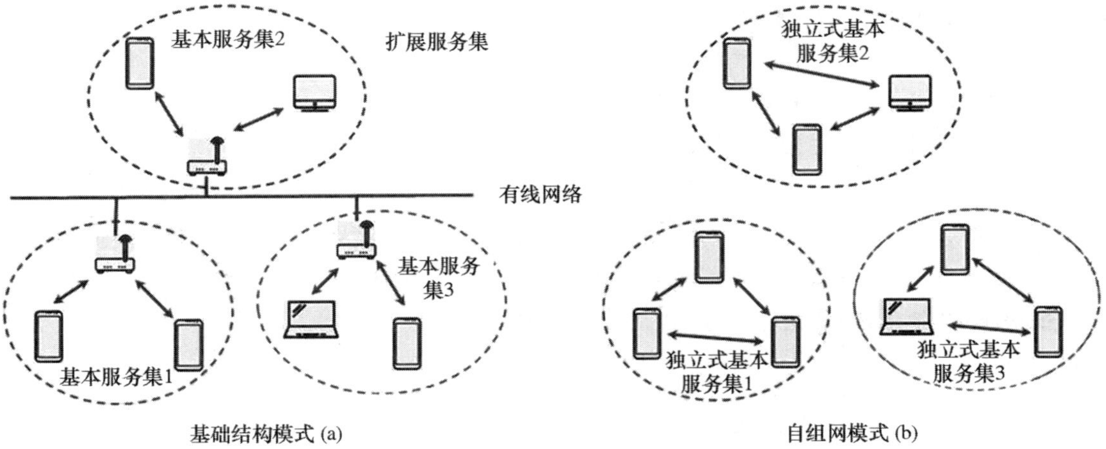

图 4-13 WiFi 的网络结构

WiFi 是以太网的一种无线扩展，理论上只要用户位于一个接入点四周的一定区域内，就能以最高约 11 Mbit/s 的速度接入 Web。但实际上，如果有多个用户同时通过一个点接入，带宽被多个用户分享，WiFi 的连接速度一般将每秒只有几百比特。WiFi 的信号不受墙壁阻隔，但在建筑物内的有效传输距离小于户外。

WiFi 技术最具诱惑力的方面在于 WiFi 与基于 XML 或 Java 的 Web 服务的融合，可以大幅度减少企业的 IT 成本。例如，许多企业选择在每一层楼或每一个部门配备 IEEE 802.11 的接入点，而不是用电缆线把整幢建筑物连接起来，因此可以节省大量铺设电缆所需花费的资金。

WiFi 可谓是“金盔铁甲”，从带宽、信号、功耗、安全、融网、个人服务、移动特性、客户端来看，WiFi 具有以下特点。

1. 更宽的带宽

虽然 IEEE 启动了两个项目，打算将 802.11 标准数据速率提高到千兆或几千兆，但至今也还没有形成初稿。更实际一点的是，802.11n 标准(以下简称为“11n”)将数据速率提高了一个等级，可以适应不同的功能和设备，所有无线收发装置支持两个空间数据流，发送和接收数据可以使用 2 或 3 个天线组合，苹果最新的 WiFi iPod Touch 就含有一颗博通(Broadcom)的无线芯片，支持 11n。很快将会有芯片支持 3 或 4 个数据流，数据速率可以分别达到 450 Mbit/s 和 600 Mbit/s。2009 年初，Quantenna 通信表示已经研制成功 4×4 芯片，可以承载高清数字电视信号流。WiFi 设备供应商 Ruckus 无线的共同创始人及首席技术官 William Kish 说：“虽然不会有很多客户端设备支持 4 个空间流，但只要正确设计访问点，将可以利用 600 Mbit/s 的物理层数据速率，实现高速无线骨干网。”可以通过 802.11s 标准将这些高端节点连接起来，形成类似互联网的具有冗余能力的 WiFi 网络。

2. 更强的射频信号

11n 中更多可选的性能特性将会出现在无线芯片中，无线客户端和无线访问点利用这些芯片可以使射频信号更具弹性、稳定和可靠，换句话说更像一个电线，主要包括以下性能特性。

(1)低密度奇偶校验码，提高纠错能力。

(2)发射波束形成。它使用来自 WiFi 客户端的反馈，让一个访问点集中处理客户端的射频信号。

(3)空间时分组编码。它利用多重天线提高信号可靠性。McFarland 说：“如今你带着一个有 WiFi 功能的笔记本绕建筑物一周，你会发现数据速率下降或消失，但使用空间时分组编码后，连接将会继续工作。”

(4)WiFi 功耗更低。11n 在功耗和管理方面进行了重大创新，不仅能够延长 WiFi 智能手机的电池寿命，还可以嵌入其他设备，如医疗监控设备，楼宇控制系统，实时定位跟踪标签和消费电子产品，可以不断地监测和收集数据，可基于用户的身份和位置实现个性化管理。

3. 改进的安全性

互联网最具破坏性的影响是通过盗窃身份证明，拒绝服务攻击，侵犯隐私，刺探以及缺乏相应的信任手段对用户造成的伤害，移动网络使这一情况变得更糟，如果用户信任当前打开的 WiFi 链接，有可能遭受毁灭性的风险。IEEE 已经批准了 802.11w 标准，它保护无线管理帧，使无线链路更好地工作。Networks 公司首席分析师 Matthew Gast 说：“WiFi 客户端可以接收和采用‘落地网络’信息，在此之前这个信息可能是由攻破访问点的黑客利用 MAC 地址伪造的，11w 标准切断了这种攻击。”Aruba Network 公司战略营销主管 Michael Tennefoss 说：

“WiFi将会使用基于身份的安全策略，在WiFi网络中，安全策略是与用户关联的，而不是与端口关联的，这样的好处是用户可以在家、办公场所、酒店、分支机构和公共场所移动，安全性不会受到影响。”

随着最新的802.11ax标准发布，新的WiFi标准名称也将定义为WiFi6，因为当前的802.11ax已是第六代WiFi标准了，WiFi联盟从这个标准起，将原来的802.11a/b/g/n/ac之后的ax标准定义为WiFi6，从而也可以将之前的802.11a/b/g/n/ac依次追加为WiFi1/2/3/4/5。WiFi6已在2019年9月起动验证方案。WiFi6标准引入了正交频分多址(orthogonal frequency division multiple access，OFDMA)、上/下行多用户-多收多发(multi-user multiple-input multiple-output，MU-MIMO)、目标唤醒时间(target wake time，TWT)等新技术，性能上得到了跨越式提升，带宽和并发用户数也都有了相应的提高，并且时延更低、更节能。在2019年年末，一些搭载WiFi6的路由器已基本开始商用。作为最新的无线通信互联网规范，WiFi6设备在网络传输速率、功率操纵、多设备连接、延迟时间等方面都有极大的提高，成为家、办公室及农牧业监测场景中构建WiFi网络自然环境的优选。

拓展知识

畜牧业从业者以其养殖空间和成本策略不同，可采用不同的无线物联网技术。这一领域较为常用的技术有低功耗蓝牙、NB-IoT和LoRa等。

低功耗蓝牙属于短距离技术，在无视距障碍的情况下，通常可以以最远距离250 m来规划部署节点；在有视距障碍的情况下，可以酌减为50～150 m，更适合中小规模围栏养殖状态下使用。

NB-IoT和LoRa这两种技术都是低功耗的广域物联网技术，视距传输距离可以长达15～20 km，适用于大规模围栏养殖和放牧养殖场景。NB-IoT服务由电信运营商提供，在电信运营商的NB-IoT服务基站覆盖的地区均可以使用。但反过来讲，如果电信运营商的信号没有覆盖或覆盖不完备，除了等电信运营商部署，就只能考虑做自组网了。LoRa技术的优势就是方便客户搭建自组网。它的优点是自建网络想覆盖到什么范围就可以覆盖到什么范围；缺点就是自建网络需要自己进行运维。

因应不同场景，有源无线通信技术加传感器的组合，在畜牧养殖领域就形成了各种无线传感应用。

项目五

畜牧信息处理技术

知识要求

1. 了解畜牧信息的基本内容、分类。
2. 了解畜牧数据的检索方法。
3. 掌握畜牧数据分析处理的具体操作方法和步骤。
4. 掌握畜牧数据标准化的处理类型。

能力要求

1. 选择合适的方式进行畜牧数据检索。
2. 会使用合适的数据分析平台进行畜牧数据分析处理。
3. 能区分不同数据标准化处理要求。

素质要求

1. 培养严谨科学的学习态度。
2. 培养创新和探索思维模式。

任务一　畜牧信息的基本概念及分类

随着畜牧业生产经营信息化的快速发展，如畜禽养殖环境监控、精准饲喂、育种繁殖、疾病诊断与防控、养殖场管理、质量追溯管理等信息化管理系统在一些畜牧业龙头企业及大型养殖场逐步推广运用，我国畜牧业规模化、标准化、产业化水平提升很快，产业信息化建设也取得实质性进展。以信息技术为支撑的信息管理系统在畜牧业生产经营、生产指挥调度、质量安全监管等信息化建设中均有所突破，为转变畜牧业生产方式、提升行业管理水平、保障肉蛋奶有效供给和质量安全提供了强有力的支撑。

一、畜牧信息的基本概念

(一)信息

从表面上看，畜牧业信息化是信息技术在畜牧业的推广应用，但实质是使“信息”这一重要主导资源充分发挥作用。可以说推广信息技术是手段,利用信息是目的,信息化则是实现目的的过程。

一般认为,信息是关于客观事实的可通信的知识。这是因为:

(1)信息是客观世界各种事物的特征的反映。这些特征包括事物的有关属性状态,如时间、地点、程度和方式等。

(2)信息是可以通信的。人类通过感官获得的信息极为有限,大量的信息需要通过各种信息设备获得。

(3)信息是可以形成知识的。信息与人类认知能力相结合,产生了知识。人们正是通过人类社会留下的各种形式的信息来认识事物、区别事物和改造世界的。

(二)数据

数据和信息是互相区别而又紧密联系的两个概念。

数据,又称资料,是对客观事物的性质、状态以及相互关系等进行记载的物理符号或是这些物理符号的组合。数据是可识别的、抽象的符号,是物理性的。而信息是对数据进行加工处理之后得到的,并对决策产生影响的数据,是逻辑性(观念性)的。可以说数据是信息的表现形式,信息是数据有意义的表示。

数据经过处理后,其表现形式仍然是数据。处理数据的目的是便于更好地解释。只有经过解释,数据才有意义,才成为信息,二者的关系如图 5-1 所示。因此,信息是经过加工后的,并对客观世界产生影响的数据。

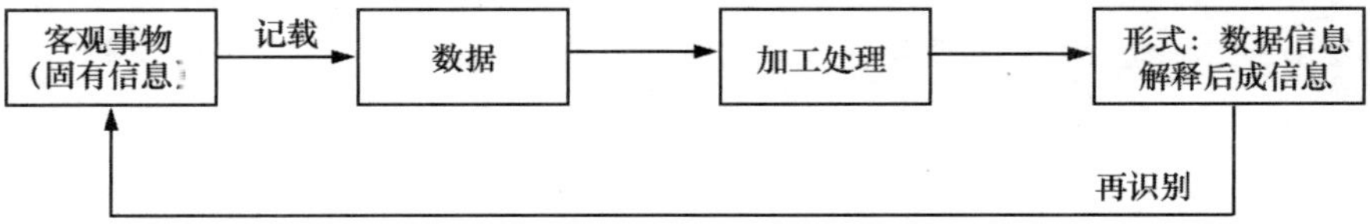

图 5-1 信息和数据的关系

(三)畜牧业信息

畜牧业信息简称畜牧信息,指的是畜牧业中所涉及的各种信息,就是对畜禽品种资源的遗传育种、饲养管理、饲料营养、疫病防控、器械设备、畜产品加工及其经济利用的有关理论和应用研究中表现出来的信息,主要包括各种畜禽遗传育种信息、饲料营养信息、畜禽经济信息、生产和经营管理信息、疾病防治信息及专家人才信息等内容。根据畜牧业结构和研究内容,畜牧业信息可以划分为畜牧业自然资源信息、畜牧业生产信息、畜牧业科技信息、畜牧业经济信息、畜产品市场流通信息、畜产品加工信息、疫病防治信息、饲料营养信息、器械设备信息和单位属性信息等类别。

(四)畜牧业信息化

畜牧业信息化指的是在畜牧业领域充分利用信息技术的方法手段和最新成果的过程。具体来说,畜牧业信息化就是在畜牧业生产、流通、消费以及农村经济、社会和技术等各个环节全面运用现代信息技术与智能工具，实现畜牧业科学化与智能化的过程。畜牧业信息化不仅包括计算机技术，还包括微电子技术、通信技术、光电技术和遥感技术等多种技术在畜牧业上普遍而系统地应用。

二、畜牧信息处理技术及其分类

畜牧信息技术的内涵随着信息科学技术的发展、畜牧业科学技术的发展和畜牧产业的发展而不断更新。广义上，畜牧信息技术可以定义为基于计算机技术、网络与通信技术、电子信息技术等现代畜牧业信息技术研究开发的，应用于畜牧业生产、经营、管理和服务等领域的新技术。

信息技术在畜牧业领域中的应用始于20世纪70年代末，经过多年发展，逐渐应用于畜牧业生产各环节。畜牧业信息技术利用计算机、网络系统收集、处理并传递来自各地的畜牧信息，通过建立畜牧业数据库系统，各种畜牧业技术、市场信息、疫病情况与预报等数据能够得到充分利用。在数据系统支持下，开展畜牧养殖环境自动控制、疾病诊断预警、管理与决策等方面的研究与应用。随着现代畜牧业自动化和信息化的发展，畜牧物联网技术得到广泛应用。

畜牧信息处理技术按其智能化的程度，可分为低智能化的基础畜牧信息处理技术和高智能化的畜牧信息处理技术。

1. 低智能化的基础畜牧信息处理技术

它主要是指数据库的建立及与计算机网络、遥感、GIS、GPS、多媒体技术等的结合，主要包括数据存储、数据搜索、数据加密等技术，其主要功能是提供动态信息以帮助决策，智能化程度低。

2. 高智能化的畜牧信息处理技术

它主要是指运用信息技术、云计算技术、边缘计算技术、人工智能技术、大数据技术、多源信息融合与处理技术汇集畜牧业领域专家的知识、经验和技术，以畜牧业系统模拟模型、畜牧业专家系统等为基础和核心所形成的畜牧业生产管理。决策支持系统为畜牧业规模化、现代化管理服务，其主要功能是进行畜牧业生产过程的疾病预警、环境智能控制、诊断推理等，智能化程度高。

任务二　数据检索技术

随着网络的飞速发展，互联网上的农业信息网站数量达到了一定的规模，生成了海量的农业信息。那么如何从互联网得到我们需要的信息呢？

搜索引擎是当前人们检索信息最普遍的软件工具，它能够从互联网上自动搜集信息，对原始文档进行一系列的整理和处理，为用户提供查询服务。

按照原理和工作方式，搜索引擎可分为全文搜索引擎、目录搜索引擎和元搜索引擎。

（一）全文搜索引擎

全文搜索引擎是搜索引擎的主流，是指从互联网提取各个网站的网页信息，建立索引数据库，并能检索与用户查询条件相匹配的记录，按一定的排列顺序将查询结果返回给用户，如

Google、百度等。

目前,农业领域现有网站涉及农、林、牧、渔、水利、气象、农垦、乡镇企业以及其他农业农村部门。在这些海量的信息中,如何搜索一个准确的信息是大家非常关注的问题。因此,针对中文农业网页,由农业农村部信息中心主办,国家农业科学数据中心、布瑞克农业大数据科技集团有限公司和中国农业科学院等研发的农业搜索引擎,实现了农业信息的精确搜索,解决了农业信息的获得困难问题,其界面如图 5-2 所示。

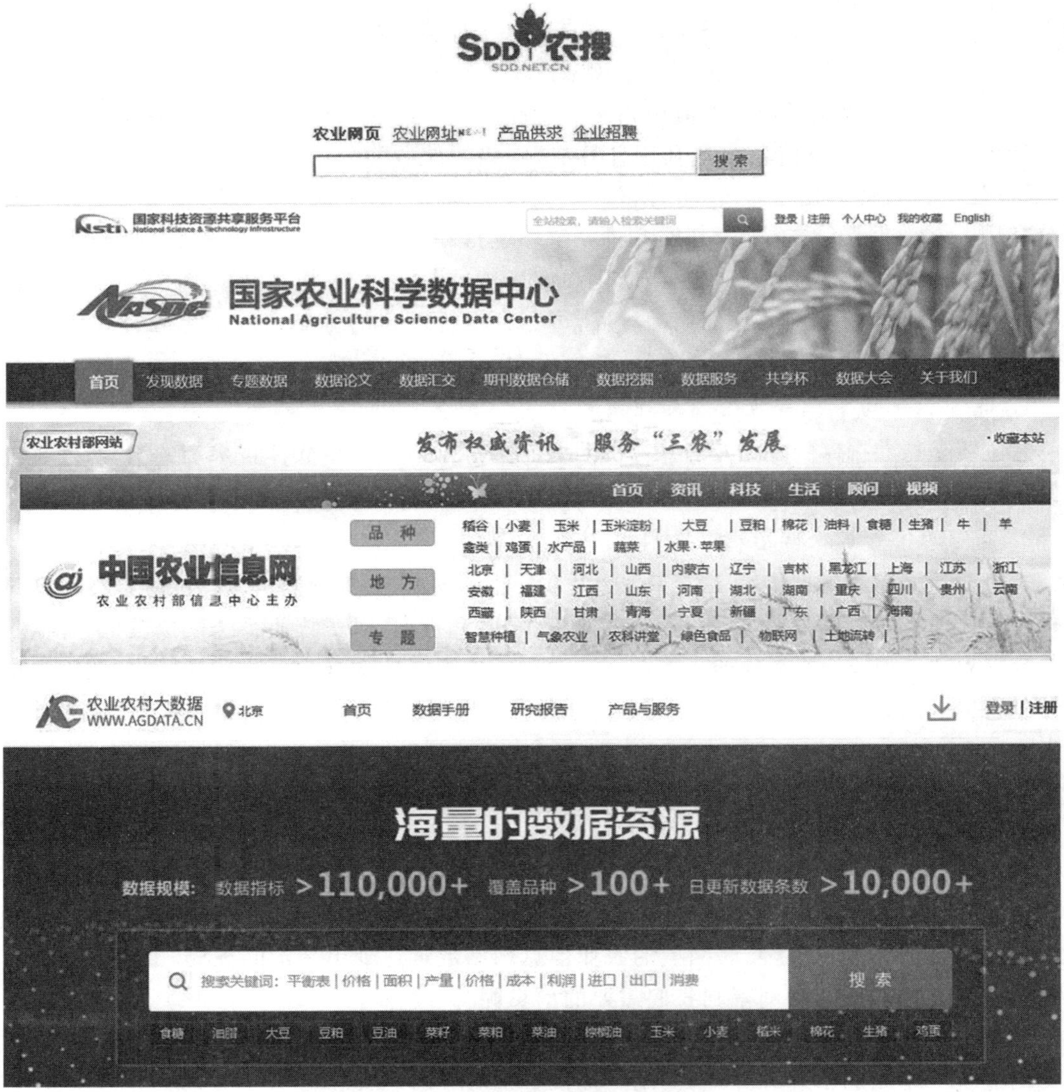

图 5-2 中文农业搜索引擎

全文搜索引擎的工作原理:第一步是对 Web 信息的获取,即得到网页信息;第二步是对网页内容进行分析、加工和处理;第三步是将查询与加工后的信息内容进行相关度计算,从而为用户提供信息服务。其关键技术主要包括网络爬虫、中文分词、文本索引、结果排序等。搜索引擎系统结构如图 5-3 所示。

(二)目录搜索引擎

目录搜索引擎虽然有搜索功能,但严格意义上不能称为真正的搜索引擎,只是按目录分类的网站链接列表。用户可以通过关键词检索,也可以直接依靠分类目录找到需要的信息。其缺点是依靠人工维护,提供的信息量少,信息更新不及时。

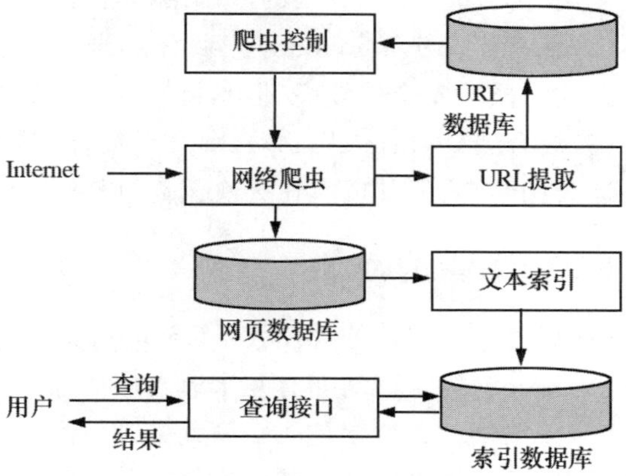

图 5-3 搜索引擎系统结构

(三)元搜索引擎

元搜索引擎不具有自己的网页数据库,在接收到用户查询请求后,由元搜索引擎负责转换处理后提交给多个预先选定的独立搜索引擎,并将从各独立搜索引擎返回的所有查询结果集中起来处理后再返回给用户。著名的元搜索引擎有 InfoSpace、Dogpile、Vivisimo 等。

任务三 云计算技术

一、云计算的概念及特点

(一)云计算的概念

云计算实质上是一种分布式计算技术,它通过分解数据处理需求、分布数据处理任务来提高计算效率。其计算资源集中在农业共享资源池内,资源池具有可动态伸缩、弹性调配资源的特性,可以灵活适应农业业务变化,快速响应业务需求,并由此衍生出一种“按需取用、按量付费”的商业模式。

云计算的优点包括以下几点。

(1)云计算平台规模大,服务器数量多,农业龙头企业私有云所连接的服务器数量也能达到一定规模。

(2)云计算是一种虚拟的网络资源,只能通过网络来获得,其计算功能适用于各种应用。农业用户通过网络能够不受地点限制、使用任何农业终端、在各种应用上获取云计算的服务,且可以根据具体的应用场景与模式,调整云计算的规模与级别,满足农业需求。农业用户还可以根据自己的需求定制与购买相应的资源,因此诞生了不同的农业云计算方案。

(3)云计算对数据的集中自动管理与能够在各种应用中处理数据的特点,使农业用户能够免去数据管理与开发的成本,提高资源利用与任务完成的效率,使农业企业降本增效。

基于以上优点,云计算能为用户提供高效的数据存储、计算与分析服务,其主要通过不同的部署模型来满足多样化的需求。云计算的 3 种部署模型分别是:

(1)公有云(public cloud)。公有云由第三方搭建,向用户提供服务时需要收取相应的费用。使用者无法控制公有云的基础结构，因此公有云的安全性需要从法律法规的层面来保障。

(2)私有云(private cloud)。私有云通常是企业自行搭建、由企业进行建设和管理的，不对外开放。虽然安全性较高，但其持续的运营成本可能会超过公有云。

(3)混合云(hybrid cloud)。混合云集合了公有云的计算、存储优势和私有云的安全优势，内外运营相结合，但其成本比公有云高，隐秘性不如私有云，且操作起来更为复杂。

(二)云计算的特点

(1)规模大。“云”的规模大。Google 的“云”已经拥有 100 多万台服务器，Amazon、IBM、微软、Yahoo 等的“云”均拥有几十万台服务器，企业私有云一般拥有数百上千台服务器。

(2)虚拟化。虚拟化是一个简化管理、优化资源的解决方案。虚拟化是将计算机虚拟为逻辑计算机，云计算在“云”中某处运行，用户无须了解、也不用担心运行的具体位置等。

(3)按需服务。“云”就像电、自来水、天然气一样，取用方便，你可以按需购买。“云”也像电、自来水、天然气那样计费。

(4)通用性。云计算不针对特定的应用。“云”是一个庞大的资源池，在“云”的支撑下可以构造出千变万化的应用，同一个“云”可以同时支撑不同的应用运行。

(5)高可扩展性。“云”的规模可以动态伸缩，无论是计算能力、存储能力，还是用户支持方面，都能够通过不断的扩展满足客户要求。当需要添加新功能时，简单方便；当系统升级时，轻松无障碍；当需要改配置时，无须重新搭建。

(6)高可靠性。“云”使用数据多副本容错、计算节点同构可互换等措施，可保障服务的高可靠性，使用云计算比使用本地计算机可靠。

(7)廉价性。由于“云”有容错措施，可以采用极其廉价的节点构成云。“云”可自动化、集中式管理，企业无须负担数据中心的管理成本。“云”具有通用性，资源的利用率较传统系统大幅提升。因此，用户经常只要花费几百美元、几天时间，就能完成以前需要数万美元、数月时间才能完成的任务。

(8)潜在的危险性。云计算中的数据对于其他用户是保密的，但对于提供云计算的机构则毫无秘密可言。当前，云计算的服务集中在某些机构(企业)中，而他们仅能够提供商业信用。

二、云计算的发展历程

1. 概念引入

20 世纪 60 年代，John McCarthy 曾经提出“计算迟早有一天会变成一种公用基础设施”，即希望“将计算能力作为一种像水和电一样的公共资源提供给客户”。

1983 年，太阳电脑(Sun Microsystems)提出“网络是电脑”。

2. 企业推广

2006 年 3 月，亚马逊(Amazon)推出自己的第一款云服务：弹性计算云(elastic compute cloud，EC2)服务。

2006 年 8 月 9 日，Google 在搜索引擎大会(SES San Jose 2006)上首次提出“云计算”的概念。

2007—2008 年，Google、IBM、雅虎、惠普、英特尔等公司推进云计算的研究。

2010 年 3 月，Novell 与云安全联盟共同宣布“可信任云计算计划”。

2010—2011 年，美国国家航空航天局、英特尔、微软、思科等提出并支持 OpenStack 开放源代码计划。

3. 广泛应用

目前云计算已经得到广泛应用。云计算在物联网中无处不在，智慧城市、车联网等物联网解决方案都离不开云计算。办理银行业务，利用智能手机上网，甚至使用搜索软件查询信息的过程，也都是使用云计算的过程。

三、云计算的层次架构

一般来说，目前云计算的层次架构划分为设施层、平台层和应用层 3 个层次。设施层将可用的计算资源分配给用户，比如多大计算能力、多少内存空间等。平台层是在设施层之上提供一整套的支持软件，形成一种平台性质的系统，可以方便用户实现对特殊开发的使用需求。应用层是将某种软件的具体使用功能直接提供给广大的用户，用户不必关心是在什么硬件上（设施层）、使用什么系统（平台层）。这 3 个层次是以服务的方式给出的，分别为基础设施即服务（infrastructure as a service，IaaS）、平台即服务（platform as a service，PaaS）和软件即服务（software as a service，SaaS）。

（一）基础设施即服务

IaaS 主要包括计算机服务器、通信设备和存储设备等，能够按需向用户提供计算能力、存储能力和网络能力，也就是能在 IT 基础设施层面提供服务。亚马逊的 AWS 就是典型的 IaaS。

1. 从传统基础架构到云基础架构

传统的应用需要分析系统的资源需求，即需要确定基础架构所需的计算、存储、网络等设备规格和数量。这种部署模式的资源利用率不高，可扩展性、可管理性都面临很大的挑战。

云基础架构是在传统基础架构的基础上增加了虚拟化层和云层。云基础架构通过虚拟化整合，应用系统共享基础架构资源池，帮助用户构建 IaaS 模式。

虚拟化层：包括计算虚拟化、存储虚拟化、网络虚拟化等。通过虚拟化层，屏蔽硬件层自身的差异和复杂度，向上呈现为标准化、可灵活扩展和收缩、弹性的虚拟化资源池。

云层：对资源池进行调配、组合，根据应用系统的需要自动生成、扩展所需的硬件资源，将更多的应用系统通过流程化、自动化进行部署和管理，提升 IT 效率。

IaaS 实现的核心在于虚拟化资源：将计算设备统一虚拟化为“虚拟资源池中的计算资源”，将存储设备统一虚拟化为“虚拟资源池中的存储资源”，将网络设备统一虚拟化为“虚拟资源池中的网络资源”。当用户订购这些资源时，直接将订购的份额打包提供给用户。

2. 云基础架构融合

云基础架构资源池使计算、存储、网络不再是核心，对于 IaaS 最重要的是这些资源的整合。传统模式下，服务器、网络和存储是基于物理设备连接、基于物理端口部署，管理界面清晰，设备及对应的策略是静态、固定的。云基础架构模式下，服务器、网络和存储采用虚拟化资源，资源池使设备及对应的策略是动态变化的。

3. 虚拟化资源的关键技术

支持虚拟化资源的关键技术是虚拟化技术、并行编程模式和分布式存储技术。通过虚拟化技术，单个服务器支持多个虚拟机，一台独立的物理服务器变成了多个虚拟机，可运行多个操作系统和应用。

(二)平台即服务

如果以传统计算机架构中“硬件＋操作系统/开发工具＋应用软件”的观点来看，云计算的平台层应该提供类似操作系统和开发工具的功能。PaaS 将开发环境作为服务向用户提供，用户主要是应用程序的开发者，用户可在 PaaS 提供的在线开放平台上进行软件开发，从而推出用户自己的 SaaS 产品或应用。PaaS 在云计算中起着核心的作用，可以认为是云计算的核心层。当前典型的 PaaS 有微软的 Windows Azure、谷歌的 Engine 等。

1. PaaS 的功能

PaaS 可以提供：应用运行环境；分布式运行环境；多种类型数据存储；动态资源伸缩；集成、复合应用构建能力；监控、管理和计量(针对资源池、计算资源、应用系统)；应用全生命周期(包括设计、开发、测试、部署)的支持；公共服务(以 API 形式提供，如队列服务、存储服务、缓存服务)；用于构建 SOA 的复合应用(包括中间件服务、联通性服务、整合服务和消息服务)。

2. PaaS 的主要技术

PaaS 所涉及的主要技术：基于云的软件开发、测试和运行技术，让开发者通过网络在云计算环境中编写、运行程序；大规模的分布式运行环境，即如何利用大量服务器构建可扩展的应用中间件、数据库和文件系统。

3. PaaS 的特点

(1)平台即服务。PaaS 所提供的服务是一个基础平台，而不是某种应用。一般来说，平台是由应用服务提供商搭建和维护的，而 PaaS 颠覆了这种概念，由专门的平台服务提供商搭建和运营该基础平台，并将该平台以服务的方式提供给应用系统运营商。

(2)平台及服务。PaaS 运营商所需提供的服务不仅是单纯的基础平台，而且包括针对该平台的技术支持服务，甚至包括针对该平台而进行的应用系统开发、优化等服务。

(3)平台级服务。PaaS 服务的背后是强大而稳定的基础运营平台，以及专业的技术支持队伍。PaaS 的实质是将互联网的资源服务转换为可编程接口，为第三方开发者提供有价值的资源和服务平台。有了 PaaS 平台的支撑，云计算的开发者就可获得大量的可编程元素，这就为开发带来极大的方便。有了 PaaS 平台的支持，Web 应用的开发也就更快了。

(三)软件即服务

SaaS 是最常见的一类云服务，它通过互联网向用户提供简单的软件应用服务及用户交互接口。用户通过标准的 Web 浏览器，就可以使用互联网上的软件，用户按订购的服务多少和时间长短付费(也可能是免费的)。当前典型的 SaaS 有多种，如在线邮件服务、网络会议、在线杀毒等。

1. SaaS的框架内容

SaaS可提供应用表示、应用服务和应用管理。应用表示负责用户与整个系统的交互,它由界面外观、表单控件、框架等构成,是用户直接操作的界面。应用服务的种类很多,最早的SaaS服务之一当属在线电子邮箱,如今,面向个人用户的服务包括账务管理、文件管理、照片管理、在线文档编辑、表格制作、日程表管理等,面向企业用户的服务包括企业资源管理、人力资源管理、客户关系管理、供应链管理、销售管理、项目管理和财务管理等。应用管理包括多租户管理、服务质量管理、服务创建、服务组装、服务分布、服务订阅等。

2. SaaS的主要技术

SaaS所涉及的主要技术有Web 2.0、多租户、虚拟化等。多租户是一种软件架构,在这种架构下,多用户共用相同的系统或程序组件,并且仍可确保各用户数据的隔离性。虚拟化技术支持多个用户共享硬件基础架构,但不共享软件架构,这与IaaS中的虚拟化相同。

3. SaaS的技术要求

SaaS提供灵活定制、即时部署和快速集成的SaaS应用平台,提供基于Web的应用定制、开发和部署工具,能够实现无编程的SaaS应用能力。

SaaS能够使开发人员、合作伙伴,通过浏览器利用平台的各种应用配置工具,结合自身的业务知识和技术知识,迅速地配置出包括数据、界面、流程、逻辑、算法、查询、统计、报表等在内的业务管理应用。

SaaS提供内容丰富、信息共享的SaaS门户与渠道平台,使SaaS服务链上的各个环节能够通过SaaS门户充分地交流信息、共享数据、寻找机会、获取服务,形成SaaS应用服务行业的网上虚拟社区,实现信息可管控的高度共享和协同。

SaaS模式软件的开发是基于"能完全替代传统软件功能"的要求。但是,存放在SaaS的数据如何保障不被盗用或出卖?这首先要解决对SaaS服务提供商的信任问题,唯有信任服务提供商,用户才能放心使用SaaS产品;其次是要解决对内部信息系统维护人员的信任问题。

四、畜牧物联网云计算的应用场景

1. 畜牧业生产管理

畜牧业信息化必然伴随着各类型数据的大量增长,如文字、图片、视频等,云计算可以满足对这些数据的处理及存储需求,弥补人工及常规软件信息处理的不足,降低数据丢失的风险;将云计算和物联网相结合,可以实时掌握畜牧业生产信息,及时发现存在的问题,采取相应的处理措施;根据数据分析结果,可以判断出畜牧业生产变化趋势,将更多生产因素纳入掌控范围。

2. 畜牧业信息共享

将畜牧业信息整合上传云端,相关主体都可以随时通过网络访问云端的信息资源,由此提升资源共享效率;将云平台储存的畜牧业信息用于建设信息搜索引擎,方便用户快速、准确地查找所需信息,并通过信息资源整合及共享利用,解决畜牧业信息资源分布不均及利用率低、相关主体沟通欠缺等问题。

3. 预测畜产品市场走向

利用云计算、数据挖掘、智能预测、可视化等技术,可以建设畜产品供求信息分析系统,通过分析畜产品种类及供求量、产品价格等市场信息，预测市场行情和走向，总结得出影响市场形势的因素，方便生产者及时调整生产经营策略。

4. 畜产品质量追溯

将畜产品追溯信息统一存储在云平台进行管理，确保所有产品都能被追溯到生产源头，一旦某一环节出现问题，即可调用该环节的信息，有针对性地追究责任，这对规范畜产品市场具有重要意义。

任务四　大数据处理

互联网、移动互联网、物联网的快速兴起，导致数据体量迅速增长。数据规模越来越大，数据内容越来越复杂，数据更新速度越来越快，数据特征的演化和发展产生了一个新的概念——大数据。物联网将必然面对大数据的处理问题。各种移动设备、智能终端和传感器网络每秒都在测量并记录所产生的数据，物联网所产生的数据将快速超过人类产生的信息，这就需要对物联网产生的大数据进行处理、分析和使用。

一、大数据的概念

（一）大数据的定义

目前，大数据还没有一个明确和统一的定义。一般而言，大数据是指在一定的时间范围内无法用常规软件工具进行获取、存储、管理和分析的数据集合，是需要新处理模式才能具有更强的决策力、洞察发现力和流程优化能力的海量、高增长率和多样化的信息资产。

从大数据的定义来看，大数据具有明显的时代相对性，今天的大数据在未来可能就不一定是大数据；从业界普遍水平来看是大数据，但一些领先者或许已经习以为常了。

狭义的大数据主要是指海量数据的获取、存储、管理、计算、分析、挖掘和应用的全新技术体系。狭义的大数据反映的是数据规模非常大，大到无法在一定时间内用一般性的常规软件工具对其进行抓取、管理和处理。

广义的大数据包括大数据技术、大数据工程、大数据科学、大数据应用等与大数据相关的领域。对大数据进行广义分类是为了适应信息技术发展的需要，也是为了适应科学技术发展的趋势。

（二）数据的量级

数据的大小用计算机存储容量的单位来表示。数据的最小单位是比特(bit)，数据的最基本单位是字节(byte)。若以字节计，数据的单位按从小到大的顺序依次为 byte、KB(千字节)、MB(兆字节)、GB(吉字节)、TB(太字节)、PB(拍字节)、EB(艾字节)、ZB(泽它字节)、YB(尧它字节)、BB、NB、DB，它们按照进率 1 024(2 的 10 次方)来计算。数据有如下换算关系：

1 byte＝8 bit

1 KB＝1 024 byte≈1000 byte

1 MB=1 024 KB≈1 000 000 byte

1 GB=1 024 MB≈1 000 000 000 byte

1 TB=1 024 GB≈1 000 000 000 000 byte

1 PB=1 024 TB≈1 000 000 000 000 000 byte

1 EB=1 024 PB≈1 000 000 000 000 000 000 byte

1 ZB=1 024 EB≈1 000 000 000 000 000 000 000 byte

1 YB=1 024 ZB≈1 000 000 000 000 000 000 000 000 byte

1 BB=1 024 YB≈1 000 000 000 000 000 000 000 000 000 byte

1 NB=1 024 BB≈1 000 000 000 000 000 000 000 000 000 000 byte

1 DB=1 024 NB≈1 000 000 000 000 000 000 000 000 000 000 000 byte

(三)大数据的特征

大数据具有“5V”特征:volume(体量大)、variety(类型多)、velocity(速度快)、value(价值性)、veracity(真实性)。

1. 数据体量大

数据体量大是大数据的基本属性。随着物联网中RFID、传感器、地理定位等技术的发展,事物的所有轨迹都可以被记录,这将产生大量数据。自动流程记录、刷卡机、不停车收费、生产监测、环境监测、交通监测、安防监测、GPS定位等都能够产生数据。随着技术的发展,不仅人成为网络数据的制造者,设备也成为网络数据的制造者。

目前,人类存储的数据已经达到ZB量级。2010年,全球数据量达到1.2 ZB,人类进入ZB时代。2015年,全球数据量达到7.9 ZB。2020年,全球数据量达到35 ZB。

2. 数据类型多

大数据的类型变得更加复杂,因为它不仅包含传统的关系型数据,还包含结构化数据和非结构化数据。数据格式越来越多样,涵盖了文本、音频、图片、视频、模拟信号等不同的类型。数据来源也越来越多样,数据不仅产生于组织内部运作的各个环节,也产生于组织外部。例如,大城市交通智能化分析平台的数据来自路网摄像头、公交、轨道交通、出租车、省际客运、租车、停车等运输行业,还有地理信息系统,每天产生的路网图像、交通卡刷卡数据、车辆运营视频、手机定位等不同类型的数据。

3. 数据速度快

数据速度快是指数据产生快、数据处理快、数据变化快。

(1)数据产生快。有些数据是爆发式产生的,如欧洲核子研究中心的大型强子对撞机在工作状态下每秒产生PB级的数据;有的数据是涓涓细流式产生的,但是由于用户众多,短时间内产生的数据量依然非常庞大,如GPS位置信息的数据。

(2)数据处理快。在数据处理速度方面,有一个著名的“1秒定律”,即要在秒级时间范围内给出分析结果,超出这个时间,数据就失去价值了。

(3)数据变化快。数据跟新闻一样具有时效性,很多传感器的数据产生几秒之后就失去意义了。例如,美国国家海洋和大气管理局的超级计算机能够在日本地震后9 min计算出海啸的可能性,但9 min的延迟对于瞬间被海浪吞噬的生命来说还是太长了。

4．数据价值性

大数据中含有价值。例如，通过大量 GPS 位置信息的数据，可以得到某个路段的交通拥堵情况。通过大量收集手机 GPS 位置信息，能够了解开车人的移动速度，进而可以得到某个路段的交通拥堵情况。此外，大量 GPS 位置信息还有预测交通路况的功能。

但是，价值密度的高低与数据总量的大小成反比。以视频图像为例，在连续不间断的监控中，1 h 的视频图像中有用数据可能仅有几秒。如何通过强大的算法更迅速地完成数据的价值“提纯”，以低成本创造高价值，是目前大数据亟待解决的难题。

5．数据真实性

数据真实性体现的是数据质量。追求高质量数据是对大数据的重要要求，大数据的真实性风险实质上是指大数据的质量究竟是高还是低。大数据面临着 3 种风险，即数据来源的可靠性风险、数据传递过程的失真性风险、数据分析结果的可信度风险。数据的重要性在于对决策的支持，尽管存在数据的真实性问题，也可以采取数据融合、鲁棒优化技术和模糊逻辑等方法，使数据为决策提供帮助。

(四)大数据的类型

大数据的类型很多。下面分别按照数据结构和数据产生方式对大数据进行分类。

1．按照数据结构分类

按照数据结构分类，数据可以分为结构化数据和非结构化数据。其中，非结构化数据又包含半结构化数据和无结构数据。

(1)结构化数据。数据库(database)是按照数据结构来组织、存储和管理数据的仓库。数据库是一种软件产品，建立在计算机存储设备上，它是将数据有效组织在一起的数据集合。

传统上使用的是结构化数据。结构化数据通常存储在关系型数据库管理系统(relational database management system，RDBMS)中，通过结构化查询语言(structured query language，SQL)对数据库进行操作。RDBMS 是建立在关系模型基础上的数据库，SQL 是一种基于关系数据库的语言，SQL 语言执行对关系数据库中数据的检索和操作。

在 RDBMS 中，数据被归纳为表的形式，并通过定义数据之间的关系，来描述严格的数据模型。RDBMS 结构相对固定，很难进行修改。RDBMS 利用二维表数据模型存储结构化数据。关系模型是指二维表格模型，因而 RDBMS 就是由二维表及其之间的联系组成的一个数据组织。

常用的 RDBMS 有 Oracle、DB2 和 SQL Server 等。其中，Oracle 是著名的甲骨文公司的数据库产品，它是世界上第一个商品化的数据库管理系统；DB2 是 IBM 的数据库产品，也是一种大型数据库；SQL Server 是微软公司的一种中型数据库。

(2)非结构化数据。不方便用数据库二维逻辑表达的数据为非结构化数据。非结构化数据是非纯文本类型的数据，目前增长速度非常快，是大数据的主要来源。非结构化数据包含半结构化数据和无结构数据，需要采用与 RDBMS 不同的处理方式。

半结构化数据是指那些既不是完全无结构的数据，也不是传统数据库系统中那样有严格结构的数据。半结构化数据一般是自描述的，数据的结构和内容混在一起，模式与数据间的界限混叠，模式信息通常包含在数据中。半结构化数据的来源主要有 3 个方面：在 internet 中无严格模式限制的存储数据，常见的有 HTML、XML 和 SGML 文件；在电子邮件、电子商务和文献检索处理中，结构和内容均不固定的数据；在异构信息源集成的情形下，来源广泛的互操作信息源，包括各类数据库、知识库、电子图书馆、文件系统等。

无结构数据没有固定的标准格式，无法直接解析出其相应的值，常见的无结构数据有声音、图像文件等。这类数据结构松散、数量巨大，不容易收集和管理，甚至无法直接查询和分析，这些数据很难从中挖掘有意义的结论和有用的信息。

为了解决非结构化数据的存储问题，出现了非关系型数据库，也就是 NoSQL(not only SQL)数据库。NoSQL 数据库是对 RDBMS 所不擅长的部分进行补充。NoSQL 数据库是通过键及其对应的值的组合，或键值对来描述的，因此结构非常简单，也无法定义数据之间的关系。NoSQL 数据库结构不固定，数据按照键值对的形式进行组织、索引和存储，这样可以减少一些时间和空间的开销，而且随时都可以进行灵活的修改。NoSQL 数据库的键值(key-value,KV)存储非常适合非结构化的业务数据，比 SQL 数据库存储拥有更好的读写性能。

2. 按照数据的产生方式分类

(1)数据产生的方式。互联网、移动互联网、物联网的快速兴起，使数据的产生方式发生了变化，出现了数据的产生由企业内部向企业外部扩展、由 Web 1.0 向 Web 2.0 扩展、由互联网向移动互联网扩展、由互联网向物联网扩展 4 种趋势。

企业内部的办公自动化和物料需求计划等产生的数据主要被存储在 RDBMS 中，通过多年的收集、结构化和标准化处理，可为企业决策提供帮助。但是，目前企业的外部数据在不断扩展，RFID 供应链跟踪等环节必将产生更多的企业外部数据。

随着信息化进程的不断推进，互联网从 Web 1.0 进入 Web 2.0 时代，个人从数据的使用者变成了数据的制造者，在产生着大量的新数据。

移动互联网的出现，让更多的机器使用者和机器成为数据的制造者。以手机为例，不仅手机的使用者是数据的制造者，手机上几十个传感器也是数据的制造者。

物联网时代一个特别显著的特征就是万物数据化，物体的数据规模迅速扩张。

(2)数据产生的主体。数据产生的主体由内到外分为 3 层，如图 5-4 所示。最里层，数据产生的主体是企业，企业产生的数据主要是关系型数据库中的数据。次外层是个人产生的大量数据，如社交媒体中微信、微博、Facebook、Twitter 等产生的文字、图片和视频数据。最外层是机器产生的数据，这是物联网中 RFID、传感器、地理定位等技术应用产生的数据，也将是数据产生的最大主体。

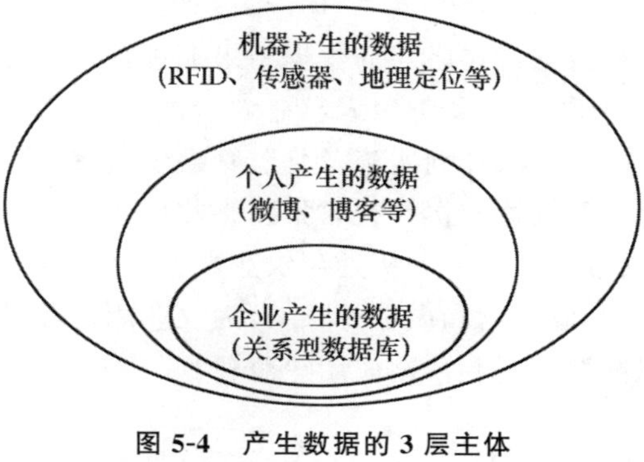

图 5-4　产生数据的 3 层主体

二、大数据分析平台

大数据分析平台是用于数据采集、转换、存储及分析的平台。为适应数据增长及其横向可扩展性需求，还需要建立大数据基础支撑平台，包含 Hadoop 平台和图数据库。大数据基础支撑平台部署过程包括 Hadoop 集群部署、参数调优、测试等环节,其中参数调优是提升大数据分析平台计算能力的有效方式,有利于保障大数据分析平台的稳定性。大数据分析平台最突出的功能体现在数据信息处理方面,能从文档、图片、视频等数据资源中提取有效信息,通过设定算法和计算模型进行运算处理,挖掘数据特征,并找出存在问题的环节,所得结果被传送到应用终端,提供智能管理服务。

三、大数据的分析与管理

1. 数据挖掘

数据挖掘的主要目的是通过关联分析、时序分析等各种算法搜索、筛选、汇集有效信息进行深度研究和概括,帮助决策者做出正确决策。在数据挖掘处理过程中建立的洞察模型、预测模型、风险模型、服务模型、决策模型等业务规则模型可以为用户做出判断和采取行动提供依据。

2. 数据分析管理

数据分析管理模块对采集到的主要信息进行统计分析,按日、周、月或年自动定期生成可视化数据分析报表,可以按时间段或按区域进行查看,也可以与历史数据进行比对。畜牧业数据分析管理模块主要包括畜禽养殖数据分析、畜牧业投融贷金融数据分析、农业市场销售数据分析、畜牧业部件数据分析、畜牧业灾害隐患事件数据分析、畜牧业重点数据分析、畜牧业服务需求数据分析和农业国内国际合作数据分析。

3. 数据标准体系

目前,智慧农业数据标准体系尚未形成各项标准的制定与实施,还需要一定的时间,该标准涵盖了很多方面,包括业务、技术、流程等。数据分析平台中的通用数据主要是系统内置的农业统计局数据(农产品价格指数农业服务、农业公共信息管理等),这些数据内置在数据分析平台中作为公共数据来调用,参与数据的进一步分析挖掘。

4. 多维自助分析平台

平台支持在已知的数据结果上进行二次分析,深入挖掘数据价值,将数据分析结果进行可视化展示,以便及时深入掌握农业基础公共服务的情况,为智慧农业基础公共服务政策的制定、资源规划、计划实施及其监管提供支撑,同时为农业决策者提供分析和管理上的帮助。农业物联网数据分析是在收集网络数据、网格数据的基础上,采用网络爬虫技术,创建专题数据库,通过算法模型分析处理农业数据。农业物联网数据分析项目涉及数据的采集、管理、质量提升、开放运营和风控等领域,为农业用户提供数据采集、数据清洗融合、农业数据资产管理、数据挖掘分析和数据应用等服务。

四、畜牧物联网大数据架构设计

畜牧物联网大数据架构包含数据采集与传输、数据存储与计算、数据处理与服务、数据分析和数据应用 5 个层次(图 5-5)。数据采集与传输层通过布设在牧场的物联网设备实时获取畜禽养殖环境、健康状态、生长情况及行为活动等结构化、非结构化海量数据信息,同时通过无线传感器网络和 4G-LTE 等多种途径进行“物联牧场”大数据信息传递,并采用数据处理技术

ETL 对大数据进行初步处理；数据存储与计算层采用 Hadoop 分布式文件系统和 HBase 分布式数据库系统实现畜牧物联网大数据的存储；数据处理与服务层对“物联牧场”大数据进行处理，并提供数据服务；数据分析层采用统计分析、数据挖掘、联机分析处理和深度学习等技术对“物联牧场”大数据进行挖掘分析，为数据应用提供相关服务；数据应用层利用数据分析层提供的服务，为用户提供养殖环境智能监控、精准饲喂决策、育种繁殖管理和动物疫病预警等服务。

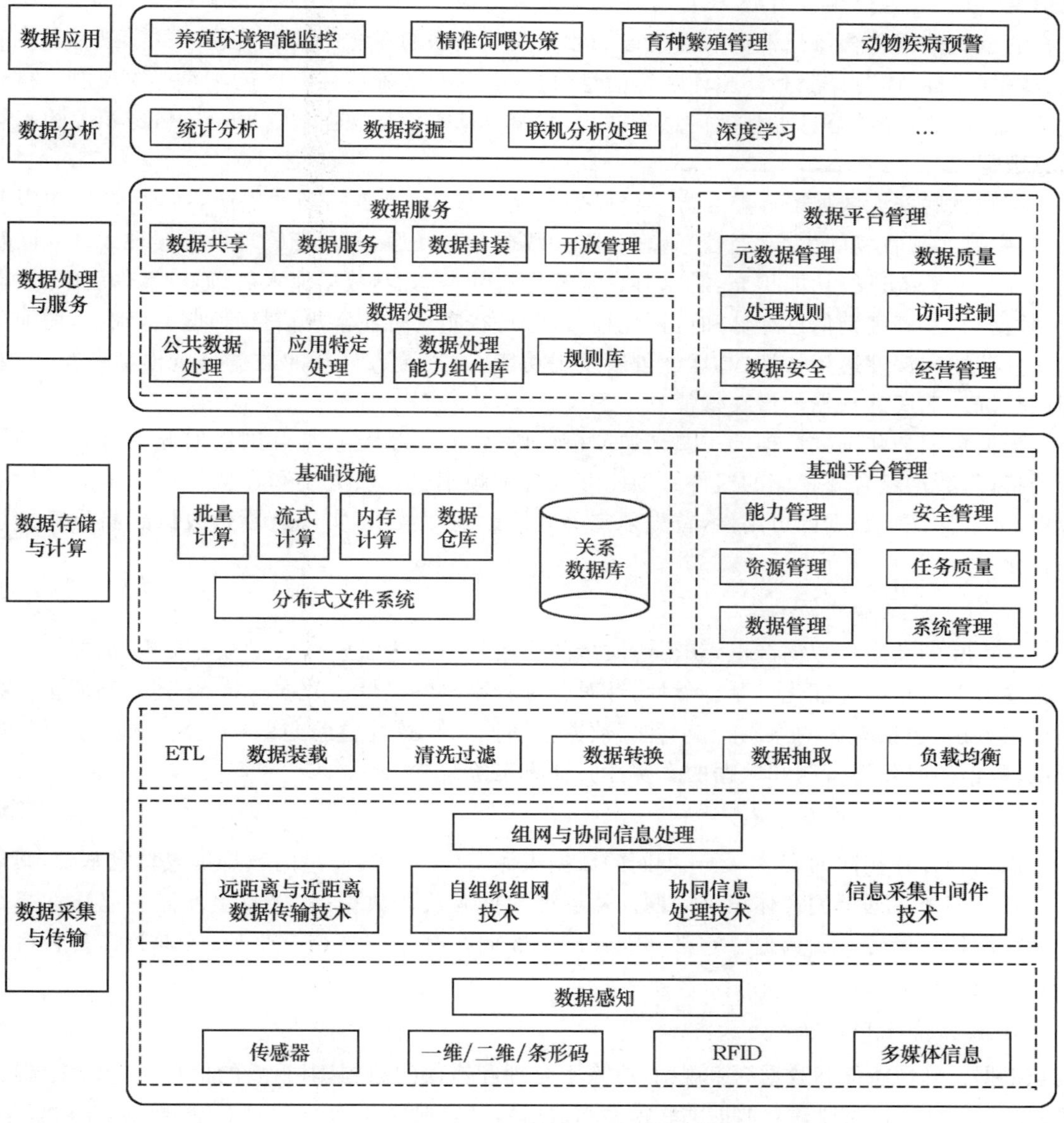

图 5-5　畜牧物联网大数据架构

(一)多源异构数据源接口设计

根据“物联牧场”产生数据的实际进行抽象，“物联牧场”大数据主要来源于以下 6 个方面，即养殖环境监测数据、畜禽生命体征监测数据、畜禽行为特征监测数据、畜禽编码数据、养殖基础信息数据、养殖户基本信息数据：①养殖环境监测数据包含气象环境类传感器感知的温湿度、光照、降雨量和风速等，以及通过气体类传感器感知的氧气、氨气、硫化氢、二氧化碳、一氧化碳和甲烷等信息数据；②畜禽生命体征监测数据包含通过红外测温技术、运动传感器技术和流量传感器技术等监测的畜禽生命体征信息；③畜禽行为特征监测数据包含通过非接触式体温传感器、产奶量传感器、运动量传感器、饮水量传感器和饮食量传感器等监测的畜禽行为特征信息，以及通过视频、声音及图像等多媒体传感器技术感知畜禽的行为和声音特征等信息；④畜禽编码数据包含每只畜禽的编码记录数据及其关联的畜禽的基本信息、系谱信息、事件信息、体重、身高、体况评分和外貌评定等信息数据；⑤养殖基础信息数据包含养殖的规模、种类、数量、畜舍和饲养员信息等基础信息数据；⑥养殖户基本信息数据包含养殖户自身相关的基本信息数据。

畜牧物联网大数据资源整合方案将以数据流为核心，覆盖牧场的生产、经营、管理和服务环节，主要实现牧场的生产、经营、管理和服务数据互联互通，各信息管理系统实现无缝互联互通。在此基础上进行功能扩充：①完善日常管理的基本功能，数据流入后，通过事件引擎、数据池、数据加工、高级别信息存储和可视化报告环节，在实现行业常规信息管理的基础上，增加重点事件监测和深度透析特性；②增加创新发现功能，通过接入最新的数据分析模型和算法，发掘以往沉入池底的数据的潜在价值。

根据畜牧物联网大数据的主要来源分析可以得知，由于畜牧物联网数据源具有异构和异步的特征，数据融合和存储的组件必须能够以各种频率、格式、大小和在各种通信渠道上读取数据，为了保证大数据的可用性，首先须完善数据预处理技术，实现从原始数据到高质量信息的转化。

1. 高质量原始数据采集

从可靠的高质量数据源里，获得高质量的原始数据。为了确保数据源的质量，需要建立数据源输入关口自动标准化机制。然后，针对各种频率、格式、信道数据的特点，建立高质量的数据获取方法，包括数据的保质转换算法、数据精确性和一致性检验与纠错机制、数据缺值估计机制、数据的时效性检测和数据的真实性验证方案等。

2. 多源数据识别和分配

识别和合并相同的实体，区分不同的数据来源实体。为高质量的数据集成奠定基础，必须解决来自多个数据源的实体识别问题。从各种数据源获取数据后，接收组件需智能化选择是否和在何处存储传入的数据。它必须能够确定数据在存储前是否应改动，或者数据是否可直接发送到数据分析层。

3. 数据清洗和自动修复

根据正确性条件和数据约束规则，清除不合理和错误的数据，对重要的信息进行修复，保证数据的完整性。这需要建立数据关联模型和数据约束规则、数据错误模型和错误识别学习框架、针对不同错误类型的自动检测和修复算法、错误检测与修复结果的评估模型和评估方法等。

4. 高质量的数据整合

在数据采集和实体识别的基础上，进而实现数据到信息的高质量整合。这需要建立多源动态信息集成机制、异构数据智能转换模式、异构数据集成的智能模式抽取和模式匹配算法、自动的容错映射和转换模型及算法、整合信息的正确性验证方法。分析引擎将会确定所需的特定的数据格式。其中,主要难点在于容纳非结构化数据格式,如图像、音频、视频和其他二进制格式。

5. 数据演化跟踪

对数据演化过程进行跟踪和记录,以保证和控制数据的质量。使用的数据追踪技术,主要包括多时空、多粒度、多路径和不确定的海量信息演化的演化模型和演化描述方法等。

数据互联互通重点工作项目如表 5-1 所示。

表 5-1　数据互联互通重点工作项目

工作项目	实施内容
对接模式梳理元数据描述	各业务环节数据字典梳理、信息交叉点梳理、对接模式梳理
信息标准研制	建立数据产生、存储、传输、应用层标准
清洗及修复规则制定	数据关联和数据约束规则、错误识别学习框架、错误自动检测和修复算法等
标准化改造	对现行系统进行标准化改造
数据融合	异构数据集成的智能模式抽取和模式匹配算法、自动的容错映射和转换模型及算法、整合信息的正确性验证方法

(二)存储管理架构设计

大数据时代重要特点就是迅速增长的庞大数据量,单个节点不能或者无法有效地处理这种数量级的数据。此外,数据增长速度非常快,这要求系统不但能处理已有的大数据,还要能快速地处理新数据。

畜牧物联网大数据给存储方面带来的挑战包括 3 个方面:①存储规模大,通常达到 PB(1 000 TB)量级甚至 EB(1 000 PB)量级;②存储管理复杂,需要兼顾结构化、非结构化的数据;③数据服务的种类和水平要求高,上层应用对存储系统的性能及可靠性等指标有不同的要求。畜牧物联网大数据平台在存储方面的系统设计也基于以上 3 类问题展开。

1. 采用分布式数据库适应庞大规模数据扩展和负载均衡

分布式文件系统所管理的数据存储在分散的设备或节点上,通过网络连接存储资源。数据规模和复杂度的增加往往非常迅速,所以按需扩展系统规模是十分必要的。此外,大数据存储系统规模庞大,节点失效率高,因此,还需要实现一定程度上的自适应管理功能。该系统必须能够根据数据量和计算的工作量估算所需要的节点个数,并动态地将数据在节点间迁移,以实现负载均衡;同时当节点失效时,数据可以通过副本等机制进行恢复,不会对上层应用产生影响。

2. 采用多种存储形式应对存储管理复杂的情况

在存储数据库方面,传统存储数据库几乎全部是关系型数据库,数据规模和吞吐量的需求增长对传统的关系型数据库管理系统在并行处理、事务特性的保证、互联协议的实现、资源管理及容错等各个方面带来了很多挑战。

大数据时代数据规模增长,吞吐量上升,数据类型及应用多样化,因此,大数据环境下的存储与管理软件需要对上层应用提供高效的数据访问接口,存取 PB 甚至 EB 量级的数据,并且能够在可接受的响应时间内完成数据的存取，同时保证数据的正确性和可用性；对底层设备，存储软件需要充分高效地管理存储资源，合理利用设备的物理特性，以满足上层应用对存储性能和可靠性的要求。

大数据存储形式突破了关系型数据库的限制，存储形式包括基于键值、基于文档（document）、基于列（column）、基于图表（graph）。

传统的大规模并行处理数据库都使用关系模型，其查询语言为标准的结构化查询语言（SQL）。而图数据库有自己的查询语言，可以实现子图匹配和路径查询等功能。由 Apache 基金会开发的分布式系统基础架构 Hadoop 本身使用的是分布式文件系统，MapReduce 编程接口可以作为其访问接口。构建在 Hadoop 之上的类数据库系统则提供各自存储模型所对应的查询语言和访问接口。

3. 实时流数据处理系统应对实时数据流

实时流数据处理系统包括流数据的实时存储和流数据的实时计算。流数据存储是指快速高效地存储流数据到数据库、数据仓库或者数据湖中；流数据的实时计算注重对流数据的快速高效处理、计算和分析。

实时流数据处理系统中，数据通常以流的方式进入系统。需要高效可靠地将数据加载到大数据存储系统中，且降低延时，更重要的是对复杂事件进行加工处理。数据流中的数据源多种多样，数据格式也多种多样，而数据的转换过滤和处理逻辑更是千变万化，因而，需要强大而又灵活的复杂事件处理引擎来适应各种场景下的需求。

另外，为了实现总体高效的数据处理，该系统需要对流量进行控制和动态增加、删除节点。数据存储与管理重点工作项目如表 5-2 所示。

表 5-2 存储与管理重点工作项目

工作项目	实施内容
“物联牧场”数据存量及增量流量	分析牧场的生产、经营、管理和服务数据存量及预计数据增量流量，为存储和管理方案提供基础依据
文件系统选型分布式/集中式	从众多分布式文件系统中选择最适合的存储系统及存储形式
存储数据库选型	根据业务需要，对数据库存储模式进行选型，如关系型数据库、图数据库和文档数据库等
数据交互流分析，尤其是实时数据流	对牧场的生产、经营、管理和服务中需要实时存储和实时计算的流数据进行分析和设计
存储和管理功能实现	根据分析结果，集成不同环节的组件，开发完成中间件，实现大数据存储和管理

（三）分析模型库构建

畜牧物联网大数据平台的数据分析功能是将原始数据通过各种数据分析的手段转换成对用户有意义的信息。通过引用模型算法建立数据分析模型，利用 SQL、API 和第三方工具等，对流入的数据进行数据统计分析、多维数据分析、数据挖掘和自定义高级分析，最后可选择性调用数据报表模板进行分析结果输出（图 5-6、图 5-7）。

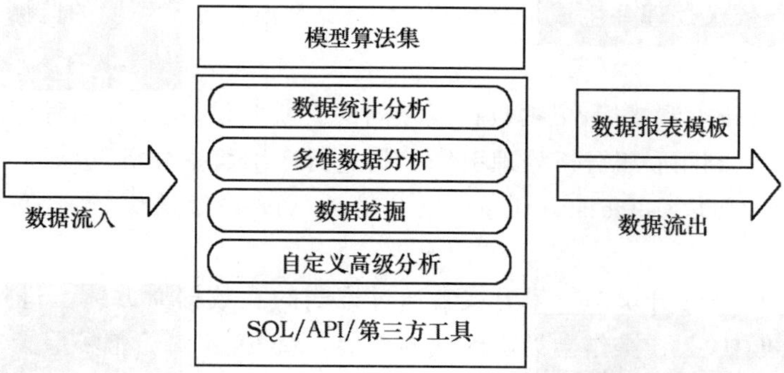

图 5-6　大数据分析基本流程

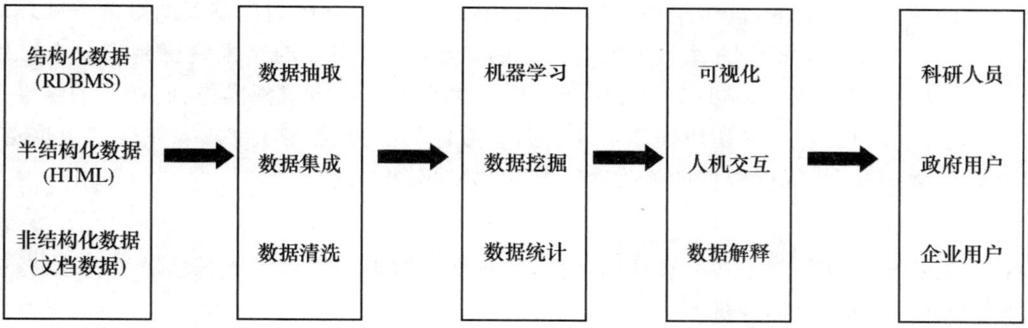

图 5-7　大数据分析流程

1. 数据统计分析

针对各种数据类型，提供相应的统计分析功能，包括频数分布分析、频率分布分析、分布特征分析、指数分析、参数估计分析、方差分析、相关与回归分析、时间序列分析及对实时数据的分析等。

对非数值型数据和数值型数据分别进行分类、分组，计算频数和频数密度，利用频数分布分析反映数据在总体中的分布状态和总体的绝对规模、绝对水平，如利用测度绝对数来展现畜禽养殖水平等。

分布特征分析包括：对数据集中趋势的度量，如众数、中位数、均值、调和平均数和几何平均数等；对离散程度的度量，如四分位差、取值范围、平均差、方差、标准差及离散系数等；对偏态和峰度的度量，如偏态系数和峰度系数。

采用指数分析度量和分析多个指标综合变动和综合差异，开展畜禽养殖指数综合评判测定。

对抽样数据进行参数估计分析，利用点估计评价一致性、无偏向性和有效性，利用区间估计给出在一定置信水平下的总体参数取值区间。

对数据变动的来源进行分解和检验，开展单因素和双因素的方差分析。

使用相关分析与回归分析描述变量之间的不确定的数量依存关系，基于线性回归模型，开展相关系数显著性检验、一元线性回归和多元线性回归等。

对时间序列数据开展描述性分析、长期趋势分析、季节变动分析和循环变动分析。

使用实时流处理模型 Storm 进行实时数据分析，将数据以数据流的方式，并按照拓扑

(topology)的顺序,依次处理并生成最终结果,如实现对畜禽养殖环境的监测和预警等。

2. 多维数据分析

按业务需要定义维度和指标,根据数据表之间的关联关系,建立分品种、分时间、分区域、分指标的多维数据模型,利用联机分析处理引擎工具进行多维数据分析,包括上卷(roll-up)、下钻(drill-down)、切片和切块(slice and dice),以及转轴(pivot)等操作,实现平台的预测及趋势分析。

通过沿一个维的概念分层向上攀升或者通过维归约在数据立方体上进行聚集,实现上卷操作,如在区域维度中,上卷操作会沿着区域的分层,由栋舍层向养殖场层聚集数据,实现按养殖场对数据进行分组。下钻是上卷的逆操作,由不太详细的数据到更详细的数据,通过沿维的概念分层向下或引入附加维来实现,如养殖环境有分时间的时、日、月、季度、年数据,下钻操作由时间维的分层结构向下,从年层到更详细的时层,使数据立方体列出每天的畜禽养殖环境状况。切片是在给定的数据立方体一个维上进行的选择操作,切片的结果是得到了一个二维的平面数据;切块是在给定的数据立方体的两个或者多个维上进行选择操作,而切块的结果是得到了一个子立方块。切片和切块操作实现数据立方体的多方位、多层次、多粒度的数据选择。转轴是转动数据视角,提供数据的替代表示,转变数据分析角度。

3. 数据挖掘

在现有数据上进行基于各种算法的运算,实现平台数据的频繁模式、关联和相关性挖掘分析、分类与回归分析、聚类分析。

畜禽养殖各类数据中存在很多隐含的信息,通过建立关联规则,为参与分析的数据设置一个布尔变量,分析频繁项集、频繁子序列和频繁子结构。一方面,在大数据新型计算模式上实现更加复杂和更大规模的分析和挖掘是大数据未来发展的必然趋势。例如,养殖环境智能监控研究、精准饲喂智能决策研究、育种繁殖智能管理研究、畜禽疾病诊治与智能预警研究等。另一方面,在大数据上进行复杂的分析和挖掘,需要灵活的开发、调试和管理等工具的支持。面对大数据,分析和挖掘的效率成为此类大数据应用的巨大挑战。各种大数据分析和挖掘系统各有所长,其在不同类型分析挖掘下,会表现出非常不同的性能差异。目前迫切需要通过基准测试,了解各种大数据分析和挖掘系统的优缺点,以明确能够有效支持大数据实时分析和挖掘的关键技术,从而有针对性地深入研究。

4. 自定义高级分析

利用内置的机器学习等模型算法集,为用户提供友好的客户端接口。用户可结合应用需求将基础数据分析功能、机器学习及其他分析手段结合在一起,组合成自定义工作流,由"物联牧场"大数据平台提供任务的调度与结果的展示。例如,运用 MapReduce/Yam 编程模型,开展数据处理分析等,从而实现分析功能的飞跃,分析与挖掘重点工作项目如表 5-3 所示。

表 5-3 分析与挖掘重点工作项目

工作项目	实施内容
完善已有分析功能	对现行系统分析功能进行完善和丰富
建立分析机制	建立常规分析机制
完善跨部门深度分析能力	根据需要提出分析需求,并组织实施

(四)分析模型库构建

近年来数据的安全与隐私问题一直是大数据应用重点关注的领域之一。目前加密方法包括文件访问控制技术、基础设备加密技术、匿名化保护技术、加密保护技术、数据失真加密技术和可逆的置换算法等,需要在架构的不同层级选用不同安全技术。

(1)文件访问控制技术:通过文件访问控制来限制用户对数据的操作,在一定程度上解决数据安全问题。

(2)基础设备加密技术:本质是对大数据的存储设备进行安全防护,但不能解决大数据安全的本质问题。

(3)匿名化保护技术:适用于各类数据和众多应用,并且算法通用性高,能保证发布数据的真实性,实现简单。匿名化过程不可逆,如决策分类器的构建和聚类等应用及k-匿名模型与m-不变性算法等。但匿名化技术对隐私保护效果并不明显,隐私泄露的可能性很大。

(4)加密保护技术:能够保证数据的真实性、可逆性和无损性,对隐私保护程度很高,主要应用于分布式下的数据挖掘和操作,如分布式关联规则挖掘算法和差分隐私等。但是,该技术的计算开销很大,并不适用于大数据。

(5)数据失真加密技术:可应用于关联规则的挖掘和隐藏等,如随机干扰、随机化、阻塞和凝聚等。数据失真加密技术的实现比较简单,但会造成数据的偏差,可能造成数据价值的丧失。

(6)可逆的置换算法:可以保证数据的真实性,并且效率比较高,常用于数据中心的大规模系统隐私保护,如位置变换和映射变化等。

在将数据传入,进行处理、存储、分析和清除或归档时,需要强有力的指南和流程来监视、构建、存储和保护数据(表5-4)。

表5-4 数据加密核心因素和各部门重点工作项目

工作项目	实施内容	实施单位
非结构化数据预处理策略	设定非结构化数据预处理策略,如需要遵照的标准和异常处理等	数据应用各部门
外部数据保留和使用策略	设定外部数据保留和使用策略,如保留时间、存储时间、销毁规则等	数据应用各部门
数据归档和清除策略	设定数据归档和清除策略,如归档位置、周期和管理部门等	数据应用各部门
数据跨系统复制策略	设定数据跨系统复制策略,如复制权限等级、时限和有效期等	数据应用各部门
数据加密策略	设定数据加密策略	数据应用各部门
数据识别策略	以可接受的新鲜度提供数据的时间轴;依照数据准确性规则来验证数据的准确性;依据数据一致性验证规则来验证多个系统的数据一致性;满足数据规范和信息架构指南基础上的技术符合性	数据应用各部门
数据约束和限制条件策略	设定约束(如政策、技术和地区等)和使用限制条件(如拷贝范围和使用时间等)	数据应用各部门

(五)系统服务及管理设计

系统服务及管理包括复杂定义数据质量和数据过滤器等内容。

1. 系统服务

系统服务主要包括:①完整地识别所有必要的数据元素;②以可接受的新鲜度提供数据的时间轴;③依照数据准确性规则来验证数据的准确性;④采用一种通用语言(数据元组满足使用简单业务语言表达的需求);⑤依据一致性规则验证来自多个系统的数据一致性;⑥满足数据规范和信息架构指南基础上的技术符合性;⑦标准过滤器会删除不想要的数据和数据中的干扰数据,仅留下分析所需的数据。

2. 系统管理

系统管理对大数据至关重要,因为它涉及跨企业集群和边界的许多系统。对整个大数据生态系统健康的监视包括:①管理系统日志、虚拟机、应用程序和其他设备;②关联各种日志,帮助调查和监视具体情形;③监视实时警告和通知;④使用显示各种参数的实时仪表板;⑤引用有关系统的报告和详细分析;⑥设定和遵守服务水平协议;⑦管理存储和容量;⑧归档和管理归档检索;⑨执行系统恢复、集群管理和网络管理;⑩策略管理。

任务五 数据标准化

对不同属性“物联牧场”监测数据进行信息融合,首先要对最原始的数据进行数据标准化处理,利用标准化后的数据进行数据分析。数据标准化即统计数据的指数化。数据标准化处理主要包括数据同趋化处理和无量纲化处理两个方面。

数据同趋化处理主要解决不同性质数据问题,对不同性质指标直接加总(所有指标综合计算)不能正确反映不同作用力的综合结果,需先考虑改变逆指标数据性质,使所有指标对测评方案的作用力同趋化,再加总才能得出正确结果。

数据无量纲化处理主要解决数据的可比性。数据标准化的方法有很多种,常用的有最小-最大(min-max)标准化、log 函数转换、Z-score 标准化和十进制换算小数定标标准化等。经过上述标准化处理,原始数据均转换为无量纲化指标测评值,即各指标值都处于同一个数量级别上,可以进行综合测评分析。

一、min-max 标准化

min-max 标准化方法是对原始数据进行线性变换。设 $\min A$ 和 $\max A$ 分别为属性 A 的最小值和最大值,将 A 的一个原始值 x 通过 min-max 标准化映射成在区间[0,1]中的值 x^*,其公式为:

$$x^* = \frac{x - \min A}{\max A - \min A}$$

式中,$\max A$ 为样本数据最大值;$\min A$ 为样本数据最小值。

这种方法的缺陷是当有新数据加入时，可能会导致 max A 和 min A 的变化，需要重新定义。

二、log 函数转换

通过以 10 为底的 log 函数转换的方法同样可以实现归一，具体方法如下：

$$x^* = \frac{\log_{10}(\max)}{\log_{10}(x)}$$

式中，max 为样本数据最大值，并且所有的数据都要大于等于 1。

三、Z-score 标准化

这种方法基于原始数据的均值和标准差进行数据的标准化。将 A 的原始值 x 使用 Z-score 标准化到 x^*。Z-score 标准化方法适用于属性 A 的最大值和最小值未知的情况，或有超出取值范围的离群数据的情况。默认的标准化方法是 Z-score 标准化，具体方法如下：

$$x^* = \frac{x-\mu}{\sigma}$$

式中，μ 为所有样本数据的均值；σ 为所有样本数据的标准差。

四、十进制换算小数定标标准化

这种方法通过移动数据的小数点位置来进行标准化。小数点移动多少位取决于属性 A 的取值中的最大绝对值。将属性 A 的原始值 x 使用十进制换算标准化到 x^* 的计算方法是：

$$x^* = \frac{(10 \times j)}{x}$$

式中，j 为满足条件的最小整数。

五、数据类型的一致化处理方法

一致化处理是将数据指标 $x_1, x_2, \cdots, x_m(m>1)$ 的类型进行统一。一般来说，在评价指标体系中，可能会同时存在极大型数据指标、极小型数据指标、居中型数据指标和区间型数据指标，它们都具有不同的特点。例如，产量、利润和成绩等极大型数据指标期望取值越大越好；而成本、费用和缺陷等极小型数据指标则期望取值越小越好；对室内温度和空气湿度等居中型数据指标，既不期望取值太大，也不期望取值太小，而是居中为好。

若指标体系中存在不同类型的数据指标，必须在综合评价之前将评价指标的类型做一致化处理。例如，将各类数据指标都转化为极大型数据指标或极小型数据指标。一般的做法是将非极大型数据指标转化为极大型数据指标。但是，在不同的指标权重确定方法和评价模型中，指标一致化处理也有差异。

极大型数据指标，期望取值越大越好。

极小型数据指标，期望取值越小越好。对某个极小型数据指标 x，期望值 x' 计算方法为：

$$x'=\frac{1}{x}(x>0)$$

或

$$x'=M-x$$

中间型数据指标，期望取值为适当的中间值最好。对某个中间型数据指标 x，期望值 x' 计算方法为：

$$x'=\begin{cases}\dfrac{2(x-m)}{M-m},m\leqslant x\leqslant\dfrac{1}{2}(M+m)\\ \dfrac{2(M-x)}{M-m},\dfrac{1}{2}(M+m)\leqslant x\leqslant M\end{cases}$$

区间型数据指标，期望取值落在某一个确定的区间内为最好。对某个区间型数据指标 x，期望值 x' 计算方法为：

$$x'=\begin{cases}1-\dfrac{a-x}{c},x<a\\ 1,a\leqslant x\leqslant b\\ 1-\dfrac{a-x}{c},x>b\end{cases}$$

式中，$[a,b]$ 为 x 的最佳稳定区间；$c=\max\{a-m,M-b\}$；M 和 m 分别为 x 的最大值和最小值。

六、数据指标的无量纲化处理方法

无量纲化，也称为指标的规范化，是通过数学变换来消除原始指标的单位及其数值数量级影响的过程。因此，有指标的实际值和评价值之分。一般地，将指标无量纲化处理以后的值称为指标评价值。无量纲化过程就是将指标实际值转化为指标评价值的过程。

在实际数据指标之间，往往存在着不可公度性，会出现“大数吃小数”的错误，导致结果的不合理。

1. 标准差法

$$x'_{ij}=\frac{x_{ij}-\overline{x}_j}{s_j}$$

式中，x'_{ij} 为标准化后的变量值；x_{ij} 为实际变量值；$\overline{x}_j$ 为变量均值，计算公式为 $\overline{x}_j=\dfrac{1}{n}\sum\limits_{i=1}^{n}x_{ij}$；$s_j$ 为变量的标准差，计算公式为 $s_j=\left[\dfrac{1}{n}\sum\limits_{i=1}^{n}(x_{ij}-\overline{x}_j)^2\right]^{1/2}$。

2. 极值差法

$$x'_{ij}=\frac{x_{ij}-m_j}{M_j-m_j}$$

式中，x'_{ij} 为标准化后的变量值；x_{ij} 为实际变量值；M_j 为变量的极大值，计算公式为 $M_j = \max\limits_{1\leqslant i\leqslant n}\{x_{ij}\}$；$m_j$ 为变量的极小值，计算公式为 $m_j = \min\limits_{1\leqslant i\leqslant n}\{x_{ij}\}$。

3. 功效系数法

$$x'_{ij} = c + \frac{x_{ij} - m_j}{M_j - m_j} \times d$$

式中，x'_{ij} 为标准化后的变量值，$x'_{ij} \in [0,1]$($i = 1,2,\cdots,n;j = 1,2,\cdots,m$)；$x_{ij}$ 为实际变量值；M_j 为变量的极大值，计算公式为 $M_j = \max\limits_{1\leqslant i\leqslant n}\{x_{ij}\}$；$m_j$ 为变量的极小值，计算公式为 $m_j = \min\limits_{1\leqslant i\leqslant n}\{x_{ij}\}$；$d$ 是对变换后的数值进行“放大”或“缩小”的倍数；c 是对变换后的数值做平移的平移量。

七、模糊指标的量化处理方式

在实际中，很多问题都涉及定性或模糊指标的定量处理问题，如教学质量、科研水平、工作政绩、人员素质、各种满意度、信誉、态度、意识、观念和能力等因素有关的政治、社会及人文等领域的问题。

根据实际问题，构造模糊隶属函数的量化方法是一种可行、有效的模糊指标定量化处理方法。假设评价人对某项因素评价为 A、B、C、D、E 共 5 个等级{V1，V2，V3，V4，V5}，分别为{很满意，满意，较满意，不太满意，很不满意}，5 个等级依次对应为 5、4、3、2、1，为连续量化，取偏大型柯西分布和对数函数作为隶属函数：

$$f(x) = \begin{cases} [1 + \alpha(x - \beta)^{-2}]^{-1}, 1 \leqslant x \leqslant 3 \\ a\ln x + b, 3 < x \leqslant 5 \end{cases}$$

式中，α、β、a、b 为待定常数。

当“很满意”时，隶属度为 1，即 $f(5)=1$；

当“较满意”时，隶属度为 0.8，即 $f(3)=0.8$；

当“很不满意”时，隶属度为 0.01，即 $f(1)=0.01$。

计算得 $\alpha=1.108\ 6$，$\beta=0.894\ 2$，$a=0.391\ 5$，$b=0.369\ 9$，则代入上述公式得：

$$f(x) = \begin{cases} [1 + 1.108\ 6(x - 0.894\ 2)^{-2}]^{-1}, 1 \leqslant x \leqslant 3 \\ 0.391\ 5\ln x + 0.369\ 9, 3 < x \leqslant 5 \end{cases}$$

根据该规律，对任何一个评价值，都可以给出一个合适的量化值。根据实际情况可以构造其他的隶属函数，如取偏大型正态分布等。

除上面提到的数据标准化外，还有对数 Logistic 模式和模糊量化模式等，将数据标准化后，数据库在存储数据时，都有自己独特的数据结构，每种数据在不同的数据库中可能数据格式不一，因此，在进行数据统一存储时，存在数据转换的问题。要将各数据库中的数据转换成新数据库中统一的格式，并设计接口，实现不同格式数据的实时转化。构建数据转换标准表，根据数据属性标准，构建不同数据之间的数据转化标准表，如将“番茄”统一转化成“西红柿”，使不同数据库之间能够达到一致。

拓展知识

以物联网、云计算、大数据及人工智能为代表的新一轮信息技术革命推动粗放式传统畜牧养殖向知识型、技术型、现代化的智慧畜牧养殖转变，技术优势已成为驱动畜牧业快速发展的重要因素。物联网技术为智慧畜牧业提供了数据基础，云计算与大数据技术是畜牧数据智能化分析的重要手段。

畜牧数据具有多源、异构、跨平台、跨系统的典型大数据特征，采用传统技术手段处理这类数据非常困难，独立分散的养殖户更无法提供相应算力。云计算为畜牧大数据处理提供了技术支撑，核心技术包括基于多模态特征的知识表示与建模、面向领域的深度知识发现与预测、特定领域特征普适机理凝练的知识融合等。

基于自主芯片、人工智能、物联网、云计算、大数据和移动互联网等关键技术，在已有数据分析模型基础上，研究建立疾病预警、科学饲喂与产量预测等大数据分析模型，打造"云十端"的立体智慧畜牧云平台，可以实现打通养殖管理、精准饲喂、疫情预测诊断、生物资产管理、代系管理、产品追溯全产业链信息流，推动多源数据有效融合利用，助力畜牧产业升级发展。

项目六

畜牧物联网的应用发展

知识要求

1. 了解整个畜牧场养殖过程的各个环节。
2. 了解现代化畜牧场的技术。
3. 了解这些技术应用的工作原理。

能力要求

1. 能使用养殖环境具体参数指标分析。
2. 能掌握畜牧业生产不同环节物联网技术的具体内容和工作原理。
3. 能进行预警参数控制和智能调整机制。

素质要求

1. 增强生态意识、环境保护意识。
2. 遵守行业法规，能对不同的技术学以致用，理论联系实际。

我国是畜牧业大国，畜牧总量常年位居世界前列，畜牧业在国民经济中占有极其重要的地位。作为农业的重要组成部分，畜牧业从家庭副业逐步成长为农业农村经济的支柱产业，已经具备了比较充足的生产能力和比较完善的质量安全保障体系。

我国《"十四五"全国畜牧兽医行业发展规划》中明确规定，要围绕加快构建现代养殖体系和现代加工流通体系，持续推动畜牧业绿色循环发展，加快推进畜牧业现代化。在"加快畜牧兽医监测监管一体化"和"推动智慧畜牧业建设"中要求：以信息化培育新动能，利用数字技术全方位、全角度、全链条赋能传统产业，提升全要素生产率。以生猪、奶牛、家禽为重点，加快现代信息技术与畜牧业深度融合步伐，大力支持智能传感器研发、智能化养殖装备和机器人研发制造，提高圈舍环境调控、精准饲喂、动物行为分析、疫病监测、畜产品质量追溯等自动化、信息化水平，建设一批高度智能化的数字牧场。

畜牧业现代化的主要特点是集中化、规模化，并以盈利为生产目的。长久以来，我国养殖业都属于传统的粗放型养殖，但随着养殖规模不断扩大，传统的养殖方式明显不能满足养殖场管理的需要。畜牧业的健康发展，需要依赖以信息技术、智能技术为支撑的智慧畜牧提供新的解决方案，突破畜禽养殖核心关键技术，实现环境保护、畜禽健康养殖、畜牧业可持续发展。换言之，应用物联网等新一代信息技术的智慧畜牧系统是畜牧业的发展趋势。

畜牧智能物联网是指运用现代信息技术进行精准化的畜禽养殖，即利用电子识别和不同终端连接，同时结合畜禽的饲养生长周期，对每个畜禽进行精准化喂养等养殖活动，以满足现代社会对农产品的高品质要求。下面我们将以生猪和奶牛养殖为例，为大家介绍相关功能。

任务一　养殖环境监控技术

环境的温度、湿度、气流、饲养密度(每个畜禽所占面积和空间)及空气清洁度直接影响畜禽生长发育。畜牧智能物联网可根据畜禽的日龄及气温变化，自动调整饮水量和饲喂量，可优化饲料转化率，节约用水，提高经济效率。同时，畜牧智能物联网还可用于资源环境检测，通过各种传感器采集畜禽舍的温度、湿度、光照时间、氨气浓度、二氧化碳浓度等相关数据。借助软件统计分析，养殖者可以通过手机或电脑远程登录控制软件平台，操控温度、湿度、光照、通风等设备；也可通过预先设计的软件让系统根据情况自动调整。

在大型猪场，对猪生长发育影响最大的是温度、湿度和有害气体。其中，温度是主要影响因素。环境的温度影响生猪的能量消耗和采食量，进而对其生产性能产生直接影响。动物的体温在适当的环境温度范围内，其代谢强度和产热量可保持在生理的最低水平而体温仍能维持恒定，这种环境温度称为动物的等热范围。等热范围的上、下限温度分别称为最高和最低临界温度。从猪的生产上来看，在等热范围内饲养猪最为适宜，经济上也最为有利。在最高和最低临界温度之上或之下，对猪而言都是一种应激，会导致饲料效率下降，影响猪的生产性能。

湿度是用来表示空气中水汽含量多少的物理量，常用相对湿度来表示。舍内空气的相对湿度对猪的影响与环境温度有密切关系。无论是仔猪还是成年猪，当其所处的环境温度是在较佳范围之内时，舍内空气的相对湿度对猪的生产性能基本无影响。实验表明，若温度适宜，相对湿度从45%变到95%，猪的增重无异常。这时，常出于其他的考虑，来限制相对湿度。

圈舍中常见的有害气体主要有氨气、硫化氢、一氧化碳、二氧化碳等。氨气会刺激畜禽，导致其打喷嚏、流涎、丧失食欲，易发呼吸道疾病；硫化氢、一氧化碳、二氧化碳的浓度过高，常常会导致其食欲减退，抵抗力下降，严重时还会因中毒而死亡。在这些有害气体中，氨气的含量最高。

为了对温度、湿度和有害气体进行控制，养猪场的环境自动控制系统由检测子系统(温度、湿度、垫料温度、氨气浓度等传感器)、可编程逻辑控制器(programmable logic controller，PLC)系统(含输入输出、文本显示、通信接口等)、执行子系统(风机、湿帘、喷淋装置等)，以及上位机监控子系统等部分组成，整个系统的工作原理如图6-1所示。

养猪场的环境自动控制系统(图6-2)把传感器采集的环境参数(温度、湿度、氨气浓度等)测量值，通过模拟量输入模块(EM231)转换为数字信号，存储在PLC数据缓冲区。按照一定的算法，得到温度、湿度、氨气浓度、垫料温度等的实际值。结合相应的给定值，依据控制方案，得到输出控制策略，输出控制信号，驱动接触器/中间继电器，从而控制执行机构(风机、湿帘、喷淋装置等)动作。

此外，该系统能够实现远程监控。上位机组态软件设计的监控界面可实时显示各环境参数实际值，并可以对数据进行存储，生成数据历史曲线。上位机子系统可完成数据管理存储、控制过程状态监控，为养殖工作者智能决策提供依据。该系统可提供就地、远程两种控制模式。在就地控制模式下,可在控制现场实施控制策略,现场的文本显示器可实时显示各环境参数实际值。在远程控制模式下,可实现手动/自动模式的切换,远程控制执行机构动作。参数限值(给定值)能够在上位机监控界面和现场文本显示器上进行设定和修改。

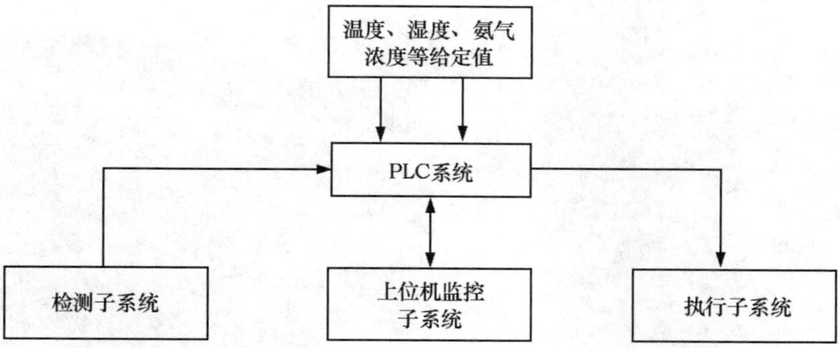

图 6-1　养猪场的环境自动控制系统的工作原理

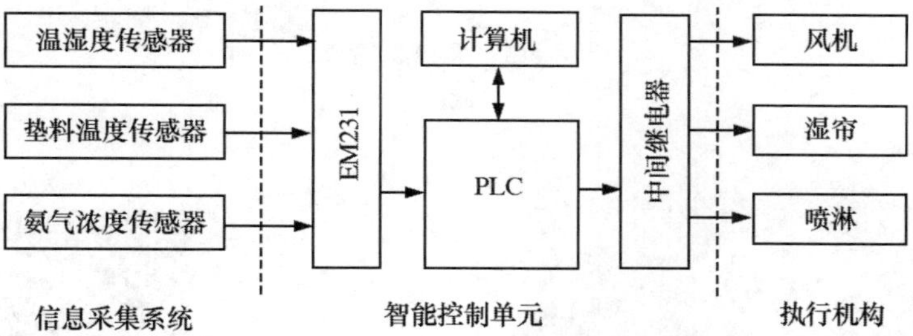

图 6-2　养猪场的环境自动控制系统的组成

养猪环境控制系统中的硬件系统主要包括湿帘-风机系统和喷淋系统等。

(一)湿帘-风机系统

湿帘-风机系统由湿帘、风机、水循环系统及相关控制装置组成。它是利用水蒸发降温的原理实现降温的。通常采取的做法是将湿帘与风机分别安装在密闭舍墙体的两侧,系统运行时,风机抽风,造成室内外空气压力差,这时室内空气压力小于室外空气压力,形成负压,迫使室外未饱和的空气流经多孔湿润的湿帘表面,引起水分的蒸发,蒸发吸热,使室内的空气温度降低。风机由百叶窗、电机和皮带等组件构成,控制系统采用三相交流接触器控制风机电机的开关。当水流经湿帘时,会在湿帘表面形成水膜,通过的空气和水膜进行热交换,这样水分会被蒸发到空气中,蒸发吸热,起到降低舍内温度的效果,同时也增加空气的湿度。可以根据湿帘的高度、宽度、厚度、波高和波纹夹角进行选型,当然也可以根据客户要求定做。风机和湿帘的外观如图 6-3 所示。

(二)喷淋系统

喷淋系统主要由电磁阀、输水管道、增压泵、喷头(图 6-4)和电气驱动接口电路等组成。喷淋系统除起到降温增湿的作用外,还起到降低氨气浓度的作用。雾化微喷头可起到降温、加湿效果,广泛应用于家禽饲养场的温度控制。

(三)其他自动控制系统

除以上的自动控制系统外,还有自动饮水和自动清粪等系统。自动饮水设备如图6-5所示。

风机

湿帘

图6-3　风机和湿帘

图6-4　降温加湿喷头

视频6-1　猪场智能环控系统

图6-5　自动饮水设备

任务二　精准饲喂技术

传统的畜禽饲喂方式易产生畜禽营养不均、饲料浪费等问题，且人工劳动强度较大、生产率有待提高。随着信息技术的进步，以节省饲料和人工成本、促进畜禽营养均衡、保障畜产品品质及安全等为显著优势的精准饲喂技术应运而生，并逐渐被研发和应用。因此，精准、高效、个性化的定制已经成为饲养饲喂的趋势和潮流，实施精准饲喂才能实现高效养殖。在养殖的过程中，饲料成本占了总生产成本的60%左右，即生产成本多数花费在饲料费上。精准饲喂，可减少饲料的浪费，在很大程度上节省生产成本，缓解人畜争粮的现象，提升利润，增加养殖场的收入，提高养殖人员的饲养信心和饲养热情，因此，规模养殖场的精准饲喂尤为重要。

精准饲喂需要精准营养、精准配制、精准检测及饲料工艺的改善等各环节的精准化管理和实施。畜禽精准饲喂技术大致可分为饲养信息获取、饲料精准配方、智能饲喂3个阶段，主要是由畜禽精准饲喂管理软件和智能饲喂设备组成。当畜禽主动到智能饲喂设备寻找饲料时，畜禽所佩戴的识别卡在距离饲喂设备感应器一定范围内即可被自动识别畜禽个体，计算机通过饲喂管理软件自动查询数据库内的饲喂计划及饲料配方，决定是否投料及投料量。在饲养信息获取方面，随着微型计算机、电子识别系统、电子自动称量系统等高新技术的应用，精准饲喂的自动化水平大大提高，通过准确获取畜禽饮食行为，合理分析畜禽生理状况，进而制订饲喂计划，有助于最大限度地发挥畜禽生长和繁殖潜力。在饲料精准配方方面，充分挖掘饲料中潜在的营养成分，科学配备饲料，能够促进畜禽营养吸收，通过降低少量昂贵营养物质的供给，还可降低10%～15%的饲养成本，减少2%～3%的饲料制备、储存、管理和运输成本，减少40%以上氮、磷和其他污染物的排放。智能饲喂可提升工作效率，降低畜禽发病率，促进喂养环节的专业化和自动化。

下面将介绍母猪和奶牛的精准饲喂系统。

一、母猪精准饲喂系统

母猪的生产繁殖是从配种、妊娠、分娩、哺乳、断奶、空怀到发情然后再循环的周期性过程。为便于饲养策略的建立，一个繁殖周期通常分为妊娠期、哺乳期、空怀期（经产母猪从仔猪断奶至母猪的再次配种的这段时间），每个阶段都具有明确的任务和不同的特点。因此，其饲养管理和饲喂策略应具有很强的针对性。

为了应对母猪不同时期对食物的不同需求，开发了母猪精准饲喂系统（图6-6）。母猪精准饲喂系统是由电脑软件系统作为控制中心，由一台或者多台饲喂器作为控制终端，由众多的读取感应传感器为电脑提供数据，同时根据母猪饲喂的科学运算公式，由电脑软件系统对数据进行运算处理，处理后指令饲喂器的机电部分来进行工作，来达到对母猪的数据管理及精准饲喂管理，这套系统又称为母猪智能化饲喂系统，主要包括：母猪自动化饲喂系统、母猪智能化分离系统、母猪智能化发情鉴定系统。

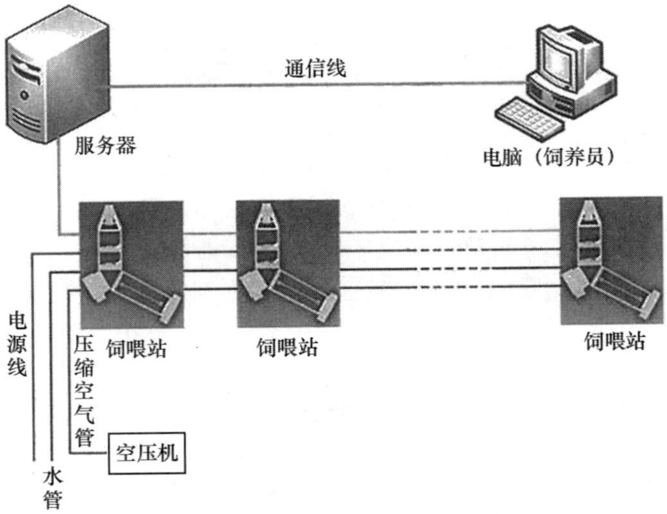

图 6-6 母猪精准饲喂系统

(一)母猪精准饲喂系统的基本功能

1. 全自动功能

母猪精准饲喂系统可实现饲喂和数据统计运算的全自动功能，主要包括以下几点。

(1)自动供料：整个系统采用“贮料塔＋自动下料＋自动识别”的自动饲喂装置，可实现完全的自动供料。

(2)自动管理：该系统通过中心控制计算机系统的设定，可实现发情鉴定、舍内温度、湿度、通风、采光、卷帘等的全自动管理。

(3)数据自动传输：该系统中所有的生产数据都可以实时传输并显示在农场主的个人手机上。

(4)自动报警：畜牧场内配备由电脑控制的自动报警系统，出现任何问题时电脑都会自动报警。

2. 自动识别功能

母猪精准饲喂系统可利用耳标识别系统对进食的猪进行自动识别，记录其每次进食的进食时间、进食用时、进食量，并根据体重及怀孕天数自动计算出其当天的进食量。

3. 自动测量功能

母猪精准饲喂系统可自动测量猪的日体重，并计算出日增重。该系统可对控制设备的运行状态、测定数值内容、猪异常情况进行全面的检测及系统报警。该系统可实现实时数据备份，显示当前进食的猪的状态。

(二)母猪精准饲喂系统的技术原理

母猪精准饲喂系统为每头母猪提供了一个无线射频耳标，通过系统的传感器对无线射频耳标的识别，来判断猪的身份，传输给计算机，同时由称重传感器将该猪的体重传输给计算机，管理者设定该猪的妊娠日期及其他基本信息，系统根据终端获取的数据（耳标号、体重）和计算机管理者设定的数据（妊娠日期）计算出该猪当天需要的进食量，然后把这个进食量分量、分时间地传输给饲喂设备为该猪下料。从而正确决定 1 d 的投料量，同时给予适当的饮水，保证母猪的理想体型。同时系统可获取猪群的其他信息来进行统计计算，为猪场管理者进行公司运营分析提供精确的数据。

（三）母猪精准饲喂系统的硬件组成

母猪精准饲喂系统以硬件为基础（图 6-7），以软件为支撑实现饲料的适量精确投放。在上位机子系统中根据猪个体输入一个经验料量值，传输给可编程逻辑控制器（PLC），PLC 接收到信号后控制步进电机驱动器投放准确的饲料量。并且将下料数值保存在数据库中，方便饲喂人员日后以图形的形式直观地看到饲喂数据。下位给料系统主要完成在接收到上位机发出的给料信号后，自动地按给定的料量值自动下料，供猪采食。饲喂系统由上位机、PLC、步进电机驱动器、步进电机、联轴器、槽轮式旋转落料器、饲喂槽等硬件组成。其中最关键部分就是槽轮式旋转落料器的设计，因为它必须和 PLC 程序对应才能实现准确下料。槽轮式旋转落料器主要由槽轮、壳体、轴、料斗（贮料槽）等零件组成。落料器在自动补饲装置中，既起计量的作用，又起旋转落料的作用。饲料从加料斗加入，在槽轮齿的旋转带动下，从出料口落出。这正是容积式计量方式的一种实际应用。

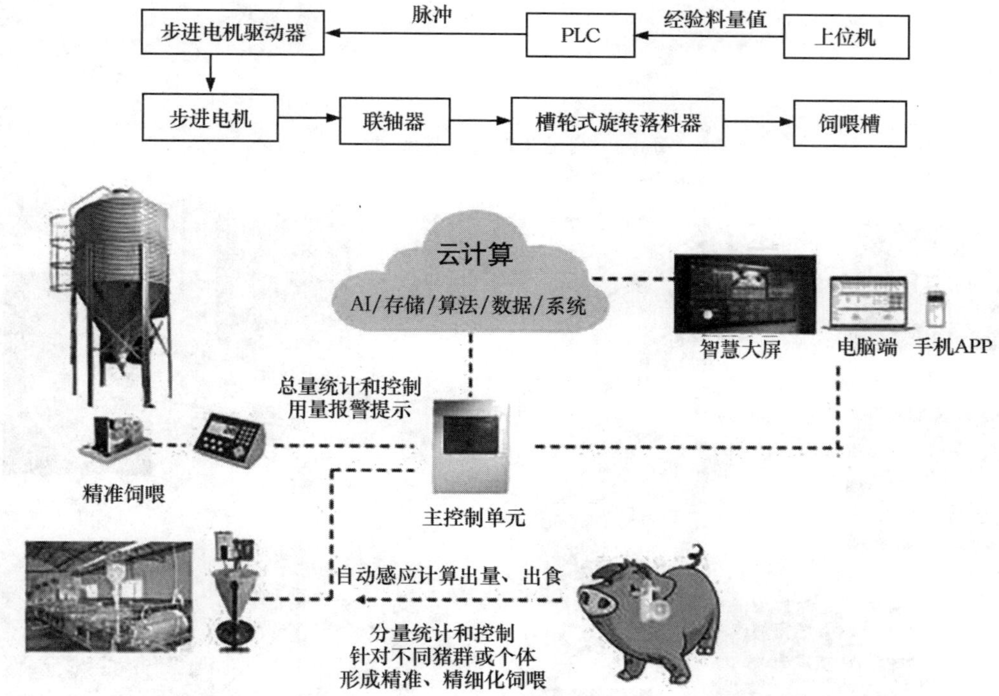

图 6-7　母猪精准饲喂系统的硬件组成

在母猪饲养过程中,饲喂设备只是自动化料线(图 6-8、图 6-9)的一部分。自动化料线集自动控制、计算机网络、无线通信、机械传动于一体,将多种设备有机整合,既要考虑实用性,又要考虑经济性。自动饲喂站具备长时间不间断工作的能力,具备在猪舍环境下抗灰尘、抗锈蚀、抗撞击的能力和在较长时间内精确计量、准确称量、精准控制的能力。自动饲喂站工作过程如下:母猪需要在猪耳处安装 RFID 电子耳标,耳标内存有号码,此号码与母猪一一对应。这样,可通过识别耳标来达到区分不同母猪的目的。

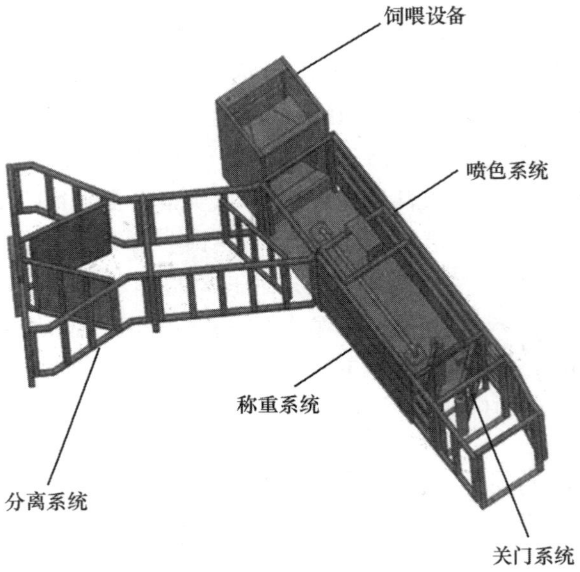

图 6-8 自动化料线的基本构成

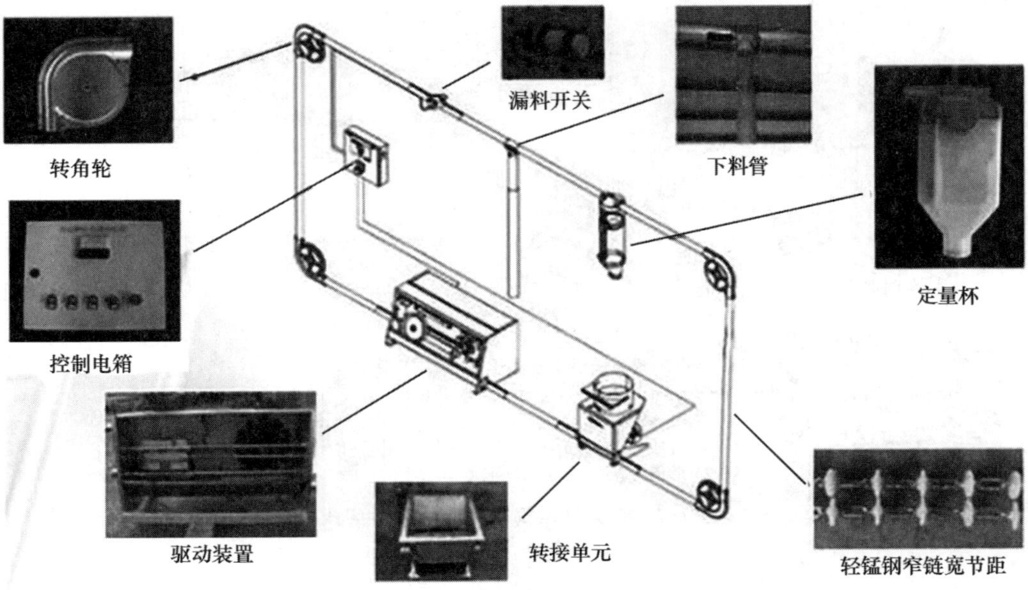

图 6-9 自动化料线的基本装置

在饲喂开始时，开启入口。母猪进入饲喂站后，安装在走道侧壁上的光电传感器感应到母猪后，关闭入口。在食槽处感应到母猪的电子耳标，获取母猪的饲喂信息和处理信息后，开始投料（每次 50～100 g），间断性地分多次投完 1 d 的料。

母猪进食后，通过双重退出门，这时饲喂过程就结束了。如果饲喂站配备了分离门，母猪经过退出门后，可经过分离门回到栏内或者被分离出来。

母猪的处理：针对出现异常的母猪，如临产、发情、生病、需要注射疫苗的母猪，可进行相应的处理（喷墨或者分离）。

（四）使用饲喂站的好处

使用饲喂站，可实现每头母猪的定量饲喂全自动控制，通过猪耳朵上的 RFID 电子耳标实现和电脑连接，达到控制膘情的目的，使整个猪群健康、精神状态好、皮毛顺滑、体型匀称。

使用饲喂站，可节约饲料，实现每头猪定量饲喂，使猪个性食用量得到保障，同时若其不愿吃或出现因病不吃等问题能够及时发现。

使用饲喂站，可使应激母猪单独在站内自由采食，解决了原先个别猪只独占料槽干扰其他母猪采食的问题（因饲喂站针对每头猪设定了进食时间和进食量，即使其在站内不走，也可通过电脑及时发现）。能够做到对每头母猪进行管理，发现猪不吃料或少吃料，及时观察母猪情况，及时预防和控制母猪健康问题（如病情等）。

使用饲喂站，可使母猪更健康，活动量增大，难产率减少，可使出生仔猪均匀，仔猪成活率提高等；可延长母猪使用年限达 1 年（这一年给猪场带来的效益是巨大的，如猪舍面积、后备母猪的耗料、产仔数的稳定等）。

使用饲喂站，可得到每头母猪的数据分析，为养殖场负责人和决策层提供数据依据。每头母猪的饲喂量和使用饲料的品牌、母猪的品种在数据模型练习期间能够对比，并在后期将母猪产仔数量录入电脑程序后，形成系统的分析，可为饲料的选择、母猪品种的优化提供参考。发现母猪出现异常时可通过喷墨装置进行单独区分，挑选观察。可根据猪场需求添加母猪发情提示系统、称重系统、温湿度系统等。实现可视化标准代替经验值，代替烦琐的文字标准。通过电脑控料饲喂，饲养员劳动强度减少，可实时监控猪群的情况，及时对进食异常的母猪进行预警，实现 24 h 智能化管理。

（五）系统管理软件

系统管理软件为操作人员提供了良好的人机界面，为科学管理者提供了可靠的依据，对提高生产效率、降低生产成本提供了有力保障。在该系统中，系统管理软件包括应用程序及数据库，应用程序实现人机对话、控制给定、数据存储、数据处理、显示异常报警、记录报表等功能；数据库用来存储数据，方便管理者查询及备份数据。

系统管理软件主要包括：员工登录窗口、系统设置模块、个体信息处理模块、自动化喂料模块、发情鉴定模块、串口设置模块、销售管理模块。母猪精准饲喂系统的总体设计如图 6-10 所示。

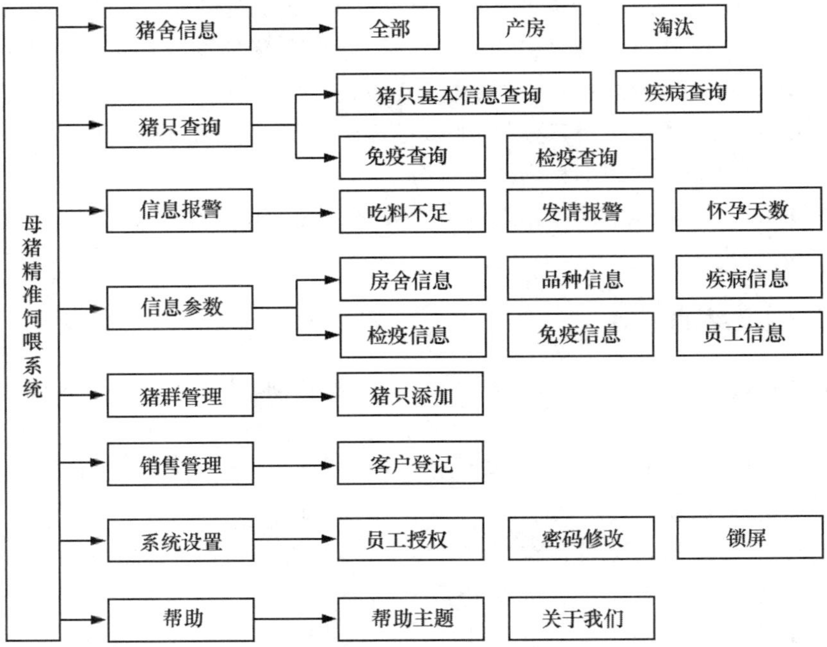

图 6-10　母猪精准饲喂系统的总体设计

视频 6-2　智慧养殖饲喂器演示

视频 6-3　物联网技术在生猪养殖中的应用

二、奶牛精准饲喂系统

奶牛精准饲喂，就是利用现代化信息技术、数字电子技术及先进的机械设备，根据奶牛个体条件的差异，有针对性地制订饲喂与管理方案，对奶牛个体分别进行饲喂，从而提高产奶量。奶牛精准饲喂系统主要包括信息采集和处理系统和自动饲喂系统。

(一)信息采集和处理系统

信息采集和处理系统由 RFID 系统、计算机组成。RFID 为射频识别，是一种非接触式的自动识别技术。RFID 系统由阅读器和电子标签组成，把电子标签附在被识别物体的表面或内部，当被识别物体进入阅读器的识别范围时，阅读器自动以无接触的方式读取电子标签中的物体的识别数据，从而实现自动识别物体或自动收集物体信息数据的功能。RFID 系统的作用是识别出牛的牛号(每头牛具体的养殖场、圈舍信息)，将牛号传送到计算机里。其中，阅读器装在饲料小车上，标签挂在牛的颈部，在喂料时，牛头在牛颈夹固定范围内活动，便于读出牛号。

信息采集和处理系统中的计算机为普通 PC，具有较高的运行速度和较快的数据处理能力，以便及时进行数据运算和通信；具有较大的硬盘存储空间，用于存储所需的数据库，以便后期进行数据更改、查询；具有较高的安全性，确保系统的正常运行。PC 在此系统中的作用是接收 RFID 系统传送的信息，并在后台进行相应的数据处理，得出牛所需要的饲料量，再将饲料量传送给控制系数的单片机。一个典型的奶牛信息采集和处理系统如图 6-11 所示。

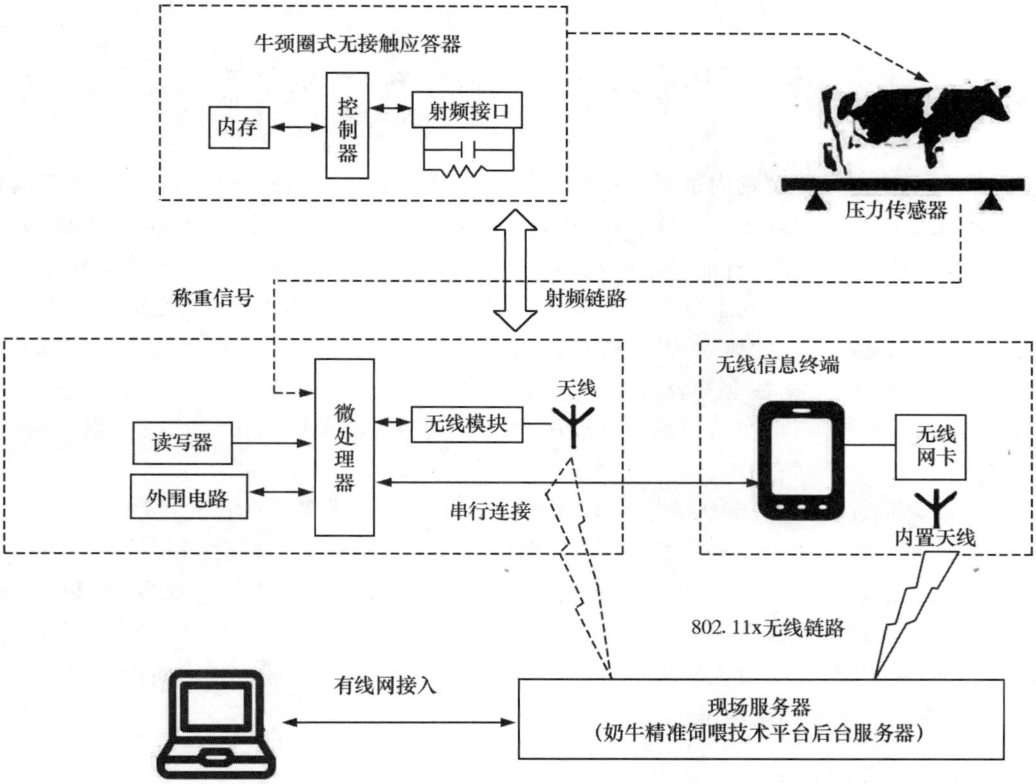

图 6-11　奶牛信息采集和处理系统

(二)自动饲喂系统

自动饲喂系统用计算机控制，根据奶牛的产奶量、品质、体重、生理周期，以及环境因素等相关参数，结合奶牛饲养过程中所需要的营养，准确地完成饲料投喂工作，实现奶牛的自动化精准喂养，从而充分发挥每头奶牛的产奶潜能，提高产奶量，同时减少饲料浪费，降低生产成本。

奶牛精准饲喂系统工作过程如下：首先对计量装置进行精料投放校准标定，得出步进电动机每转一步计量槽轮排出的饲料量。当奶牛靠近补饲系统的饲喂区时，RFID 系统的阅读器读取奶牛佩戴的电子标签信息，系统软件解码电子标签信息，实现牛个体识别，并从精饲料补饲数据库中检索牛的补料量、补料次数和补料时间等信息。当奶牛满足补料条件时，饲喂控制中心向门禁电动机发布指令，打开门禁栏杆，让奶牛进入围栏。同时饲喂控制中心将根据奶牛的补料量自动计算步进电机的转动步数，然后向自动配料系统发送信号控制步进电机转动，实现饲料的投放。饲料在下落的过程中相互冲击，自动混合。待补饲结束，奶牛从围栏侧门走出后，门禁栏杆关闭，开始下一头奶牛的补料过程。

视频 6-4 犊牛自动饲喂

视频 6-5 智能化挤奶和奶品质量检测

视频 6-6 智慧养牛场的智能化无人值守自动控制系统

任务三 育种繁殖技术

大部分规模畜禽养殖场内都安装了基于物联网技术的视频监控系统，即通过计算机将多台小型摄像机进行有线或无线串联，摄像机可实时捕捉养殖场内畜禽进食、生长繁殖、消毒防疫等情况，同时也可保存所有前期视频，养殖者或管理者可通过计算机或手机查看任意时间和区域的图像资料。这种方式不仅可提升养殖者对畜禽生长情况的了解，也可减少人为出入的次数，降低外来疫病传入的风险。物联网所搜集的畜禽生长繁殖数据，还可为品种培育提供科学依据和最佳方案，根据畜禽外貌特性、繁殖能力及副产品质量等参数在计算机中进行数据录入，同时构建系谱树，根据产品需求编写程序，经公式验算，辅助以人工筛选，获得较为科学的配种方案。

在畜禽繁殖过程中，智能化的繁殖监测管理是提高繁殖效率或畜牧业生产效率的重要手段。发情监测是畜禽繁殖过程中的重要环节，错过了最佳配种时期将会降低繁殖能力。要提高畜禽的繁殖率，首先要清楚地监测出畜禽的发情期。如果仅是依靠人工观察，或者是凭一般的养殖经验来识别畜禽发情期，往往会错过畜禽的最佳配种时期，对于提高繁殖率很不利。因此，实现自动化监测，及时发现发情期是提高畜禽繁殖能力的关键环节。下面以母猪和奶牛为例，进行发情识别技术的说明。

(一)母猪发情识别

母猪发情时会表现出一些典型的特征：①体温较平常有所升高；②卧立不安，啃圈爬栏，走动较为频繁，活动量明显增多；③出现爬跨行为；④采食量略减；⑤主动接近公猪，公猪经过或“按背测试”时表现出“静立反射”；⑥发出求偶歌声；⑦外阴肿胀，阴门流出透明黏液。其中，部分行为特征如采食量变化、母猪频繁接近公猪、体温变化、活动量增加、爬跨行为等可通过物联网感知设备自动获取，从而为母猪发情自动识别提供依据。

目前常见的母猪发情识别方法主要有以下 3 种。

(1)根据发情母猪活动量显著增加、烦躁不安、啃圈爬栏等特征，使用红外传感器对母猪活动量进行监测，将母猪活动量分成若干类，若发现活动量超出一定的阈值，则认为该母猪活动量增加，并判定其为发情状态。

(2)根据母猪见到公猪后会主动与公猪接触特征，通过使用射频识别扫描器记录与公猪接触的母猪耳标号，据此统计一段时间内该母猪接触公猪的次数和频率，当频率超过一定值时则判定该母猪为发情状态。

(3)根据发情母猪采食量略有减少的特征，母猪在发情期间表现食欲不振或采食量下降，在母猪自动饲喂系统中提取采食量的数据可作为母猪发情鉴定的重要依据。

(二)奶牛发情识别

奶牛的健康、发情等状况都直接影响着畜牧场的收益。要解决对奶牛发情监测的不及时问题,就需要对奶牛的活动进行实时的监测。给奶牛戴上项圈或计步器,可代替人工发情鉴定和夜间观察,从而降低人工成本,提高动物舒适度。通过这种方式可实时监测奶牛的活动量、体温等信息,然后上传到数据中心。通过数据可分析奶牛的活动量与体温变化的情况及历史运动轨迹等,判断奶牛的发情状况,据此可提高饲养人员对发情奶牛的监控力度,减少遗漏。

视频 6-7　奶牛发情监测

任务四　疾病监测与预警技术

畜牧业是我国农业的重要组成部分,目前我国畜牧业向着规模化、集约化发展,但同时也增加了畜禽疾病诊断的难度。为提高畜禽养殖中的动物福利水平,并降低养殖中因畜禽疫病与健康异常带来的经济损失与公共卫生安全风险,近年出现了一批通过数字化、智能化手段实现畜禽疫病诊断的自动化方法,如机器视觉分析、动物音频分析、红外温度感知、深度学习分类等,这些方法可以有效提高对患病或异常动物的诊断效率,缩短诊断周期,降低人工巡检劳动力成本。

利用人工智能可以建立畜禽疾病诊断系统。通过对畜禽叫声、行为等情况的监控建立疾病监测系统,通过传感器将个体信息传送到电脑或手机终端,以便管理人员分析畜禽个体的健康情况,为疾病的控制提供解决方案。畜禽疫病自动诊断方法不同于常规的基于病理学知识的诊断方法,其主要通过各类传感器自动获取畜禽在养殖过程中的图像、声音、体温、心率、排泄物等各类特征信息,而后通过梅尔倒谱系数、Logistics 回归分析等数学模型和支持向量机、深度学习等智能算法对采集的信息进行综合分析与处理,并对畜禽的健康状态做出评价与预测。畜禽疾病监测与预警技术平台使用了畜禽形态诊断技术、行为诊断技术、声音诊断技术、体温诊断技术、其他生理参数诊断技术等。目前,畜禽疫病自动诊断技术基于动物的体尺、行为、声音、体温、排泄物、呼吸与心率等数字化特征,通过数学模型对传感器采集到的特征进行实时分析与归类,基本实现了对理想环境下动物健康状态的评价。

目前,畜禽疾病自动诊断技术研究成果丰富,但相关诊断方法大多是在理想环境下进行的,而在实际的生产养殖环境中干扰因素很大。目前的诊断方法大多无法很好地排除干扰并准确提取出所需特征信息,并且多是基于禽畜的一种特征信息进行分析诊断,这使诊断系统的诊断准确度受到影响,诊断结果说服力不足。同时,大多数数字化禽畜疾病诊断方法还存在诊断泛化能力差、抗干扰能力差等问题,这些问题制约了其推广与应用。未来畜禽疾病自动诊断技术的研究重点是提高其传感算法的精度和数学模型的适用性与准确性,并进一步发展基于多种特征耦合与数据融合的智能化畜禽疾病诊疗专家系统,争取实现实时、高效、智能、精准的畜禽健康诊断。

下面为大家介绍 Mafic 禽病诊断专家系统和猪病诊断专家系统在畜禽疾病监测与预警中的应用及操作。

一、Mafic 禽病诊断专家系统

Mafic 禽病诊断专家系统主要的诊断原理是以收集的大量资料为依据，找出症状与疾病之间的统计规律，确定出经验公式。经验公式的确立主要采用现代统计理论中的判别分析法和数量化理论原理，将 52 种禽病按症状分为 52 个病组。所谓病组就是将具有相同或相似症状的疾病归类，将其主要症状归类为组。用户在诊断时只要根据患畜的主要症状进入相应病组，选取系统提出的一系列症状“有”或“无”，然后点击“诊断”按钮，系统就会按照对所诊断结果的肯定程度做出确诊（确实或正确诊断）、初诊（初步诊断）、疑诊（怀疑诊断）和待诊（待除外诊断）4 种诊断结论。系统对怀疑并发的病症也会进行详细说明，并详细说明诊断的依据和原因，如果由于症状信息不足没有确诊，系统除诊断原因外还会说明为达到确诊应该注意观察的症状。用户如果是位有经验的兽医可以直接按所怀疑的病名进入相应病组，选取相应症状同样可以得出诊断结果。

（一）安装与启动

用户购买的 Mafic 禽病诊断专家系统软件包包括：系统光盘一张、软件加密狗一个、软件使用手册一本、软件登记用户服务卡一张。Mafic 禽病诊断专家系统的安装步骤如下。

第一，关闭计算机。

第二，用螺丝刀将打印机与计算机连接的通信线接头螺丝拧松，取下接头；将加密狗与此计算机通信端口连接，并用螺丝刀将加密狗与计算机连接的螺丝拧紧。注意：必须在插牢后再拧紧螺丝。

第三，将打印机连接计算机的接口与加密狗的接口连接，插牢后，用螺丝刀将打印机接头上的螺丝与加密狗连接，并拧紧。

第四，检查无误后启动计算机，启动 Windows 操作系统。

第五，将 Mafic 禽病诊断专家系统光盘放入光盘驱动器中，双击光盘驱动中的 SETUP. exe 文件后开始安装系统。

第六，按安装程序提示不断点击“下一步”按钮，执行安装过程。安装好系统后，选择“开始”按钮使计算机重新启动，即完成 Mafic 禽病诊断专家系统的安装。

Mafic 禽病诊断专家系统的启动与其他 Windows 系统下的软件一样，在 Windows 系统下点击“开始”按钮，选取“程序”选项组中的“禽病诊断专家系统”程序项，或在相应目录下双击 YBZD 图标，系统就启动了。

（二）疾病诊断

用户进入该系统后，在主菜单上选择“疾病诊断”菜单项进入疾病诊断功能项。此功能项是该系统的核心部分，系统提供两类疾病诊断方法：根据症状诊断疾病和根据怀疑病名诊断疾病。

1. 根据症状诊断疾病

用户在诊断疾病时只要根据患畜的主要症状进入相应病组，选取系统提出的一系列症状“有”或“无”，然后点击“诊断”按钮，系统就会按照对所诊断结果的肯定程度做出确诊（确实或正确诊断）、初诊（初步诊断）、疑诊（怀疑诊断）和待诊（待除外诊断）4 种诊断结论。

例如，某鸡场有几只鸡 2 d 来只喝水不吃食，不愿动，有点跛。诊断记录为：体温 43 ℃，精神不振，羽毛粗乱，肛门被稀粪脏污，腹部和大腿内侧水肿，有破溃、结痂，局部有脱毛。诊断操作步骤如下。

(1)诊断如上病例时可从“疾病诊断”菜单中选择“根据症状诊断疾病”的方法(也可点击相应图标)，进入“根据症状诊断疾病”界面。

(2)点击“下一步”按钮进入“选择病组”界面。此时可按主要症状选取体温升高病组(或进入羽毛粗乱病组、口渴喜饮病组、肛门周围羽毛脏污病组、跛行病组、皮肤有破溃或结痂病组，诊断结果一样)，点击症状分组的树形控件，列表充分展开后主病组前由“+”显示为“−”，然后，点击相应病组名称。

(3)点击“下一步”按钮进入“选择症状”界面。根据症状分别点击“不食，跛行，一般稀粪，喜饮，皮肤破溃有结痂，胸腹和大腿内侧水肿，脱毛，肛门周围羽毛被粪脏污”几个症状，将“有无”栏内变为“√”。

(4)这时右边的症状描述栏内将会出现一系列症状信息，移动鼠标在相应症状信息上单击鼠标左键，就会在相应症状旁边出现“√”的标记，如果不小心错点，再单击一下，“√”的标记就会消失。

(5)选取完症状信息后，点击“下一步”按钮，系统就会出现诊断结果报告。点击“防治措施”按钮后将出现“防治措施”表单，这时点击各单选按钮，可分别看到有关该疾病的概述、流行病学、临床症状、病理变化、诊断鉴别、防治措施等信息。在“防治措施”表单上点击“打印”按钮，可显示出该疾病的“打印预览”界面，这时点击“打印预览”工具栏上的打印图标即可打印出有关该病的全部信息。

(6)在“诊断结果”表单上点击“储存报告”按钮，会出现选择文件名的提示，这时可选取相应目录和文件名，或输入新的文件名，点击“确定”按钮即可储存此诊断结果。该系统储存的文件格式全部为纯文本，用户可在其他文字处理软件中进行编辑、排版和打印。

2. 根据怀疑病名诊断疾病

在上文中采用的是“根据症状诊断疾病”的诊断方法，如果是一位有经验的兽医，可以采用“根据怀疑病名诊断疾病”的诊断方法。例如，在上文中可以根据症状怀疑病鸡所得病为葡萄球菌病，直接按病名进入“葡萄球菌病”病组，点击相应症状，可以得出相同的诊断报告。具体操作步骤和“根据症状诊断疾病”的诊断方法是类似的，这里就不再赘述了。

注意　点击病名分组的树形控件，充分展开后，点击相应病组名称。这时在“症状选择”界面中的症状描述栏内将会出现一系列症状信息，移动鼠标在相应症状信息上单击鼠标左键，就会在相应症状旁边出现“√”的标记，如果您不小心错点，再单击一下，“√”的标记就会消失。

(三)辅助工具

1. 防治措施

在辅助工具菜单上点击“概述”，将出现相关病症表单，这时在疾病名称表格栏内选取疾病名称，然后点击各单选按钮，可分别看到有关该疾病的概述、流行病学、临床症状、病理变化、诊断鉴别、防治措施等信息，点击“打印”按钮可预览或打印有关该病的相关信息，点击“退出”按钮可返回系统主菜单。

2. 症状图谱

在“辅助工具”菜单上点击“症状图谱”，将出现“症状图谱”表单，这时在左侧表格栏内选取相应症状，即可看到有关该症状的图像。

3. 兽药知识

在“辅助工具”菜单上点击“兽医常备药物使用方法”，将出现“兽药知识”表单，这时在左侧表格栏内选取相应药品，即可看到有关该药品的内容注释。

（四）使用 Mafic 禽病诊断专家系统进行禽病诊断的注意事项

Mafic 禽病诊断专家系统能够快速准确地诊断出常见和少见的 52 种禽病，适用于各类人士应用。该系统操作快捷简便，结果准确可靠，给用户提供了灵活多变的诊断方法，使用户可以准确地对病禽做出诊断。但如何更好地应用这套软件系统，最大限度地发挥出它的优势呢？下面将讨论这个问题。

使用该系统诊断禽病，可以概括为：以 5 条原则选病组；进入相应病组后认真选取症状有无；选取症状后点击“诊断”按钮得出诊断结果；依诊断结果点击“防治措施”按钮寻求防治措施。

1. 病组的选择

鸡发病时，必然表现出一些症状。将具有同一种症状的疾病归结在一起，称为病组。症状是多种多样的，不能有一种症状就列出一个病组，因为那样会加大诊断的难度。该系统划分病组遵循 5 条原则，这 5 条原则也是选病组的依据：①主要症状与次要症状，以主要症状选病组；②多数鸡的症状与少数鸡的症状，以多数鸡的症状选病组；③发病中期症状与早晚期症状，以中期症状选病组；④固有症状与偶然症状，以固有症状选病组；⑤特殊症状与一般症状，以特殊症状选病组。

另外，有些病组又分为若干支组，如“羽毛粗乱病组”又分为病毒性疾病、细菌性疾病、寄生虫病和其他疾病 4 个支组。如果是有经验的人，大致就可判断出病鸡所得疾病属于哪种类型，如果判断不准，建议每个支组均试一遍，对比诊断结果，以防漏诊。

另外，对于一种疾病，可能有好几种症状，可分别按不同症状信息进入病组，认真选取症状，对比不同的诊断结果，会得到更准确可靠的诊断结果。一般来讲，只要选取症状合理，选取不同病组后得到的诊断结果是一致的。

2. 症状的选择

初学者使用该系统软件有一个障碍，就是认不准症状。为消除这一障碍，请认真学习后面的“症状判定标准”。对症状，认得准，诊断动物疾病的准确率不会低于 95%。

也可以选取所进病组的全部症状或大部分症状，这时诊断出的结果就会对照提示相似症状的数个疾病，这时可依其提示对病鸡的症状反复对照判断症状有无，从而准确得出诊断结果。

3. 减少误诊的方法

减少误诊有多进病组减少误诊和常进病组减少误诊两种方法。

（1）多进病组减少误诊：病鸡一般会表现出几种症状，为了减少误诊，可再选 2 或 4 个主要症状进病组，进行如上的诊断。这如同乒乓球赛的“三局两胜”或“五局三胜”制。

(2)常进病组减少误诊：鸡一发病就可以进病组诊断，第 2 天或隔 1 d 再进病组进行诊断，因为病初症状很可能不典型。

4. 关于确诊、初诊、疑诊和待诊

由于疾病的症状有消长、盛衰，机体的个体有差异，患畜症状不会全部同时出现，从而给诊断带来困难。

该系统在确诊和初诊后除说明诊断的原因外，还会说明怀疑并发的病症，并说明确诊所需进一步观察的症状。而对于疑诊和待诊，该系统会通过进一步检查、评估来确认诊断。

(五)鸡病症状判定标准

为了能更好地利用 Mafic 禽病诊断专家系统，熟悉鸡病症状判定标准对鸡病的准确诊治是非常关键的，下面给出鸡病症状判定标准的九大方面，便于养殖户能准确描述鸡病的具体症状。

1. 一般检查

(1)营养状况，主要包括以下内容。

营养状况是根据肌肉的丰满程度判定的，可分为营养良好、营养不良，营养中等和恶病质。

营养良好：肌肉丰满，特别是胸部、腿部肌肉轮廓丰圆，骨不显露，被毛光滑。

营养不良：骨骼显露，特别是胸骨轮廓突出呈刀状，被毛粗糙无光。

中等：介于上述两者之间。

恶病质：体重严重损耗，呈皮包骨头状。

(2)发育情况，主要包括以下内容。

正常(或良好)：身高、体重符合品种标准要求，全身各部结构匀称，肌肉结实，健康活泼。

生长缓慢(或不良)：体格发育不良，身体矮小，身高、体重均低于品种标准，表现为虚弱无力，精神差。

消瘦：由营养不良或发病引起的，可分为急剧消瘦(多见于高热性传染病和剧烈腹泻等)和缓慢消瘦(多见于长期饲料不足、营养不足和慢性消耗性疾病等)。

(3)精神状况，主要包括以下内容。

正常：精神活泼，食欲旺盛，具有活力。

沉郁：呆立不动，反应迟钝，无食欲或拒食。

不振(萎靡)：介于正常和沉郁之间。

昏迷：倒地昏迷不醒，意识完全丧失，反射消失。

昏睡：呈沉睡状态，强刺激(如针刺)可能使之觉醒，反应极为迟钝，甚至无意识反应。

兴奋不安：活动性增强，容易惊恐发出尖叫声，乱飞乱跳。

(4)体温情况：由助手或自己把鸡抱住，事先把温度计的水银柱甩到 35 ℃以下，小心地把温度计插入鸡泄殖腔内，固定温度计 3～5 min 后即可。鸡正常体温为 40.5～42 ℃。

(5)热型情况，主要包括以下内容。

按热曲线分型，可分为稽留热、间歇热、弛张热、不定型热。

稽留热：高热持续 3 d 以上或更长；每天的温差在 1 ℃以内。

间歇热：以短的发热期与无热期交替出现为其特点。

弛张热：以体温在一昼夜内变动 1～2 ℃或 2 ℃以上，而又下降到正常体温为其特点。

不定型热：热曲线的波形没有上述 3 种热型规则，发热的持续时间不定，变动也无规律，而且体温的日差有时极其有限，有时则出现巨大的波动。

(6)呼吸次数：检查呼吸次数须在鸡安静状态下进行，观察其胸腹部起伏运动。胸腹壁的一起一伏，即为一次呼吸。鸡正常呼吸次数为每分钟 22～25 次。

(7)脉搏次数：检查脉搏次数须在鸡安静状态下进行，脉搏不便于检查时，可借助心脏听诊的方法来代替。先计算 30 s 的脉搏跳动次数，然后乘以 2，即为 1 min 的脉搏次数。

2. 消化系统检查

(1)采食情况，主要包括以下内容。

采食(吃食)困难：采食时由口角流出涎液，吞咽时摇头、伸颈，表现为吃不进食。

食欲减少(不振)：食量明显减少。

食欲废绝：食欲完全丧失，拒绝采食。

异嗜：采食平常不吃的物质，如煤渣、木片、垫草等。

(2)饮水情况，主要包括以下内容。

饮欲减少：饮水量减少或拒绝饮水。

口渴：饮欲旺盛，饮水量增多。

剧渴：饮水不止，见水即饮。

流涎：从口角流出黏性或白色泡沫样液体。

(3)排粪情况，主要包括以下内容。

减少：排粪次数减少，排粪量也减少，粪便上常覆有多量黏液。

停止：不见排粪。

增加：排粪次数增多，不断排出粥样、液状或水样稀便。

(4)粪便情况，主要包括以下内容。

带色稀薄：粪便呈粥样，有的呈白色，有的呈黄绿色等。

水样：粪便稀如水。

带血：粪便呈褐色或暗红色，或带有鲜红色血液。

带黏液：粪便表面覆有黏液。

带气泡：粪便稀薄并含有气泡。

气味：恶臭、腥臭，有令人非常不快的气味；次于恶臭为稍臭。

(5)口腔情况，主要包括以下内容。

伪膜：口腔黏膜上有干酪样物质。

溃疡：口腔黏膜有损伤并有炎性变化。

舌苔：舌面上有苔样物质。

3. 呼吸系统检查

(1)呼吸节律，主要包括以下内容。

浅表：呼吸浅而快。

促迫：呼吸加快，并出现呼吸困难。

加深：呼吸深而长，并出现呼气延长、吸气延长或断续性呼吸。呼气延长即呼气时间长；吸气延长即吸气时间长；断续性呼吸即在呼气和吸气过程中出现多次短的间断。

吸气性呼吸困难：呼吸时，吸气用力，时间延长，常听到类似口哨声的狭窄音。

呼气性呼吸困难：呼吸时，呼气用力，时间延长，在肋骨与肋软骨的结合处形成一条喘沟（又称喘线）。

混合性呼吸困难：在吸气和呼气时几乎表现出同等程度的困难，常伴有呼吸次数增加。

(2)呼吸方式，主要包括以下内容。

腹式呼吸：腹壁运动较胸壁运动明显。

胸式呼吸：胸壁运动较腹壁运动明显。

(3)咳嗽：是一种保护性反射动作，能将积聚在呼吸道内的炎性产物和异物（痰、尘埃、细菌等）排出体外，主要包括以下情况。

干咳：咳嗽的声音干而短，是呼吸道内无渗出液或有少量黏稠渗出液时所发生的咳嗽。

湿咳：咳嗽的声音湿而长，是呼吸道内有大量稀薄渗出液时所发生的咳嗽。

单咳：单声咳嗽。

连咳（频咳）：连续性地咳嗽。

痛咳：咳嗽的声音短而弱，咳嗽时伸颈摇头，有疼痛反应。

痰咳：咳嗽时咳出黏液。

(4)肺部听诊情况，主要包括以下内容。

干啰音：类似笛声、哨声或鼾声，呼气与吸气时都能听到。

湿啰音（水泡音）：类似含漱、沸腾或水泡破裂的声音。

(5)口鼻分泌物情况，主要包括以下内容。

浆液性物：为无色透明水样。

黏性物：为灰白色半透明的黏液。

脓性物：为灰白色或黄白色不透明的脓性黏液。

泡沫物：口鼻分泌物中含有泡沫。

带血物：口鼻分泌物呈红色或含血。

4.头部检查

(1)冠、髯情况，主要包括以下内容。

正常：大小正常，呈粉红色。

苍白：颜色变淡，呈灰白色、黄白色，有时呈瓷白色。

潮红：颜色加深，呈深红色或暗红色。

发绀：颜色呈蓝紫色。

肿胀：冠的全部或部分肿胀，髯的单侧或两侧潮红充盈，体积增大并有一定硬度，触之会感到发热。

萎缩：与肿胀相反，冠、髯色淡、松软，体积缩小，边缘常有坏死。

(2)眼部情况，主要包括以下内容。

①可视黏膜（含结膜）出血情况如下。

出血点：黏膜呈点状出血。

出血斑：黏膜呈块状出血。

②眼睑肿胀：单侧或双侧眼睑充盈变厚、突出，上、下眼睑闭合不易张开，结膜潮红，可能有分泌物。

③眼分泌物：可分为浆性、黏性和脓性，具体情况如下。

浆性：眼角内流出浆液性液体，呈无色透明水样。

黏性：眼角内流出灰白色半透明的黏液。

脓性：眼角内流出灰白色或黄白色不透明的脓液。

④瞳孔：分为正常、散大、缩小 3 种情况。检查瞳孔时，由助手用两手拇指将其上、下眼睑打开，术者用电筒照射瞳孔进行观察。

⑤眼盲：单侧或两侧视力极弱或完全失明，对眼前刺激无反应。眼盲往往伴有某些病变。

(3)头部肿胀情况：头的局部或全部体积增大，知觉减退，触之有的有热痛，有的冷而坚实，有的有波动感。

5.运动系统检查

(1)跛行情况：是指患肢提举困难或落地负重时出现异常或功能障碍的情况。

(2)步态情况，主要包括以下内容。

不稳：指站立或行走期间姿势不稳。

蹒跚：运步不稳，摇晃不定，方向不准。

失调：站立时，头部摇晃，躯体偏斜，容易跌倒；运步时，步样不稳，肢高抬，着地用力，如涉水状动作。

(3)翅、腿麻痹情况：翅、腿部肌肉和肌腱的运动功能减退或丧失。翅表现为弛缓无力，丧失保持自动收缩和伸展的能力。运步时患腿出现关节过度伸展、屈曲或偏斜等异常表现，腿局部或全部知觉迟钝或丧失，针刺痛觉减弱或消失，肌腱反射减退等，并出现肌肉萎缩现象。

(4)卧地情况，主要包括以下内容。

不愿站：能站，但不愿意站，强行驱赶时能短时间站立，表现为站立时间短。

不能站：想站而站不起来，强行驱赶时也站不起来，用人扶起仍不能站立。

(5)肿胀情况，主要是观察关节的肿胀情况：关节局部增大，有的触之有热痛，强迫运动时有疼痛反应，站立时关节屈曲，运动时出现跛行。

6.皮毛检查

(1)羽毛情况，主要包括以下内容。

正常：羽毛平滑、干净、有光泽、生长牢固。

粗糙无光：羽毛粗乱，蓬松、逆立，带有污物，缺乏光泽。

易脱：非换羽期大片或成块脱毛。

(2)皮肤情况，主要包括以下内容。

水疱：多在无毛皮肤处长出内含透明液体的小疱，因内容物性质不同，可呈淡黄色、淡红色或褐色。

出血斑(点)：是弥散性皮肤充血和出血的结果，表现为皮肤上有大小不等、形状不整的红色、暗红色、紫色斑(点)，指压褪色者为充血，不褪色者为出血。

痂皮：皮肤变厚、变硬，触之坚实，局部知觉迟钝。

发痒：患部脱毛、皮厚，啄咬或摩擦患部，有时会引起出血。

7. 肌肉和神经系统检查

(1)肌肉反应，主要包括以下内容。

痉挛(抽搐)：肌肉急剧收缩。强直性痉挛，即持续性痉挛。

震颤：肌肉连续性且是小的阵挛性迅速收缩。

麻痹：骨骼肌运动障碍，即发生麻痹，表现为知觉迟钝或丧失，如针刺感消失，出现肌肉萎缩。

角弓反张：由于肌肉痉挛性收缩，致使动物头向后仰，四肢伸直，呈鹿颈样。

(2)神经反应，主要包括以下内容。

正常：动作敏锐，反应灵活。

迟钝：低头，眼半闭，不注意周围事物。

敏感：对轻微的刺激即表现出强烈的反应。

癫痫：脑病症状之一，突然发作的暂时性大脑功能紊乱，表现为意识丧失和抽动。

意识障碍：是指视力减退且流涎，对外界刺激无反应等精神异常。

圆圈运动：按一定方向做圆圈运动，圆圈的直径不变或逐渐缩小。

叫声异常：是指动物发出不正常的声音，如刺耳的沙哑声、响亮而高亢的尖叫声等。

应激：由机体受不利因素刺激引起的应答性反应。

8. 流行病学调查

(1)病情，主要包括以下内容。

已病时间：是指从动物发病至就诊的这段时间。

病程：是指从动物发病至痊愈或死亡的这段时间。

发病率：疫情调查时用于统计疫病在动物中的散播程度，用百分数表示。鸡的发病率计算公式如下。

$$发病率=(发病鸡数 \div 同群鸡总数) \times 100\%$$

死亡率：用百分数表示。鸡的死亡率计算公式如下。

$$死亡率=(死亡鸡数 \div 同群鸡总数) \times 100\%$$

(2)直接死亡原因(方式)，主要包括以下内容。

衰竭而死：是指心肺功能不全，致使心肺衰弱而引起的死亡。

抽搐而死：是指大脑皮质受刺激，致使过度兴奋而引起的死亡，表现为痉挛。

窒息而死：是指呼吸中枢衰竭，致使呼吸停止而引起的死亡。

昏迷而死：是指病鸡倒地，昏迷不醒，意识完全丧失，反射消失，心肺功能失常，而引起的死亡。

败血而死：是指感染病毒、细菌，致使机体严重的全身性中毒而引起的死亡。

突然而死：死前未见任何症状，突然死去。

(3)流行方式，主要包括以下内容。

个别发生：在鸡群中长时间内只有个别发病。

散发：发病数量不多，在一个较长的时间内，只有零星的个体发病。

暴发：是指在一个局部地区或集体单位内，在较短时间内突然发生很多病例。

地方流行：发病数量较多，但传播范围不广，常局限于一定区域内。

大流行：发病数量很大，传播范围很广，可传播一国或数个国家甚至全球。

9. 其他检查

虚脱：由于血管张力（原发性的）突然降低或心脏功能的急剧减弱，引起机体一切功能迅速降低。

坏死：机体内局部细胞、组织的死亡。

坏疽：坏死加腐败。

溃疡：坏死组织脱落后，在局部留下一较大且深的创面。

糜烂：坏死组织脱落后，在局部留下较小且浅的创面。

炎症：红肿热痛、功能障碍。如卡他性炎症，是以黏液渗出和黏膜上皮细胞变性为主的炎症；纤维素性炎症，是以纤维蛋白渗出为主的炎症。

二、猪病诊断专家系统

猪病诊断专家系统主要诊断原理是以难以收集的大量资料为依据，找出症状与疾病之间的统计规律，确定出经验公式。经验公式的确立主要采用现代统计理论中的判别分析法和数量化理论原理，将127种猪病按症状分为85个病组，用户在诊断时只要根据患畜的主要症状进入相应病组，选取系统提出的一系列症状“有”或“无”，点击“诊断”按钮后，系统就会按对诊断结果的肯定程度做出确诊（确实或正确诊断）、初诊（初步诊断）、疑诊（怀疑诊断）和待诊（待除外诊断）4种诊断结论，对怀疑并发的病症也会进行详细说明，并详细说明诊断的依据和原因，如果是由于症状信息不足没有确诊，系统除诊断原因外还会说明为达到确诊应该注意观察的症状。用户如果是位有经验的兽医可以起直接按所怀疑的病名进入相应病组，点击相应症状同样可以得出诊断结果。

猪病诊断专家系统能够快速准确地诊断出常见和少见的多种猪病，适用于各类人士应用，它操作快捷简便，结果准确可靠，给用户提供了灵活多变的诊断方法，使用户可以准确地对病猪做出诊断结果。

使用该系统诊断猪病，可以概括为：以5条原则选病组；进入相应病组后认真选取症状有无；选取症状后点击“诊断”按钮得出诊断结果；依据诊断结果点击“防治措施”按钮寻求防治措施。

猪发病时，必然表现出一些症状。将具有同一种症状的疾病归结在一起，称为病组。症状是多种多样的，不能有一种症状就列出一个病组，因为那样会加大诊断的难度。该系统划分病组遵循5条原则，这5条原则也是选病组的依据：①主要症状与次要症状，以主要症状选病组；②多数猪的症状与少数猪的症状，以多数猪的症状选病组；③发病中期症状与早晚期症状，以中期症状选病组；④固有症状与偶然症状，以固有症状选病组；⑤特殊症状与一般症状，以特殊症状选病组。

另外，有些病组又分为若干支组，如“腹泻病组”又分为常见传染病、少见传染病、非传染病3个支组，如果有经验，大致就可判断出病猪所得疾病属于哪种类型，如果判断不准，建议将每个支组均试一遍，对比诊断结果，以防漏诊。

病组的选取可点击症状分组的树形控件，充分展开，待主病组前的“＋”显示为“－”后，点击相应病组名称，（注意：一定要点击病组前图标为“”的病组才有效，而病组前图标为“”或“”时，说明下面还有分病组，这时一定要点击使其充分展开）这时右边的症状描述栏内将会出现一系列症状信息，移动鼠标在相应症状信息上单击鼠标左键，就会在相应症状旁边出现“√”的标记，如果不小心错点，再单击一下，“√”的标记就会消失。

另外对于一种疾病，可能有好几种症状，可分别按不同症状信息进入病组，认真选取症状，对比不同的诊断结果后，会得到更准确可靠的诊断结果。一般来讲，只要选取症状合理，选取不同病组后最终得到的诊断结果就会是一致的。

猪病诊断专家系统采用现代计量医学的研究成果，应用概率统计的方法，如最大似然法、逐步判别法和聚类分析法等，根据猪病临床诊断的大量样本、专家经验和书本知识对疾病信息和症状信息进行分值计量定义，找出症状与疾病之间的统计规律，确定出经验公式，然后根据对这些症状信息的统计处理得出诊断结果。它的主要特点：一是简单易学，便于使用。非专业人员无须专门培训，只要移动鼠标即可为猪进行疾病诊断和治疗，并且诊断准确率高达 95％以上。而专业人员利用该软件能大幅度提高诊断准确率。二是诊断准确率高，速度快，具有很强的实用性、科学性、先进性和实用性。该专家系统不仅适用于各类养猪场和兽医诊疗部门进行临床诊断，也适用于各饲料厂、兽药厂、饲料兽药经销商进行售后服务。因此，猪病诊断专家系统的推广必将大大提高基层兽医的临床诊断水平，产生较大的社会效益和经济效益，为畜牧业生产提供强有力的保障。

（一）安装与启动

用户购买的猪病诊断专家系统软件包包括：系统光盘一张，软件加密狗一个，软件使用手册一本。其安装步骤如下。

第一，该专家系统的安装非常简单方便，只要打开电脑，将软件光盘放入光驱中，就可自动启动安装程序；用户按照安装程序提示依次点击“下一步”按钮，执行安装过程，直到安装“完成”；如果电脑光驱没有自动启动安装程序，请双击“我的电脑”图标，再双击光盘驱动器图标，在显示出 SETUP. exe 文件图标后，双击此图标；也可在 Windows 系统下点击“开始”按钮，再点击“运行”按钮，运行光盘上的 SETUP. exe 文件，执行安装过程同上，直到全部安装完毕。

第二，取出该专家系统软件包装中的软件加密狗，连接在计算机的相应接口上，注意要拧紧或插牢。该专家系统有两种软件加密狗：一种是插在打印机端口上的并口加密狗，另一种是插在 USB 端口上的 USB 加密狗。

第三，该专家系统的启动方法与其他 Windows 系统下的软件一样，双击桌面上的“猪病诊断专家系统”图标，系统就启动了；或在 Windows 系统下点击“开始”按钮，选取“程序”选项组中的“猪病诊断专家系统”程序项，系统同样会启动。系统启动后先出现登录界面，输入正确的用户名和密码后，出现主界面。

该专家系统的主界面非常友好，就像常见的 Office 办公软件一样，上面有一排主菜单栏，包括文件、病历管理、疾病诊断、辅助工具、系统管理、视图、窗口和帮助，紧接着是一排常用工具栏，包括病历管理、多症状法、主要症状、怀疑病名、疾病详情、症状图谱、猪病视频、帮助和退出。

(二)猪病诊断实例

下面介绍使用该专家系统进行猪病诊断的实例。

1.根据多症状组合诊断法诊断猪病的实例

【实例】假设有一窝仔猪,2周龄,刚开始观察到的病症是:吃奶减少或不吃,消瘦,怕冷而聚集一起,排白色糊状稀粪且有腥臭味。其患病比例大于10%,死亡率小于5%,体温变化不明显,刚开始也没有做病理解剖观察。现在我们就利用该专家系统的多症状组合诊断法进行诊断,操作步骤如下。

步骤一:进入该专家系统后,点击“疾病诊断”菜单,然后点击“多症状组合诊断法”或直接在常用工具栏内点击“多症状法”,都可进入“多症状组合诊断法”窗口。

步骤二:在“多症状组合诊断法”窗口中,首先选择相应的发病日龄、患病比例、死亡率和体温变化,然后点击左下方的“常见易发症状”按钮,在中间待选症状中找到“采食减少或不食”双击或先点击选中,再点击“选取”按钮,都能完成选取操作。消瘦,怕冷而聚集一起,排白色糊状稀粪且有腥臭味症状用同样的选取方法。对于大部分症状,该专家系统还配有图谱,并通过右上方小窗口显示出来,选出的症状会显示在已选症状窗口中。

步骤三:在“多症状组合诊断法”窗口中,点击“诊断”按钮,该专家系统就会给出诊断结果。从诊断结果中可以看出,猪患仔猪白痢的概率为62%,患猪球虫病的概率为34%,患猪皮炎的概率为32%,患猪食管口线虫病的概率为30%,患猪胃线虫病的概率为29%。

步骤四:该专家系统会在猪可能患的疾病后面提示“为达到确诊,请您再注意观察有无以下症状”。假设我们发现病猪还有精神沉郁、嗜睡和寒战症状,在窗口中再选中相应症状,选中后相应症状前面会出现“√”的标记,字体颜色也会变浅。点击“再次诊断”按钮,该专家系统就会执行再次诊断并给出诊断结果。从诊断结果中可以看出,猪患仔猪白痢的概率为74%,患猪球虫病的概率为34%,患猪皮炎的概率为32%,患猪食管口线虫病的概率为30%,患猪胃线虫病的概率为29%。

步骤五:执行再次诊断后,从诊断结果中可以看出,猪患仔猪白痢的概率已为74%,可以初步断定猪患了仔猪白痢。如果对病理解剖也熟悉的话,可以解剖几只刚死亡或病情严重的猪来观察一下它们的典型病理变化。假如经过解剖几只病猪发现它们的胃内有奶和凝乳块,肠内充盈气体,在窗口中再选中该症状,同样执行再次诊断,该专家系统就会执行第3次诊断并给出诊断结果。从诊断结果中可以看出,猪患仔猪白痢的概率为95%,这时基本上可以断定猪群患了仔猪白痢。

步骤六:在第3次诊断结果窗口中点击“防治措施”按钮,该专家系统就会弹出仔猪白痢的防治措施。在该窗口中还可以查看“疾病描述”和“症状图谱”,还可以通过左下方“保存到病历库”“页面设置”“打印预览”和“关闭”按钮执行相应操作。

2.根据主要症状诊断法诊断猪病的实例

【实例】假设有一群青年母猪,观察到主要症状是:耳部、体表皮肤呈蓝紫色,此外还有不吃食、腹泻、呼吸困难、眼睑水肿、打喷嚏等。下面根据主要症状诊断法来诊断该猪病,操作步骤如下。

步骤一:进入该专家系统后,点击“疾病诊断”菜单,然后点击“根据主要症状诊断法”或直接在常用工具栏内点击“主要症状”，都可进入“主要症状诊断法”窗口。

步骤二：在“主要症状诊断法”窗口中，点击左边症状分组中的“皮肤身体症状”按钮，在中间“请选择主要症状”列表中找到“耳部、体表皮肤呈蓝紫色”并点击，则在右边“请选择相关症状”窗口中会显示与主要症状相关的症状列表，此时选中“母猪、青年母猪、公猪”“吃食减少或不食”“眼睑水肿”“呼吸困难”“喷嚏”“一般腹泻”症状，选中后相应症状前面会出现“ √ ”的标记。

步骤三：在“主要症状诊断法”窗口中，点击“诊断”按钮，该专家系统就会给出诊断结果。从诊断结果中可以看出，猪患繁殖和呼吸障碍综合征的概率为36％，猪患产褥热的概率为27％，猪患结肠小袋虫病的概率为17％，猪患鼻炎的概率为17％，猪患感冒的概率为16％。

步骤四：同多症状组合诊断法一样，该专家系统会在猪可能患的疾病后面提示“为达到确诊，请您再注意观察有无以下症状”，可以根据实际情况进行操作，在此不再重复。

步骤五：在“诊断结果”窗口中点击“防治措施”按钮，该专家系统就会给出猪繁殖和呼吸障碍综合征等的防治措施。在该窗口中还可以查看“疾病描述”和“症状图谱”，还可以通过左下方“保存到病历库”“页面设置”“打印预览”和“关闭”按钮执行相应操作。

3. 根据怀疑病名诊断法诊断猪病的实例

【实例】假设有一育肥猪群，只有个别几只出现咳嗽、打喷嚏、流鼻液症状，触诊猪体耳尖、蹄部等发现身体末梢发凉，猪没有死亡。依据经验判断猪可能是患了感冒，那么就可以根据怀疑病名诊断法验证和重新诊断猪所患疾病。

步骤一：进入该专家系统后，点击“疾病诊断”菜单，然后点击“根据怀疑病名诊断法”或直接在常用工具栏内点击“怀疑病名”，都可进入“怀疑病名诊断法”窗口。

步骤二：在“怀疑病名诊断法”窗口中，点击左边疾病分组中的“猪的内科病”按钮，在中间“请选择怀疑病名”列表中找到“猪感冒”并点击，则在右边“请选择相关症状”窗口中会显示与该病相关的症状列表，选中 “生长、育肥猪发病”“患病比例小于10％”“死亡率上升小于5％”“耳尖、蹄部等身体末梢发凉”“咳嗽”“喷嚏”“流鼻液”症状，选中时相应症状前面复选框中会出现“ √ ”的标记。

步骤三：在“怀疑病名诊断法”窗口中，点击“诊断”按钮，该专家系统就会给出诊断结果。从诊断结果中可以看出，猪患感冒的概率为56％。因此可以初步断定猪患了感冒。

步骤四：在“诊断结果”窗口中点击“防治措施”按钮，该专家系统就会给出猪感冒的防治措施。在该窗口中还可以查看“疾病描述”和“症状图谱”，还可以通过左下方“保存到病历库”“页面设置”“打印预览”和“关闭”按钮执行相应操作。同多症状组合诊断法一样，该专家系统会在猪可能所患疾病的后面提示“为达到确诊，请您再注意观察有无以下症状”，可以根据实际情况进行操作，在此不再重复。

注意　初学者使用猪病诊断专家系统软件时会有一个障碍，就是认不准症状。为消除这一障碍，需认真学习后面的“症状判定标准”。对症状，认得准，诊断动物疾病的准确率不会低于95％。也可以选取所进入病组的全部症状或大部分症状，这时诊断出的结果就会对照提示相似症状的数个疾病，这时可依其提示对病猪的症状反复对照判断症状有无，从而准确得出诊断结果。

(三)减少误诊的方法

减少误诊有以下两种方法。

(1)多进病组减少误诊:病猪一般会表现出多种症状,为了减少误诊,可再选 2 个或 4 个主要症状进病组,进行如上的诊断。这如同乒乓球赛的"三局两胜"或"五局三胜"制。

(2)常进病组减少误诊:猪一发病就可以进病组诊断,第 2 天或隔 1 d 再进病组进行诊断,因为患病初期症状很可能不典型。

(四)关于确诊、初诊、疑诊和待诊

由于疾病的症状有消长、盛衰,机体的个体有差异,患畜症状不会全部同时出现,从而给诊断带来困难。医学和兽医学均把诊断的准确程度分为四级:确诊(确实或正确诊断),初诊(初步诊断)、疑诊(怀疑诊断)和待诊(待除外诊断),从而表明对诊断结果的肯定程度。

该系统在确诊和初诊后除说明诊断的原因外,还会说明怀疑并发的病症,并说明确诊所需进一步观察的症状。而对于疑诊和待诊,该系统会说明诊断的原因和确诊所需进一步观察的症状。

(五)猪病症状判定标准

1. 一般检查

(1)营养状况,主要包括以下内容。

猪的营养状况与机体的代谢功能和饲养管理关系密切。

良好:被毛有光泽,皮肤致密有弹性,精神旺盛,身体结构匀称,能呈现本品种的用途特征。

不良:被毛粗乱,皮肤干燥松弛,消瘦,骨骼轮廓多棱角。

中等:介于上述两者之间。

恶病质:体重严重损耗,呈皮包骨头状。

(2)发育情况,主要包括以下内容。

正常(或良好):身高、体重符合品种标准要求,全身各部结构匀称,肌肉结实,健康活泼。

生长缓慢(或不良):体格发育不良,身体矮小,身高、体重均低于品种标准,表现为虚弱无力,精神差。

消瘦:由营养不良或发病引起的,可分为急剧消瘦(多见于高热性传染病和剧烈腹泻等)和缓慢消瘦(多见于长期饲料不足、营养不足和慢性消耗性疾病等)。

(3)精神状况,主要包括以下内容。

正常:精神活泼,尾巴上翘,具有活力。

沉郁:呆立不动,反应迟钝,无食欲或拒食。

不振(萎靡):介于正常和沉郁之间。

昏迷:倒地昏迷不醒,意识完全丧失,反射消失。

昏睡:呈沉睡状态,强刺激(如针刺)可能使之觉醒,反应极为迟钝,甚至无意识反应。

兴奋不安:活动性增强,容易惊恐。

狂暴:狂奔乱走,呈不可遏制地向前暴进或后退,有时会攻击人畜。

(4)体温情况,主要包括以下内容。

给性情温顺的猪测温时,可先用手轻搔其背,使之安静站立或躺卧后,一手提尾,一手将体

温计插入直肠内；给性情暴烈的猪测温时，要特别小心，宜先用鼻捻子扭住其上颌部，妥加保定后再行测温；给仔猪测温时，可将它按倒在地上，或将它赶至墙角处，拉起尾巴进行测温。

(5)热型情况，主要包括以下内容。

按热曲线分型，可分为稽留热、间歇热、弛张热、不定型热。

稽留热：高热持续 3 d 以上或更长；每天的温差在 1 ℃以内。

间歇热：以短的发热期与无热期交替出现为其特点。

弛张热：以体温在一昼夜内变动 1～2 ℃或 2 ℃以上，而又下降到正常体温为其特点。

不定型热：热曲线的波形没有上述 3 种热型规则，发热的持续时间不定，变动也无规律，而且体温的日差有时极其有限，有时则出现巨大的波动。

(6)呼吸次数：检查呼吸次数须在猪安静状态下或适当休息后进行。最好站在猪胸部的前侧方或腹部的后侧方一定距离处，观察它不负重时后肢同侧的胸腹部起伏运动。胸腹壁的一起一伏，即是一次呼吸。

(7)脉搏次数：检查脉搏次数须在猪安静状态下进行，脉搏不便于检查时，可借助心脏听诊的方法来代替。先计算 30s 的脉搏跳动次数，然后乘以 2，即为 1min 的脉搏次数。

2.消化系统检查

(1)采食情况，主要包括以下内容。

采食(吃食)困难：采食时由口角流出涎液，表现为吃不进食。

咀嚼困难：咀嚼缓慢，或咀嚼中突然张口。

吞咽困难：吞咽时摇头、伸颈、咳嗽或由鼻孔逆流出混有饲料残渣的唾液。

食欲减少(不振)：食量明显减少或在喂食不久即退缩，离开食槽。

食欲废绝：食欲完全丧失，拒绝采食。

异嗜：采食平常不吃的物质，如煤渣、木片、垫草等。

呕吐：由口或鼻不自主地排出大量胃内容物。

(2)饮水情况，主要包括以下内容。

饮欲减少：饮水量减少或拒绝饮水。

口渴：饮欲旺盛，饮水量增多。

剧渴：饮水不止，见水即饮。

流涎：从口角流出黏性或白色泡沫样液体。

(3)排粪情况，主要包括以下内容。

减少：排粪次数减少，排粪量也减少，临床上称为排粪迟滞，此时粪球干硬，常覆有多量黏液。

停止：不见排粪，时常有腹痛症状。

增加：排粪次数增多，不断排出粥样、液状或水样稀便。

失禁：病猪未取排粪姿势而不自主地排出粪便。

里急后重：不断取排粪姿势，但很少有粪便排出。

腹痛：不安，时常回顾腹部或起卧。

(4)粪便情况，主要包括以下内容。

干燥：粪便干燥，很少见有水分，排粪量极少。

干硬：排粪成球，无水分，粪便量极少，粪便如羊粪球。

稀薄：粪便呈粥状。

水样：粪便稀如水。

带血：粪便呈褐色或暗红色，或带有鲜红色血液。

带黏液：粪便表面覆有黏液。

带气泡：粪便稀薄并含有气泡。

含未消化饲料：排出未变形的饲料。

气味：恶臭、腥臭，有令人非常不快的气味；次于恶臭为稍臭。

(5)腹围情况，主要包括以下内容。

增大：腹部两侧膨大。

下垂：腹部下端膨大。

蜷缩：腹部变小。

(6)肠音情况，主要包括以下内容。

正常：在腹部两侧可听到长而清的流水音。

增强：肠音高朗，连绵不断。

减弱：次数稀少，肠音短促微弱。

沉衰：偶尔可以听到肠音且声音很弱。

消失：肠音完全停止，听不到肠音。

(7)口腔情况，主要包括以下内容。

水疱：大至豌豆大，内含透明浆液性液体。

疹块：口腔黏膜有红斑。

溃疡：口腔黏膜有损伤并有炎性变化。

舌苔：舌面上有苔样物质。

3. 呼吸系统检查

(1)呼吸节律，主要包括以下内容。

浅表：呼吸浅而快。

促迫：呼吸加快，并出现呼吸困难。

加深：呼吸深而长，并出现呼气延长、吸气延长或断续性呼吸。呼气延长即呼气时间长；吸气延长即吸气时间长；断续性呼吸即在呼气和吸气过程中出现多次短的间断。

吸气性呼吸困难：呼吸时，吸气用力，时间延长，常听到类似口哨声的狭窄音。

呼气性呼吸困难：呼吸时，呼气用力，时间延长，在肋骨与肋软骨的结合处形成一条喘沟(又称喘线)。

混合性呼吸困难：在吸气和呼气时几乎表现出同等程度的困难，常伴有呼吸次数增加。

(2)呼吸方式，主要包括以下内容。

腹式呼吸：腹壁运动较胸壁运动明显。

胸式呼吸：胸壁运动较腹壁运动明显。

(3)咳嗽：是一种保护性反射动作，能将积聚在呼吸道内的炎性产物和异物(痰、尘埃、细菌等)排出体外，主要包括以下情况。

干咳：咳嗽的声音干而短，是呼吸道内无渗出液或有少量黏稠渗出液时所发生的咳嗽。

湿咳：咳嗽的声音湿而长，是呼吸道内有大量稀薄渗出液时所发生的咳嗽。

单咳:单声咳嗽。

连咳(频咳):连续性地咳嗽。

痛咳:咳嗽的声音短而弱,咳嗽时伸颈摇头,有疼痛反应。

痰咳:咳嗽时咳出黏液。

(4)肺部听诊,主要包括以下内容。

肺泡音增强:听诊区能听到粗粝的“夫夫”音。

肺泡音减弱:听诊区仅能听到很弱的肺泡音。

肺泡音消失:听不到肺泡音。

干啰音:类似笛声、哨声或鼾声,呼气与吸气时都能听到。

湿啰音(水泡音):类似含漱、沸腾或水泡破裂的声音。

(5)鼻盘情况,主要包括以下内容。

湿润:拱嘴湿润或有水珠。

干燥:拱嘴不湿润,无水珠。

皲裂:鼻盘干而有裂纹。

(6)鼻涕情况,主要包括以下内容。

清涕:为浆液性鼻液,无色透明水样。

黏稠涕:为灰白色半透明的黏液。

脓涕:为灰白色或黄白色不透明的黏液(含脓)。

泡沫涕:鼻涕中含有泡沫。

带血涕:鼻涕呈红色或含血。

4.眼和循环系统检查

(1)眼部情况,主要包括以下内容。

①可视黏膜(含结膜)色泽:检查猪可视黏膜(含结膜)时,应用两手的拇指打开其上、下眼睑,进行检查,具体情况如下。

黄染:黏膜呈不同程度的黄色。

发绀:黏膜呈蓝紫色。

发红:黏膜呈红或暗红色。

②可视黏膜(含结膜)出血情况如下。

出血点:黏膜呈点状出血。

出血斑:黏膜呈块状出血。

③眼分泌物:可分为浆性、黏性和脓性,具体情况如下。

浆性:眼角内流出浆液性液体,呈无色透明水样。

黏性:眼角内流出灰白色半透明的黏液。

脓性:眼角内流出灰白色或黄白色不透明的脓液。

④瞳孔:分为正常、散大、缩小3种情况。检查瞳孔时,由助手用两手拇指将其上、下眼睑打开,术者用电筒照射瞳孔进行观察。

(2)循环系统情况,主要包括以下内容。

梗死:由于某动脉闭塞,血流供应停止,局部组织缺血,而发生坏死。

心力衰竭:由于心肌收缩力降低,心搏出量减少,导致动脉压降低,静脉血回流受阻。

5.泌尿生殖系统检查

(1)排尿情况,主要包括以下内容。

增加,分两种情况:①排尿次数增加,每次排尿量不减少,是肾小球过滤功能增强或肾小管重吸收能力减弱的结果;②排尿次数增多,每次排尿量不多甚至减少,称为尿频。

减少:排尿次数减少,尿量也减少,称为少尿或无尿。

淋漓:尿液不断,呈点滴状排出。

尿闭:膀胱内无尿,即使插入导尿管也无尿液流出。

失禁:未取正常排尿姿势,即不自主地排出尿液。

困难:排尿时表现不安、呻吟,回顾腹部,摇尾或排尿后仍长时间保持排尿姿势。

(2)尿液情况,主要包括以下内容。

黏稠:尿液混浊,混有黏液。

清亮:尿液澄清透明。

色泽正常:尿液一般为黄色。

色泽发红:尿液中混有血液、血红蛋白或肌红蛋白。

尿液有血球:尿液呈混浊红色。

Hb(血红蛋白)尿:尿液呈透明红色。

(3)产仔情况,主要包括以下内容。

正常:足月分娩。

流产:不足月排出胎儿,胎儿多不能成活。

难产:胎儿产出过程延迟或受阻。

不妊:由于生殖功能异常或疾病或其他原因所引起的暂时性或永久性不能繁殖。

(4)性周期情况,主要包括以下内容。

正常:平均为21 d(一般为18～22 d)。

延长:超过22 d。

缩短:不足18 d。

猪的初情期:3～7月龄。

6.运动系统检查

(1)跛行情况,主要包括以下内容。

①跛行分支跛、运跛、混合跛等多种情况。

支跛:患肢在落地负重时出现异常状态,表现为后方短步和支柱期明显缩短。

运跛:患肢在悬垂期提举伸扬不充分,表现为运步缓慢,患肢抬不高、迈不远和前方短步。

混合跛:在运步中患肢提举伸扬及支柱负重时均出现功能障碍。

②跛行分轻度、中度和重度3种程度。

轻度:患肢能全蹄着地,跛行极不明显,只有在快步或在其他特定条件下,跛行才出现。

中度:患肢不能全蹄着地,仅以蹄尖接地,跛行较明显。

重度:患肢几乎不能负重或保持悬垂状态,呈三脚跳跃或拖曳状。

(2)步态情况,主要包括以下内容。

不稳:指站立期间姿势不稳,如两前肢或两后肢频频交换负重或做出排尿姿势,但无尿液排出。

蹒跚:运步不稳,摇晃不定,方向不准。

失调:站立时,头部摇晃,躯体偏斜,容易跌倒;运步时,步样不稳,四肢高抬,着地用力,如涉水状动作。

(3)麻痹情况,主要包括以下内容。

后肢麻痹:后肢的肌肉和肌腱的运动功能减退或丧失,表现为迟缓无力,丧失固定肢体和自动收缩能力。运步时,患肢出现关节过度伸展、屈曲或偏斜等异常表现,局部知觉迟钝或丧失,针刺痛觉减弱或消失,肌腱反射减退等,并出现肌肉萎缩现象。

前肢麻痹:症状与后肢麻痹相同。

四肢麻痹:四肢的肌肉和肌腱的运动功能减退或丧失,卧地不起,局部知觉迟钝或丧失,针刺痛觉减弱或消失,并出现肌肉萎缩。

(4)卧地情况,主要包括以下内容。

不愿站:能站,但不愿意站,强行驱赶时能短时间站立,表现为站立时间短。

不能站:想站而站不起来,强行驱赶时也站不起来,用人扶起仍不能站立。

(5)肿胀情况,主要包括以下内容。

头肿、下颌肿胀:局部肿胀,知觉减退,触之有的有热痛,有的冷而坚实,有的有波动感,有的有捻发音。

关节(四肢)肿胀:关节局部增大,有的触之有热痛,被动运动时有疼痛反应,站立时关节屈曲,运动时出现跛行。

7.皮毛检查

(1)被毛情况,主要包括以下内容。

正常:被毛平滑、有光泽、生长牢固。

粗糙无光:被毛粗糙蓬松、缺乏光泽。

易脱:非换毛期点状或块状脱毛。

(2)皮肤情况,主要包括以下内容。

水疱:多在无毛皮肤处长出内含透明液体的小疱,因内容物性质不同,可呈淡黄色、淡红色或褐色。

红斑:是弥散性皮肤充血和出血的结果,表现为皮肤上有大小不等、形状不整的红色斑块,指压褪色者为充血,不褪色者为出血。

痂皮:皮肤变厚、变硬,触之坚实,局部知觉迟钝。

发痒:患部脱毛,皮厚,啃咬或摩擦患部。

剧痒:患部脱毛,皮厚,用力地啃咬或摩擦患部,甚至出血。

皮温:可用手掌或手背,判定皮温分布的均匀性。

皮肤出血:皮肤上呈现密集的出血性小点状红疹,用手指压迫,呈红色且不褪色。

8.肌肉和神经系统检查

(1)肌肉反应,主要包括以下内容。

痉挛(抽搐):肌肉急剧收缩。强直性痉挛,即持续性痉挛。

震颤:肌肉连续性且是小的阵挛性迅速收缩。

麻痹：骨骼肌运动障碍，即发生麻痹，表现为知觉迟钝或丧失，如针刺感消失，出现肌肉萎缩。

角弓反张：由于肌肉痉挛性收缩，致使动物头向后仰，四肢伸直，呈鹿颈样。

(2)神经反应，主要包括以下内容。

正常：动作敏锐，反应灵活。

迟钝：耳奋头低，眼半闭，不注意周围事物。

敏感：对轻微的刺激即表现出强烈的反应。

癫痫：脑病症状之一，突然发作的暂时性大脑功能紊乱，表现为意识丧失和抽动。

意识障碍：是指视力减退且流涎，对外界刺激无反应等精神异常。

圆圈运动：按一定方向做圆圈运动，圆圈的直径不变或逐渐缩小。

叫声异常：是指动物发出不正常的声音，如刺耳的沙哑声、响亮而高亢的尖叫声等。

应激：由机体受不利因素刺激引起的应答性反应。

9. 流行病学调查

(1)病情，主要包括以下内容。

已病时间：是指从动物发病至就诊的这段时间。

病程：是指从动物发病至痊愈或死亡的这段时间。

发病率：疫情调查时用于统计疫病在动物中的散播程度，用百分数表示。猪的发病率计算公式如下。

$$发病率=(发病猪数\div同群猪总数)\times100\%$$

死亡率：用百分数表示。猪的死亡率计算公式如下。

$$死亡率=(死亡猪数\div同群猪总数)\times100\%$$

(2)直接死亡原因(方式)，主要包括以下内容。

衰竭而死：是指心肺功能不全，致使心肺衰弱而引起的死亡。

抽搐而死：是指大脑皮质受刺激，致使过度兴奋而引起的死亡，表现为痉挛。

窒息而死：是指呼吸中枢衰竭，致使呼吸停止而引起的死亡。

昏迷而死：是指病畜倒地，昏迷不醒，意识完全丧失，反射消失，心肺功能失常，而引起的死亡。

败血而死：是指感染病毒、细菌，致使机体严重的全身性中毒而引起的死亡。

突然而死：死前未见任何症状，突然死去。

(3)流行方式，主要包括以下内容。

个别发生：在畜群中长时间内只有个别发病。

散发：发病数量不多，在一个较长的时间内，只有零星的个体发病。

暴发：是指在一个局部地区或集体单位内，在较短时间内突然发生很多病例。

地方流行：发病数量较多，但传播范围不广，常局限于一定区域内。

大流行：发病数量很大，传播范围很广，可传播一国或数个国家甚至全球。

10. 其他检查

虚脱：由于血管张力(原发性的)突然降低或心脏功能的急剧减弱，引起机体一切功能迅速降低。

坏死：机体内局部细胞、组织的死亡。

糜烂：坏死组织脱落后，在局部留下较小且浅的创面。

炎症：红肿热痛、功能障碍。如卡他性炎症，是以黏液渗出和黏膜上皮细胞变性为主的炎症；纤维素性炎症，是以纤维蛋白渗出为主的炎症。

任务五　身份标识技术

个体身份标识是现代畜牧业发展的共性问题，是实现行为监测、精准饲喂及疫病防控、食品追溯的前提，是实现畜禽智能化生产的必然要求。在传统畜牧业养殖模式中，常见的畜禽标识技术手段包括喷号、剪耳、耳标和项圈等。随着人工智能技术的发展，面部识别、虹膜识别、姿态识别等生物识别技术已经开始向畜牧业延伸，为智慧畜牧业的发展注入了新的能量，使生物个体健康档案的建立和生命状态的跟踪预警变得更加智能。尤其是射频识别技术已在我国畜禽身份标识中取得了长足发展，不仅可以集成在耳标、项圈中，更有研究者探索研究微型的植入式 RFID 芯片，以期通过更加快捷的手段实时获取畜禽的身份信息。虽然以上技术取得了较大的研究进展，但在畜牧养殖业中仍然存在维护成本高、操作复杂等现实推广问题，导致目前并未得到大规模应用。因此，研发更为廉价、操作更方便的新一代智能化个体身份标识技术将是未来的发展趋势。

动物福利关乎动物的健康养殖和畜牧业安全生产，也直接影响畜产品的品质，间接影响人类的食品安全。身份标识技术可以准确高效地监测畜禽个体行为，有利于分析其生理、健康和福利状况，是实现自动化健康养殖和肉品追溯的基础。但是，目前我国畜牧养殖主要以产量提高为主，而对动物福利和高品质安全生产的重视有待提高，对于福利化养殖技术及评价体系尚处于研究阶段。

随着畜牧养殖模式和生态环境的改变，以及世界经济一体化进程的加快，与畜牧业发展息息相关的动物疫病流行态势发生了显著变化，从最初影响动物健康、损害畜牧业健康发展，逐步扩大到影响畜产品质量安全、公共卫生安全、环境安全、国际贸易、社会稳定等多方面。从养殖地到餐桌，要经过养殖、仓储运输、烹饪加工、销售等环节。要让整个流程做到可追溯，保障畜产品安全，同样离不开物联网。物联网不仅能够对车辆实时定位，掌握畜产品的位置，还可以对畜产品状态进行监控，确保其在运输中能被有效管理；电子耳标技术在动物饲养过程中的应用也日益广泛，使用 RFID 耳标，能快速有效查询畜产品的免疫、品种、来源、健康状况及饲养、生长情况等，从饲养到屠宰、销售，实现全程检疫跟进，开展畜产品的追溯等。

任务六　畜产品安全监管

物联网信息可以将产品的养殖产地、加工过程、生产模式、交易环节和销售方式等整体进行联合。

在生产畜产品的过程中，需要对饲养期间涉及饲料信息、喂养过程中预混料等相关信息进行全面收集和总结，采用电子标签的方式对各种不同类型的信息和数据进行登记，同时将其全部保存在食品安全数据库中，以便于后期食品出现质量问题时，能够当作追溯的初始信息数据。生产人员需要全面详细地记录畜产品相关信息和数据，将其传递到加工包装等环节的参与者，以便于后续工作高效、顺利地开展。相关工作人员在畜产品加工包装阶段的实践工作中，需要有效结合畜产品安全质量、色彩、大小尺寸等多方面的相关信息，实行科学合理的分级，同时包装成物流单元。另外，工作人员可以结合供应链中前一阶段参与者提供的相关信息数据，有效生成需要信息数据的畜产品标签。

在畜产品运输过程中，存在物流节点间信息不畅，无法实现信息共享等问题。将物联网技术应用到畜产品运输环节，可实时监控和跟踪畜产品物流运输全过程，方便物流公司和客户及时了解货物情况。在运输过程中，主要监控、跟踪和道口检查畜产品，保证畜产品质量符合相应的标准和要求。RFID 在畜产品运输环节的应用中，能够为物流单位提供实时监控和跟踪畜产品运输实际情况的服务。畜产品生产和经营者也能够在互联网上对自己所购买产品的实际运输位置等相关情况进行准确了解，在一定程度上保障了其合法权益。

在畜产品销售环节，结合物联网技术，工作人员和消费者可以清楚了解和掌握产品的相关信息，比如生产地、质量等，增加产品的透明度；同时在销售过程中由于物联网的使用，工作人员检验货物也更加方便，减少拆包验收的传统程序，提高作业效率。在畜产品销售过程中，工作人员采用物联网技术能够对畜产品进行有效的统计分析，实现有效的监控、防盗作用。人们对畜产品进行运输的过程中，在产品到达销售地点后，相关的信息数据会全面真实地传送给工作人员。

在畜产品销售的每个环节，工作人员均可以采用 RFID 阅读器对货物进行更加迅速、有效的检验，而不需要对产品包装进行拆开检验，进而有效地提升物流工作质量和效率，最大限度地降低差错率出现的概率，对畜产品多个工作环节中实时准确地了解库存中相关信息提供便利。应用物联网技术，增加畜产品生产、运输、销售等多个阶段的透明性，可为人们提供更加详细准确的供应链信息。

另外，在部分畜产品于各个环节中出现相应的变质等问题的情况下，RFID 读写器终端能够对产品过期信息进行识别，对消费者进行一定的提示，告知不能直接食用，销售商店及时将变质产品下架，进而有效解决畜产品冷冻、冷藏等问题，为人们带来更加安全、优质的产品服务，对人们的身体健康进行有效的保护。

消费者在商店采购畜产品的过程中，可以利用专门的平台查询畜产品的相关信息，对产品的安全质量、生产地和销售情况等相关信息进行全面了解和掌握。消费者在采购畜产品进行最终付款的过程中，销售架上的物联网 RFID 阅读器能够通过产品包装上的 EPC 标签，对产品的详细信息进行有效识别，同时对存储在本地数据库中的相关信息进行及时更新。产出的畜产品可以通过扫码查出相关的一系列信息，保证畜产品的安全，提高畜产品的质量，增强消费者的安全感，从而使畜牧业整体升级换代及安全生产。应用物联网还能对畜产品追溯和生产批号进行结合，从而保证产品的安全和卫生，对于产品出现的问题也能及时进行整体调查，使大众消费者放心购买产品。

拓展知识

随着现代畜牧养殖向规模化、智能化方向发展，借助各种传感器、摄像头等硬件设备，可以获取畜禽的全方位信息，使养殖实体拥有更加多元化的手段进行畜禽养殖管理。

数字化畜牧管理系统是利用感知技术、数据传输技术、智能处理技术在畜禽养殖场范围内建立的一套信息化平台，可以对整个产业链中每个环节，从环境控制、养殖、生产直至销售终端的全程记录，实现全产业链的信息化、资源配置的合理化、资源利用率的最大化，从根本上提高劳动生产率和畜牧企业的市场竞争力。

在奶牛养殖领域，常见的奶牛数字化养殖管理系统主要管理功能由牛号自动识别、发情自动监测、产奶量电子计量等 12 个功能模块构成。1983 年，Afimilk 研发了全球第一套计算机牧场管理软件——阿菲牧（AfiFarm），创造性地将牧场数据信息收集、整理和奶牛养殖技术融合。目前 AfiFarm 已经升级至 5.3 版本。

除此之外，畜牧管理系统也在生猪养殖领域得到了广泛应用。1997 年，英国的 PIC 公司进入中国，使用 Pigtales 软件辅助生产管理；1998 年，新西兰研发的 Pig WIN 猪场管理软件进入中国市场；2012 年，美国 SMS 软件由四川天兆集团引入使用；2016 年，美国 Herdsman2000、英国 Agritec 公司的 Porcitec 等猪场管理软件平台相继进入中国。

项目七

畜牧物联网案例

知识要求

1. 了解畜牧物联网的具体技术成果。

2. 了解畜牧生产各环节物联网技术的具体应用。

能力要求

1. 能对不同畜牧生产环节的技术应用有自己的设计思路。

2. 能掌握已有畜牧物联网技术成果的工作原理和设计原则。

素质要求

培养团队协作能力和创新思维。

任务一　畜产品安全追溯系统

随着社会的发展和生活水平的提高,人们对生活品质要求越来越高,对生活中各种消费品,尤其是畜产品的安全问题越来越关注。

畜产品在人们的食品消费中占有举足轻重的地位。为了保障畜产品的安全,防止通过畜产品传染疾病,以及避免人们摄取畜产品中的有害物质,需要建立一套行之有效的跟踪体制和品质追溯系统,使畜产品的生产加工与流通过程变得可监管与可追溯,让消费者对所购买的畜产品质量放心,同时也使企业的产品在激烈的市场竞争中处于有利的地位。

在养殖环节,通过穿戴于畜禽身上的电子标签,将产生的数据与区块链平台进行对接,记录养殖过程中畜禽的身高体重、免疫程序、环境因子、产品加工等信息。在消费环节,可通过特定条码或二维码,快速查询到相关生产信息。消费者通过扫码,可实现追根溯源,从原料采集、物流运输、商店销售等信息全程追溯,满足消费者的知情权,使之放心采购和消费。

一、畜产品追溯概述

(一)畜产品追溯的背景和内涵

追溯系统较早应用于电子产品和工程制造领域的经营管理,如电子产品生产、工程质量控制、汽车轮船制造、工业配件生产等。用于动物及动物产品生产的追溯系统的产生起因于1996年英国疯牛病引发的恐慌。同一时期还有另外几个事件:比利时的二噁英饲料污染、丹麦的猪肉沙门菌污染和苏格兰肉食品中检出大肠杆菌污染。这些事件均导致多人丧生,使欧盟消费者对政府食品安全监督缺乏信心,从而迫使这些国家更重视食品安全问题,也促使畜产品的追溯系统首先在欧盟建立。

追溯简单来说是指从供应链下游至上游识别一个特定的单元或一批产品来源的能力,即通过记录标识的方法回溯某个实体来历、用途和位置的能力。畜产品追溯系统是指建立一个体系,把标识技术和信息技术应用到动物及动物产品生产、运输、销售的各个环节,实现对动物及动物产品的追溯管理。

可追溯性的定义是引自质量保证的《质量管理和质量保证——基础和术语》(ISO 8402—1994),为“通过记载的识别,追踪实体的历史、应用情况和所处场所的能力”,是由法国等部分欧盟国家在国际食品法典委员会生物技术食品政府间特别工作组会议上提出的,旨在作为危险管理的措施。可追溯性包含4个主要含义:①就产品而言,它可能涉及原材料和零部件的来源;产品形成过程的历史;交付后产品的分布和场所。②就校准而言,是指测量设备与国家标准、基准、基本物理常数(或特性)或标准物质的联系。③就数据收集而言,是指实体质量环中全过程产生的计算结果和数据,有时要追溯到实体的质量要求。④就信息系统而言,是指信息系统程序设计与实现,通过系统追溯需要的信息。上述定义中的“实体”可以是活动或过程、产品、组织、体系或人,以及上述各项的任何组合。

除ISO对可追溯性的定义外,针对可追溯性还有其他的解释。丹麦学者TMoe提出,追溯体系应该包括对产品及其物流活动的追溯,即产品追溯体系应包含两部分:产品实物流和能够对产品实施有效追溯的范围。而按照有效追溯的范围进行划分则可以分为企业内部追溯体系和企业外部追溯体系,即存在业务往来的企业间追溯体系。美国学者Elise Golant提出,产品追溯体系是在整个产品生产过程或产品供应链体系中对产品本身或产品特性进行跟踪的记录体系,针对追溯体系的特性差异用“深度、宽度、精度”3个标准来衡量。深度指的是向前追溯或向后追溯信息的距离,宽度指的是追溯体系所包含的追溯信息范围,而精度指的是追溯信息能够定位到的问题源头或产品某一特性的能力。

(二)畜产品的特点

对畜产品的追溯需要考虑畜产品的以下特点:①畜产品是人民生活中肉类产品的主要来源,总体需求量大,需求量不易受季节等因素影响;②屠宰前,畜产品质量易受各种疾病影响,危害性大。屠宰后,肉类产品生化性较强,易腐败变质;③产品的供应链环节较其他产品类型的供应链环节成熟、稳定,易于产品的追溯;④肉类产品在生活中属于中高档的消费品,价格较高,考虑到产品追溯的成本,易于在高档的消费品中进行,价格总体影响不大;⑤供应链节点企业一般规模比较大,比较成熟,系统易于实施;⑥畜类农产品的法律法规相对比较成熟,易于系统的规范化生产;⑦屠宰企业一般是由政府审定的定点屠宰企业,企业具有一定的规模和先进的设备和管理模式,便于实施整套食品的信息追溯系统。在整套追溯系统中,企业要核对畜产品信息,并对屠宰分割的信息进行登录,并负责将向下游供应链企业和数据中心传递数据。

(三)畜产品追溯机制

畜产品供应链环节较多,追溯管理是一种全程系统化的管理。实现有效的追溯管理,需要有一套统一的产品标识标准,规范产品的标识,有系统的、健全的规范体系来规定各个环节中的操作和质量控制标准,需要完善的法规和监督制度保证畜产品供应链中各个环节按规范、规定来操作。有关畜产品安全问题的追溯管理属于国家畜禽标识和动物防疫制度管理的范畴,是动物防疫和检疫行政管理的重要组成部分。

中国的畜产品追溯起步较晚,畜产品追溯的健全和有效实施将是一项长期的工程。近年来,如美国、澳大利亚、日本等主要发达国家及欧盟都采取了诸多积极有效的措施来应对食品安全风险。基于畜产品生产与流通供应链的特点,这些国家及组织均制定了畜产品追溯方面的法律法规和畜产品质量安全管理与控制的信息系统,并在实施过程中积累了大量有价值、可借鉴的经验。了解这些国家及组织畜产品追溯机制有助于建立适合中国实际情况的畜产品追溯机制。

1. 欧盟

欧盟的畜产品追溯系统实施的最早,最先应用于牛的生产和流通领域。欧盟把畜产品追溯系统纳入法律框架下,2000 年 1 月发表《食品安全白皮书》,首次规定将从“农田到餐桌”的食品生产、加工与流通全过程管理原则纳入卫生政策,强调和明确食品生产者对食品安全应负的责任,并引进危害分析和关键控制点系统,要求所有的食品及其成分必须具有可追溯性,在食品生产、加工和流通的各个阶段必须建立追溯系统,以保证能够明确各类原料和供应物的来源。

2000 年,欧盟出台了(EC)NO. 1760/2000 号法规(又称新牛肉标签法规),该法规要求从 2002 年 1 月 1 日起,所有在欧盟国家上市销售的牛肉产品必须具备可追溯性。根据新牛肉标签法规的指令,欧盟国家在生产环节要对活牛建立验证和注册体系,在销售环节要向消费者提供足够清晰的产品标识信息。活牛验证和注册体系包括牛耳标签、电子数据库、动物护照、企业注册等。在销售的各个环节,经营者均需对牛肉加贴标签,标签内容必须包括参考号(唯一标识)和活牛的出生地、饲养地、屠宰地,屠宰场批准号,分割厂批准号。同时,这些信息也会被保存在生产、加工、销售及政府监管部门等各参与方的信息库中,在产品售出两个月后才允许被清除。

2002 年,欧盟又出台了(EC)NO. 178/2002 号法规,该法规要求从 2005 年 1 月 1 日起,凡是在欧盟国家销售的食品必须具备可追溯性,否则不允许上市销售,不具备可追溯性的食品禁止进口(贸易壁垒)。

在追溯技术方面,欧盟使用国际上普遍采用的 EAN · UCC 系统(全球统一标识系统,在供应链中用于标识物品或服务的一套完整的编码体系)进行食品的跟踪与追溯,从而能够避免众多系统之间互不兼容带来的时间和资源的浪费,实现了信息流与实物流快速准确地无缝连接,并且降低了系统的运行成本。欧盟的动物身份和登记系统由标识个体唯一性的耳标,出生、死亡和迁移信息的数据库,动物护照及农场认证机构组成。

2. 美国

美国的联邦肉类检验法已有近百年的历史,经过不断修改完善,已经形成一套完整的法律法规体系。为了加强对动物产品的追溯和监管，美国国会于2002年通过了“生物反恐法案”并将食品安全提高到国家安全战略的高度，国家对食品安全实行强制性管理，要求各生产企业必须建立产品追溯制度。美国食品药品监督管理局(Food and Drug Administration，FDA)制定与食品及药品相关的安全生产法规，其中涉及食品安全方面的规定明确要求在产品生产和食品进口过程中，所有生产企业必须按照FDA制定的规范进行操作，所有欲进入美国的食品均须经过FDA或美国农业部的登记并检验合格后才允许进口；规定明确了在生产过程中的违法行为，诸如在加工车间存在不卫生行为、将产品中主成分提走、在鲜食产品中添加色素、产品不经检验而直接判断合格等都属于违法行为。为了易于确定在供应链的哪个环节出现问题并保证能够追溯到责任主体，规定要求种植和生产企业在种植(养殖)环节必须推行良好农业操作规范管理体系，在加工环节推行良好生产规范管理体系，以及危害分析及关键控制点食品安全认证体系，确保产品的可追溯性。同时，规定还明确了标签的使用规范，要求食品名称必须标识明显，主要成分、生产企业的名称和地址必须标明，各标签必须真实可靠，标签不真实或写错都将视为违法。

美国的联邦法典在9CFR71.19中明确规定了动物标识的内容，规定州与州之间流通的商品猪(饲养猪、繁育猪和屠宰猪)需要标识，并随后制定了动物饲养及其相关企业和动物个体编码标准体系，通过标识及记录将动物产品和动物本身建立联系，做到任何动物产品均能够被追溯到动物养殖场，并要求在48 h内可实现生猪及其产品的可追溯性。

3. 日本

作为应对疯牛病的重要手段，在政府的推进和支持下，日本于2001年在牛肉生产供应体制中全面导入了信息追溯系统。

日本政府于2002年6月及2003年初分别颁布了《反疯牛病对策法》和《牛的可追溯法》。

2003年，日本重新制定了《食品安全基本法》，该法规确立了“消费者至上”“科学的风险评估”和“从农场到餐桌全程监控”的食品安全理念，要求在国内和从国外进口的食品供应链的各个环节确保食品安全并允许预防性进口禁运。虽然日本政府无法要求出口国遵循和日本国内相同的强制性检验程序，但仍可根据该法对进口产品进行更加严格的审查。

2003年6月，日本众议院制定了一项关于牛肉追溯的专门法案《牛肉生产履历法》，该法案要求自2003年12月1日起在日本各超市全面实施，所有牛肉包装必须具有牛肉所属性别，牛的出生时间、饲养地、加工企业、零售商及无疯牛病病变说明等基本内容。同年7月，日本政府设立“食品安全委员会”，并与“厚生劳动省”和“农林水产省”等机构协同工作，以进一步加强食品安全监管和推动食品质量安全法治建设。

4. 其他

除上述国家和组织外，畜产品追溯系统已经在德国、英国、比利时、丹麦等许多欧洲国家及加拿大、阿根廷等美洲国家的肉类生产中应用。

中国对畜产品追溯管理处于起始阶段，并日渐引起相关部门的重视。

2002年9月，北京畜牧兽医学会举办动物产品全程监控和追溯制度的建立研讨会，认为在当前形势下，实施动物产品全程质量监控，并建立追溯制度非常必要。

2002年5月24日，农业部第13号令发布《动物免疫标识管理办法》，规定对猪、牛、羊必须佩戴免疫耳标，建立免疫档案管理制度。

2005 年 12 月 29 日，第十届全国人民代表大会常务委员会第十九次会议通过了《中华人民共和国畜牧法》，规定畜禽养殖者必须对畜禽进行标识，建立养殖档案，并要求采取措施落实畜禽产品质量责任追究制度。目前我国的追溯管理正在以试点的方式进行研究和实践，农业农村部近年来启动了城市农产品质量安全监管系统试点工作，重点开展了农产品质量安全追溯系统建设。

2008 年，上海市开始进行猪肉流通安全信息追溯系统建设，现已对很多大超市的部分农产品实现了追溯管理。图 7-1 为上海市食用农产品流通安全信息追溯管理平台首页。

图 7-1 上海市食用农产品流通安全信息追溯管理平台首页

我国在食品安全追溯制度建设和推进过程中还存在一些问题：一是食用农产品生产与流通管理的工业化规则建设在农业及商业中基础薄弱；二是鲜活食品的生产、经销、批发的参与主体组织化程度低，难以实行严格的行业管理；三是信息化在农村与初级农产品批发经销方面发展水平低，实现农产品质量安全追溯的技术基础薄弱；四是法律法规体系尚未完善。这些问题严重制约了食品安全追溯制度的建立和完善。

(四)产品追溯的方法

对产品的可追溯性监控就是对产品生产加工过程中各关键环节的信息流加以有效管理，通过对这种信息流的监控管理，来实现预警和追溯，预防、减少问题的出现。一旦出现问题即可以迅速追溯到产品源头，实现对各个环节的监控，并找到问题环节，召回问题产品。

1.追溯内容的确定

追溯体系中的基本模块包括原料生产、加工、运输、销售及消费等几个环节，其中每个环节都会根据不同企业的产品特点、经营方式、产品安全性、可靠性及发生风险的概率等因素而承担不同的追溯责任与组织方式。鉴于体系标准及实际质量管理中对可追溯性的进一步要求，依据追溯体系中对产品安全信息追溯的详细要求，首先需要明确的就是追溯的对象。根据信息流在物流体系内的流动特点，丹麦学者 TMoe 将追溯体系界定为企业内追溯与企业间追溯这两个层次。具体来说，其范围为：本公司原材/物料、半成品、成品、分包商交货、仓储、生产、出货等各阶段的识别与追溯。与此同时还应考虑到产品的物料使用及产品出厂后的质量状况，所以还应包括供应商及后续的经销商、物流及客户的追溯。

产品质量是通过质量指标来表现的。影响产品质量的因素主要有：人员因素、生产设备的性能、所用原料的质量、生产方法和环境因素。所以，就产品而言，质量追溯关注的对象可以大致划分为以下 4 类。

(1)产品本身的状况：也就是产品本身的一些基本信息，如产品名称、规格、数量、生产时间、技术参数等。

(2)产品使用的物料：通常产品使用的物料可以分为主、辅物料，根据不同企业的定义，主、辅物料的内容会有较大的差别。在一些食品企业，主物料通常指的是食品加工过程中使用的原料，辅物料一般指的是其产品的外包装材料。

(3)产品生产中的处理过程：虽然大部分企业的产品合格率很高，但是在我国现有企业质量水平不高，一次装配合格率较低的实际情况下，生产中会频繁出现产品不合格等情况，这些情况也往往是导致产品质量成本居高不下的主要原因。所以，在进行质量追溯的过程中对于这些产品生产中处理内容的追溯也是必不可少的。

(4)当时生产的环境状况：包括人、机、设备、生产环境等非产品的生产周边状况，特别是一些对生产环境要求非常高的产品，如食品类对环境温度、湿度的要求。在进行追溯管理时，通常需要问的几个问题包括产品所用的原材料或其工艺是否有缺陷？产品生产是否满足要求的流程？某一半成品或成品的整体生产历史是怎样的？这些追溯系统中基本的追溯内容是什么？

2.基于追溯精确度的模式分类

从产品安全的角度分析，产品追溯一定要能够追溯到源头，即原料具体情况，并且能够追溯到其生产加工环节中的具体信息，但是在现实生产中，还需要考虑产品的实际加工流程、追溯的管理成本及可行性问题。由于产品追溯纷繁复杂，各类供应链产品差异较大，为了区分不同情形的追溯情况，根据系统的追溯精确度可将产品追溯模式分为成批追溯模式与个体追溯模式。

(1)成批追溯模式：对于最终的某一产品追溯单元，即使根据其追溯编码能够追溯到具体的原料的原产地及养殖情况，但是在生产加工环节中可能会追溯到同一个加工环节中的一组加工车间信息，而不能精确到其所经历的特定的某个加工环节的信息。如畜产品无论是否来自同一个养殖产地的同一围栏内，由于不同的畜产品具体的加工流程不同，相应地都会出现不同的追溯模式。

不同的畜产品应该采用不同的追溯模式。像小个体的鸡、兔等，宜于采用成批的模式进行追溯，即可以在生产环节成批地进行记录，也可以在屠宰加工环节成批地进行记录，便于企业的统一作业，降低物流成本与追溯成本。

(2)个体追溯模式：相对较为精确的追溯模式。它是指对于最终的某一产品追溯单元，根据其个体标识不仅能够追溯到产品产地，而且能够追溯到其所经历的特定的某个加工环节的信息。如果农产品本身的生产加工流程已确定，能够区分具体的生产加工环节批次信息，并且企业管理比较规范化，则通过最终的农产品追溯码，能够追溯到个体的详细信息，并且可以精确到具体的生产加工环节。

管理非常规范的生产加工企业，对来自不同养殖场的畜产品会进行分离加工。所以个体追溯是非常精确的追溯模式，同时这一追溯模式的成本相对成批追溯模式的成本较高。

(五)畜产品追溯过程

畜产品要经过养殖、加工、储存、流通环节，最后通过销售环节进入消费者手中，这一过程即平常所说的“从农场到餐桌”的过程。对畜产品实施追溯管理，应能够为消费者提供准确而详细的有关产品在各个环节、各方面的信息。这就要求分析出各个环节中可以对产品质量产生影响的关键因素，并对其建立标记，这种标记对每一批产品都是唯一的，即标记和被追溯对象有一一对应关系，同时把这类标记作为记录保存并上传至追溯系统的中央数据库中。各个环节的信息具有连续性，即上游环节的记录信息可以供下游生产者和消费者查询和检查，最后这些记录的信息形成一个完整的信息链。在这个完整的信息链的基础上，利用网络技术和信息技术，追溯系统可为消费者和政府监管部门提供有效的信息追溯手段。当出现食品质量安全问题时，能够通过中央数据库的信息，快速查询到出现问题的环节，采取相应的措施阻止问题进一步发展，实现信息自下而上的追溯。图 7-2 展示了产品追溯的过程。

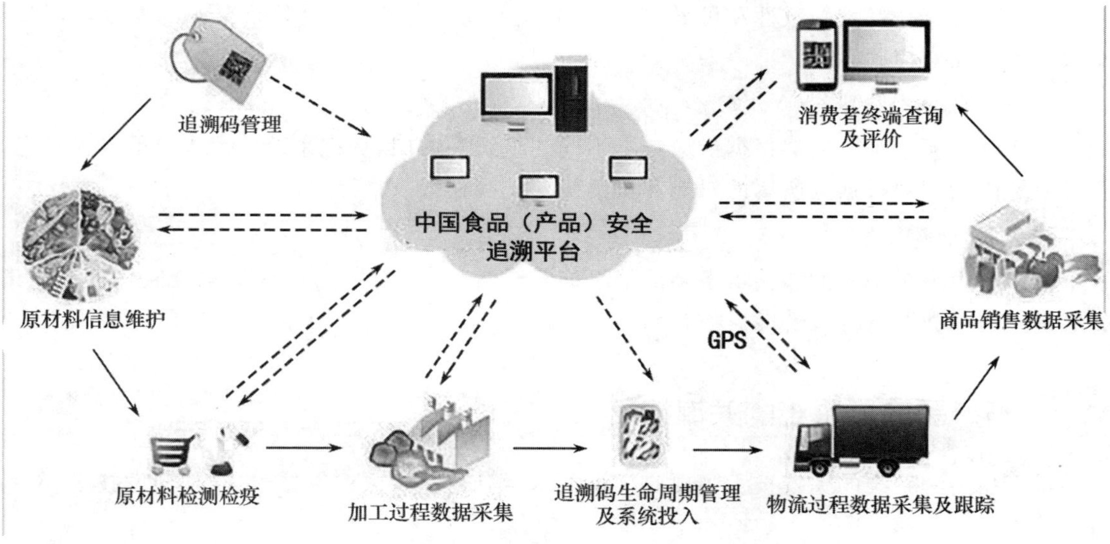

图 7-2　产品追溯的过程

(六)畜产品追溯系统的功能

畜产品追溯系统的功能，从本质上来说就是要在畜产品供应链的各个环节上对畜产品信息进行标识、采集、传递和关联管理，使之形成一条完整的信息链；同时要为供应链中的参与方能够充分了解链中其他成员的生产信息提供有效的渠道，方便各成员之间的信息沟通；还要为消费者和肉品监控部门提供信息追溯和监管的手段。畜产品追溯系统应具有如下基本功能。

1. 数据采集功能

畜产品追溯系统首要的任务就是把分散在畜产品的养殖、加工、运输、销售等供应链上各个环节的关键数据采集并记录下来，经初步分析后整理成信息系统要求的格式。这些信息的采集是其他功能实现的基础。这些信息在满足人工输入的同时，还应能通过自动化数据采集设备进行批量扫描并上传到管理子系统。

2. 数据加工功能

畜产品追溯系统需要对已经收集到的数据进行某些处理，以便不同角色的用户查看符合自己需要的信息，或者对信息进行加工、计算，得到某些更能反映本质的信息。因此，供应链的各个环节应具备信息查询和统计功能，如实现对标识信息、生产企业信息、生产过程信息的查询，对养殖、加工和销售情况生成相应的报表等。

3. 数据交换和传递功能

畜产品追溯系统要能够将供应链上各环节的信息交换联系起来，以便保持信息流的可靠性和连续性，供应链的各参与方都要将预定义的追溯数据传递到中心数据管理平台以实现各个企业的数据共享。各节点之间根据实际情况选择合适的数据交换方式，如电子数据交换、条形码、电子邮件和电子表格等。

4. 数据管理功能

畜产品追溯系统要能够建立食品安全信息中心数据库，接收供应链上各参与方的追溯数据，保证数据的完整性、一致性和可靠性；实现数据的备份与恢复，提升数据库的安全性，加强对数据库的存取控制。

5. 用户认证和权限分配功能

畜产品追溯系统要能够根据供应链上不同的组织和部门，登记系统使用人员的身份信息，并对系统内的用户根据其所属的机构和角色确定访问权限。

6. 产品追溯功能

畜产品追溯系统要能够实现畜产品信息的实时查询，为消费者和食品安全监管者提供肉品质量的追溯和网络查询功能。

二、畜产品追溯系统的关键技术

畜产品追溯系统的关键技术主要有标识技术、编码技术、数据库技术、软件开发技术、网络通信技术。

(一)标识技术

1. 标识技术的选择

追溯系统的核心在于对产品个体"身份"的跟踪与识别，通过数据载体把信息流与实物流联系起来，实现各个环节的数据交换。具体来说，就是利用特定的标签并以某种技术手段与待识别的动物个体建立对应关系，以随时对畜产品个体的相关属性进行跟踪与管理。标识技术是物联网内各类物体得以完成信息交互和实现智能的基础。目前在大多数追溯系统中，根据具体场景和功能，可以使用 RFID 标识技术、条形码标识技术或其他标识技术。

在设计追溯系统时，需要考虑具体的需求，以确定采用哪种标识技术。选择 RFID 标识技术，就意味着具有成本高、可多次读写、数据容量大、坚固性和耐用性、能够多目标识别电磁辐射影响等特点。选择条形码技术就意味着具有成本低廉、易受水和油污等污染从而影响识别精度等特点。另外，还要考虑标识技术的实现形式(耳标式、脚环式、项圈式、注射式、胶囊式等)、便利性(超市条形码扫描、手机扫描)、现场情况(视线内扫描、非视线内扫描)等因素。

2. 标识的设计实现

(1)RFID 标签，主要包括以下几种。

耳标式 RFID 标签：将 RFID 芯片植入耳标中，耳标使用耳标钳在家畜的耳朵上进行安装。它既可提高识读效率，抵抗复杂环境的干扰，又能进行读写操作。

脚环式 RFID 标签：脚环式 RFID 标签和项圈式 RFID 标签类似，可以固定在一些鸟或禽类脚上，用于信鸽等鸟类和禽类的追溯系统中。

项圈式 RFID 标签：可佩戴在动物的颈部，拆装方便，很容易从一头动物身上换到另外一头动物身上，通常应用于栏厩中的自动饲料配给及测定牛奶产量。

注射式 RFID 标签：利用一个特殊工具将 RFID 标签放置在动物皮下，即可用于终身识别这个动物。

胶囊式 RFID 标签：采用陶瓷材料，安装在耐酸的圆柱形外壳内，在应用时通过口服方式送至反刍动物的瘤胃内，可终身停留在动物体内而不伤害动物。

尾环式 RFID 标签：主要用于鱼类的追溯系统中。

常用于牲畜类的 RFID 标签如图 7-3 所示。

耳标式　　脚环式　　项圈式　　注射式

图 7-3　常用于牲畜类的 RFID 标签

(2)条形码：用于畜产品追溯系统中的条形码一般是一维码、二维码等。一维码和二维码主要通过专门的识读设备进行读取，例如激光扫描、手机摄像头等，常用于猪、牛、羊等屠宰、分割后的标识。从条形码的实现方式上，可分为以下几种形式。

激光蚀刻式：主要是在介质上直接使用激光打印机进行蚀刻，可用于在金属、塑料、陶瓷、玻璃、皮革上印制条形码，如在动物耳标上蚀刻各种代码或条形码。激光蚀刻式条形码容易磨损，造成标识无法识读。

立体打标式：耐磨损二维码耳标使用专用模具，采用无毒无铅材质注塑成型，用二维码立体打印机加工立体二维码标签，再将标签封装起来，称为耐磨损二维码耳标，用于家畜追溯系统。

喷印式：使用喷墨设备进行条形码的印制，如在鸡蛋上喷印数字代码，成本低廉。

打印式：热转印与热敏打印是最佳的条形码技术，可以简便地应用在多种黏性标签材料上，用途最广泛。

(二)编码技术

编码是指用一组数字和字母的组合来标识物品的过程，通过编码可形成统一规范，提高企业对物品的管理效率，降低部门之间的沟通成本。

1. 编码制定原则

在肉品追溯的过程中，编码的制定十分重要，应满足如下原则。

(1)完备性。一个应用系统中的编码方案，必须能够对所有可能发生的项目给予确定的编码，尽管绝对的完备并不可能，但是一个好的方案应该具有足够的前瞻性，能够使用较长的时间。

(2)唯一性。唯一性是编码的基本原则，即不同的产品必须分配不同的标识代码，产品的标示码应是全球唯一的。产品项目与其标识代码一一对应，即一个产品项目只有一个代码，一个代码只标识同一产品项目。

(3)永久性。编码一经确定，其所对应的产品类别、产品序号、产品生产厂家等标识内容就被永久的确定，无论这些项目的定义在将来是否继续使用还是废除。

(4)无含义性。物品标识代码中的每一位数字均不表示任何与商品有关的特定信息，有含义的编码通常会导致编码容量的损失。且编码应该与源实体参考代码相结合。

(5)可扩展性和冗余性。在编码资源趋于耗尽的情况下,若需要通过修改编码规则来扩容时,应遵循"先前兼容"的原则,使之能适合该编码以往的应用。此外,还应考虑编码对象在规定应用上的各种可能性,应当留有一定的空间来容纳目前难以预见的例外情况。

(6)通用性。通用性是衡量编码体系适用范围的重要指标,在制定编码时应尽量采用国际编码标准,这样不仅有利于编码的扩展,也有利于减少行业内各应用系统之间由于"编码不统一"而带来的"不兼容"。

2. 编码规则

国际上最成熟,也应用最为广泛的,用于畜产品追溯系统的编码规则来自 EAN·UCC 系统。EAN·UCC 系统是由国际物品编码协会和美国统一代码委员会共同开发、管理和维护的全球统一标识系统。它是以对贸易项目、物流单元、资产、物理位置和服务关系等进行编码为核心的集条码、射频识别等自动数据采集、电子数据交换、全球数据同步、全球产品分类、产品电子代码等系统于一体的开放的、面向物流供应链的标准体系。该套系统已被全球上百个国家和地区广泛应用于物流、贸易和电子商务等领域,在全球多行业供应链等相关领域已经成为事实上的国际标准,是国际通用的商务语言。

采用 EAN·UCC 系统可以对食品供应链的全过程中的产品及其属性信息、参与方信息等进行有效的标识,进行食品跟踪与追溯。这要求在食品供应链中的每一个加工点,不仅要对自己加工成的产品进行标识,还要采集所加工的食品原料上已有的标识信息,并将其全部信息标识在加工成的产品上,以备下一个加工者或消费者使用。这好比一个环环相扣的链条,任何一个环节断了,整个链条就脱节了。而供应链中跨环节之间的联系比较脆弱,这是实施跟踪与追溯的最大问题。

通过 EAN·UCC 系统可以对供应链全过程的每一个节点进行有效的标识。建立各个环节信息管理、传递和交换的方案,从而对供应链中食品原料、加工、包装、储存、运输、销售等环节进行跟踪与追溯。条形码是相关信息的载体,通过扫描可以获取各个节点的有关数据编码信息,这些信息包括给每一个产品赋予的全球唯一的 EAN·UCC 代码,即全球贸易项目代码(Global Trade Item Number,GTIN);通过应用标识符(application identifier,AI)加数据的方式表示商品更多的辅助信息,如批次、有效期、保质期等;以及用于对食品供应链中各个环节及参与方进行标识的代码,即全球位置码(GLN)。EAN·UCC 系统用于商品流通环节的条形码符号主要有 3 种:EAN/UPC 条形码(用于商品零售环节)、ITF-14 条形码(用于商品的储运和批发环节)、UCC/EAN-128 条形码(用于商品的物流环节),分别用于商品生产流通的不同环节。

具体实施过程中利用条形码进行跟踪与追溯有两种方法:一种是从上往下进行跟踪,即农场/食品原材料供应商—加工商—运输商—销售商—POS 销售点,这种方法主要用于查找造成质量问题的原因,确定产品的原产地和特征的能力;另一种是从下往上进行追溯,也就是当消费者在 POS 销售点购买的食品发现安全问题时,可以向上层进行追溯,最终确定问题所在,这种方法主要用于产品回收或撤销。

3. 应用实例

下面将详细介绍采用 EAN·UCC 系统对牛肉制品进行跟踪与追溯的例子。

※《牛肉制品追溯指南》国际通用编码及符号表示系统

《牛肉制品追溯指南》(Traceability of Beef)(EC1760/2000,以下简称为《指南》)是一个具有法规效力的指导性文件,它提供了一个国际通用的编码及符号表示系统,即 EAN · UCC 系统牛肉标签解决方案。采用通用的标识与通信标准极大地提高了牛肉加工的相关信息的准确性和信息传输速度,提高了牛肉供应链效率,降低了供应链运行成本。牛肉制品标签保证了牛胴体、四分之一牛体、牛肉块的标识与一头牛或一群牛标识之间的连接。

牛肉制品标签必须包含 6 个方面的人工可识读信息:①确保牛肉与牛连接的一个参考代码;②牛的出生国(地区);③牛的饲养国(地区);④牛的屠宰国(地区);⑤牛的分割国(地区);⑥屠宰场和分割厂的批准号码。

牛肉制品标签规则主要的应用对象是:所有的欧盟成员国、向欧盟成员国出口的和已经决定采用牛肉标签规范作为在供应链中牛肉制品跟踪与追溯规范的非欧盟成员国。

牛肉制品追溯,需要一个在供应链任何节点上用唯一的代码对牛、胴体和切割体进行标识的方法,并确保供应链中每个节点相关信息的连接。在欧盟中,牛的标识与注册系统由下列元素组成:①标识单个牛的耳标;②计算机处理的数据库;③牛的证照;④农场保留的个体牛注册的信息。

牛的历史文档数据必须包含在证照内或数据库中。由条形码承载数据。在 EAN · UCC 系统中,条形码用于供应链中每个阶段的产品或服务的相关数据编码。这个数据可以是全球贸易项目代码(GTIN),或任何附加的属性信息。扫描条形码标签可以实现实时采集数据。

一般来说,对每个贸易产品(例如,通过 POS 销售的一个包装的牛肉制品)或一个贸易产品的集合体(例如,从仓库运送到零售点的一箱不同包装的肉制品),都要分配一个全球唯一的 EAN · UCC 代码,即 GTIN。GTIN 不包含产品的任何含义,它只是在世界范围内唯一的标识代码。除了 GTIN,还需要附加其他产品信息,如产品的批号、重量、有效期等。在牛肉供应链中,UCC/EAN-128 条形码符号可以为 GTIN 的附加数据编码,如屠宰日期、耳标号码、屠宰场批准号码等。当采用 UCC/EAN-128 条形码符号时,必须用 EAN · UCC 应用标识符(AI),EAN · UCC 应用标识符决定附加信息数据编码的结构。

牛肉标签采用 EAN · UCC 系统的编码方法和 UCC/EAN-128 条形码符号完成。《指南》推荐在牛肉供应链中使用的 EAN · UCC 系统应用标识符(AI)见表 7-1。

表 7-1　牛肉供应链中应用的 EAN · UCC 系统应用标识符(AI)

AI	数据域内容	数据名称	AI 的含义
01	全球贸易项目代码	GTIN	GTIN
10	贸易项目的批号	BATCH/LOT	批号
251	贸易项目的源实体参考代码	REF. TO SOURCE	耳标号码
422	贸易项目原产国(地区)的 ISO 代码	ORIGIN	动物的出生地
423	贸易项目初始加工的一个国家或多个国家(地区)ISO 代码或 ISO 代码组合	COUNTRY-INITIAL PROCESS	动物饲养和育肥的国家(地区)
426	全程加工贸易项目的国家(地区)ISO 代码	COUNTRY-FULL PROCESS	加工过程发生在同一国家(地区)内
703n	含 ISO 国家(地区)代码的贸易加工者核准号码	PROCESSOR # S	7030 为屠宰场,7031～7039 为加工/分割厂

※牛肉供应链在牛肉制品标签规则中应用 EAN·UCC 系统的步骤

步骤一:屠宰。

屠宰场是牛肉供应链中首先采用 EAN·UCC 系统的场所。要从牛肉制品追溯到牛有赖于信息的准确性,需要牛肉制品标签规则和屠宰场的支持。当牛到达屠宰场时,需要牛的证照或健康证明,以及含有标识代码的耳标。屠宰场必须记录下列信息:①连接牛肉与牛的一个参考代码(EAN 建议采用牛的耳标号码,由 AI(251)标识);②屠宰场的批准号码;③出生国(地区);④饲养国(地区);⑤屠宰国(地区)。

如果牛的出生、成长与屠宰都在相同的国家,标签上的这些信息统一由 AI(426)标识。EAN 建议用耳标号码标识牛胴体。牛胴体标签上的 UCC/EAN-128 条形码符号表示的内容见表 7-2。

表 7-2 牛胴体标签上的 UCC/EAN-128 条形码符号表示的内容

数据	UCC/EAN-128
出生国(地区)	AI(422)
饲养国(地区)	AI(423)
出生、饲养和屠宰在同一国家(地区)	AI(426)
屠宰国(地区)和屠宰场批准号码	AI(7030)
耳标号码	AI(251)
GTIN	AI(01)

步骤二:分割。

屠宰场应将所有与牛及其牛胴体的相关信息传递给第一个分割厂。牛体的分割包括牛肉加工的全过程,从切割牛胴体到进一步分割,直至零售包装。供应链中最多可以为 9 个分割厂编码,每个分割厂应将所有牛及其牛胴体的相关信息以人工可识读的方式传递给供应链中的下一个分割厂。在牛体分割加工处理过程中要满足牛肉标签规则的要求,并能记录有关信息。每个分割厂必须记录下列信息:①连接牛肉与牛的一个参考代码;②屠宰场的批准号码;③分割厂批准号码;④出生国(地区);⑤饲养国(地区);⑥屠宰国(地区);⑦分割国(地区)。

牛肉经分割车间切割后组成的任何一批牛肉制品均为同一屠宰场屠宰,并且是加工车间同一天加工的牛肉产品。通常只有与整批牛肉相关的信息才可写在分割厂的标签上。每个单独的牛肉块或肉末包装都必须有一个标签。分割阶段的牛肉制品标签表示的内容见表 7-3。

表 7-3 分割阶段的牛肉制品标签表示的内容

数据	AI
出生国(地区)	AI(422)
饲养国(地区)	AI(423)
出生、饲养和屠宰在同一国家(地区)	AI(426)
屠宰国(地区)和屠宰场批准号码	AI(7030)
国家代码与第一分割厂批准号码	AI(7031)
国家代码与第二分割厂批准号码	AI(7032)
国家代码与第三分割厂到第九分割厂批准号码	AI(7033～7039)
单个分割的耳标号码或分割组批号	AI(251)或 AI(10)
GTIN	AI(01)

步骤三：销售。

牛肉的最后一个分割厂应按照牛肉制品标签规则的要求和商业需求，将所有与牛、牛胴体及牛肉加工相关的信息传递给供应链中的下一个操作环节，可能是批发、冷藏或直接零售。

区分 POS 销售的预包装牛肉制品和非预包装牛肉制品很重要。《指南》只对 POS 零售的有预包装的牛肉制品标签作了规定。由于欧盟成员国已经分别制定了不同国家非预包装牛肉制品后台信息流的实施需求，《指南》对非预包装牛肉制品标签没作规定。涉及消费者的标签必须包含下列人工可识读信息：①连接牛肉与牛的一个参考代码；②屠宰场的批准号码；③分割厂的批准号码；④出生国（地区）；⑤饲养国（地区）；⑥屠宰国（地区）；⑦分割国（地区）。

贸易方应与国家的有关部门联系，提出 POS 销售点对非预包装牛肉制品标签的信息需求。

※标签示例

标签的形式、尺寸和人工可识读内容可随国家（地区）的不同而不同。每个国家（地区）可以自由地依照牛肉制品标签规则选择推荐的应用标识符对附加信息编码。图 7-4 至图 7-7 依次为：胴体标签、第一次加工标签、第二次加工标签和涉及消费者的标签。

图 7-4　胴体标签

图 7-5　第一次加工标签

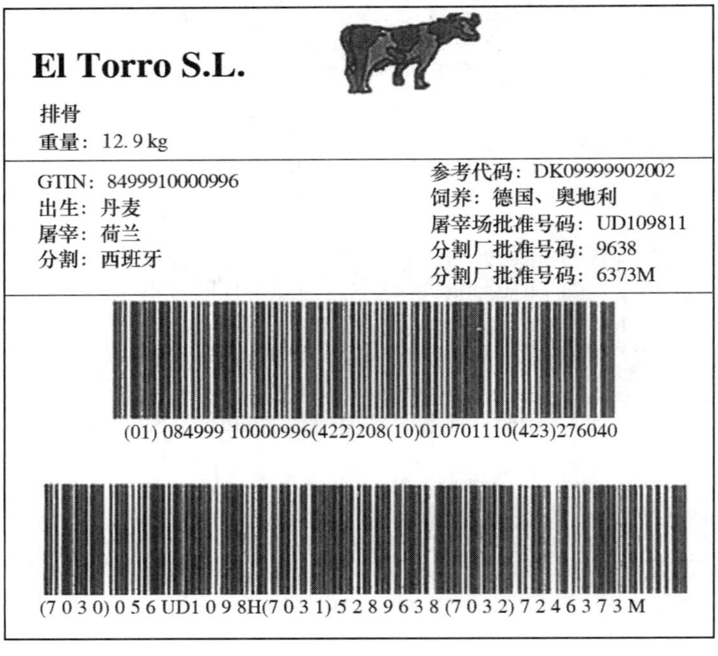

图 7-6　第二次加工标签

图 7-7　涉及消费者的标签

我国农业农村部法规和国家标准对动物的个体标识方法给出了不同的编码方案。2006 年，农业部颁布的《畜禽标识和养殖档案管理办法》(农业部第 67 号令)中规定，家畜和家禽等农场动物必须取得唯一的标识编码，该编码由 15 位数字组成。其中第 1 位数字表示家畜类别，例如，1 表示猪，2 表示牛，3 表示羊等；随后的 6 位数字表示养殖场或散养户所在县(市)的行政区域代码；最后的 8～15 位(共 8 位)数字表示在同一行政区域内同一畜种的顺序编号。

为了保证动物编码在全球的唯一性并与国际接轨，推进 RFID 电子耳标在动物产品追溯中的应用，国家质量监督检验检疫总局和国家标准化管理委员会于 2006 年 10 月联合发布了《动物射频识别　代码结构》(GB/T 20563—2006)。此国标文件规定：动物代码由 64 位二进制数组成，64 位二进制代码被分为 3 个具有特定含义的代码段，其中 1～16 位为控制代码，17～26 位为国家和地区名称的代码，27～64 位为国家和地区内动物唯一的识别代码。GB/T 20563—2006 标准在应用上需要 RFID 标签的支持，该标签可记载的信息量较大，适用于全球范围内任何一个单体产品的标识，《畜禽标识和养殖档案管理办法》适用于国内动物个体的唯一性标识，但也可以通过增加符合国际物品编码标准的生产企业标识代码(需获得 EAN · UCC 组织的分配)和贸易项目代码来实现对动物个体产品的全球唯一性标识。

采用 EAN · UCC 系统对供应链全过程的每一个节点进行有效标识，建立各个环节信息管理、传递和交换的方案，可以对供应链中饲养、屠宰、加工、包装、储存、运输、销售等环节进行跟踪与追溯，及时发现存在的问题，进行妥善处理，把损失降到最低。

应用 EAN · UCC 系统对猪肉产品进行跟踪与追溯，可以使产品符合目前国际上多数发达国家和地区为食品安全所设定的相关法规的严格要求，促进我国食品质量的提高，更好地为出口服务。

就目前国内畜牧业的实际情况来看，由于 RFID 标签成本的限制，多数养殖企业中使用的编码方案还是基于《畜禽标识和养殖档案管理办法》中的编码规则。在设计畜产品追溯系统时，既要考虑企业的实际情况，又要考虑编码的国际通用性，因此要对编码方案进行合理选择和设计，使其在不过多增加成本的情况下实现和国际标准的接轨。

（三）数据库技术

系统数据库设计是整个追溯系统设计的核心之一，它设计的好坏将直接影响整个系统的健壮性和运行性能。良好的畜产品追溯系统需要建立从生产到销售等各环节相关信息的庞大的数据库，饲养期的源头信息获取、屠宰阶段的信息转换及运输、销售至最终消费者的信息采集等都需要数据库的支撑。

一个好的数据库设计在满足用户需求的基础上，要考虑好对数据的一致性、冗余性、访问效率等问题的解决，对于畜产品追溯系统，为了应对用户需求的修改和添加，也为了满足各种不同的软硬件环境下系统的使用，数据库设计还应更重视其易维护和可扩充性能。

（四）软件开发技术

畜产品追溯系统在应用过程中涉及养殖、加工、物流、销售等各个领域，使用期间可能遇到不同的硬件接口、操作系统、数据库、网络介质，应用软件需要具有开放的系统结构和跨越多个异构平台的能力。因此，要选择合适的软件开发工具和软件开发技术，采用面向对象的组件化的设计理念以实现更优的软件结构。

（五）网络通信技术

畜产品追溯系统中央数据库的构建及有关信息的追溯都离不开信息传递系统，网络通信技术在这里发挥了重要的作用。网络是将所有分散的个体、胴体、饲养场、屠宰加工厂和销售点信息连在一起的桥梁，由于追溯系统各个应用部分一般分布在不同的地域、机构和单位，所以要根据实际情况合理布局网络连接结构，LAN、WAN 等有线网络技术和 GPRS、蓝牙等无线通信技术，以及互联网技术为畜产品追溯系统提供了技术支撑。

三、畜产品追溯系统中关键因素

畜产品追溯系统实现畜产品追溯的关键是准确地了解和掌握畜产品在整个供应链中各历史阶段的信息，因此分析并确定每个阶段的关键因素，制订表示这些关键因素的参数和指标，是建立追溯系统的基础。下面以猪类产品为例分析一般畜产品生产中的关键因素。

（一）养殖环节关键因素

养殖环节是追溯系统的起点，是实现产品可追溯性的最重要的关口，也是第一道关口。养殖企业承担着初级产品即生猪的生产与供给，是确保产品质量、提高安全水平、增加安全信息供给的最基础的环节。养殖企业须遵循农业农村部规定的生猪养殖场管理制度进行操作并建立生猪养殖档案。

为了保证能够从供应链的最末端追溯到源头（从最终的一片猪肉追溯到养殖单位），并按照《无公害食品　生猪饲养管理准则》（NY/T 5033—2001）的要求，需做好生猪的来源及生长特征等过程信息的采集，并且将该信息提供给追溯系统的下一个环节。生猪的生长批次信息、个体信息、防疫信息、销售信息等将成为养殖环节关注的重点，具体应该包含以下基本内容：生产执行标准、生猪耳标号、养殖单位名称及责任人、生猪来源、品种品系、出生日期、出入栏日期、主要饲养者、官方兽医、用药记录、生猪承运人等。

在生产阶段由饲养人员负责提供生产过程的有关信息并建立详细的饲养日志，包括所用饲料及添加剂、生猪的健康状况、兽药和疫苗的使用情况、环境消毒状况等信息。当生猪转群时需要记录猪耳标号、转群时间、转入与转出猪舍编号，以及操作员编号等。

在饲料与添加剂使用方面，需要记录饲料名称、成分、用量、投喂时间、猪舍编号、饲养员编号等。

防疫档案需要详细地记录疫情状况、疫苗的生产厂家、生产时间、名称、规格、批准文号、生产日期，以及免疫接种时间、接种人员和接种方法。

检疫档案需要记录生猪耳标号、检疫项、检疫种类、检疫日期及检疫员编号等。

疫病档案需要登记个体猪耳标号、发病时间、病情分类、官方兽医，以及用药名称、用法及用量等。

猪舍环境需要记录猪舍编号、温湿度、饲养密度、批次、检查时间、操作员编号等。

常用兽药档案需要登记兽药名称、防治疾病种类、生产厂家、主要成分、购买地、药品的出厂日期、药品批号、规格、使用方法、剂量、官方兽医、使用时间与兽药用量及休药期等。

对于本养殖企业内繁育的猪崽需要记录为其分配的耳标号、父母系、体重、出生日期、品种、饲养员以及养殖单位名称和编号等；若将本养殖企业的猪崽出售，需要记录猪崽耳标号、出售日期、猪龄、体重、操作员、猪崽去向等信息；若猪崽是从其他农场采购，则需要记录其耳标号、采购时间、采购地、体重、品种、猪龄、采购员姓名等信息。

对于病猪死亡情况，需要记录该病死猪的耳标号、死亡原因、死亡日期、所属猪舍号、无害化处理方式、处理人等信息。此外，还需要记录养殖企业的基本信息（如养殖企业名称、企业组织机构代码、责任人、动物养殖许可证、卫生许可证、企业联系方式等）。

养殖阶段需要记录的信息种类和数目繁多，上述所列举的仅属于基本信息，在养殖环节中均应详细完整地记录，否则，将可能引起整个追溯链的断裂而使追溯系统失去意义。

（二）屠宰、加工环节关键因素

屠宰、加工环节一般指生猪的屠宰和肉品的初加工阶段，是产品转化、增值和安全供给的主体。在畜产品生产链中，屠宰、加工环节处于供应链中养殖环节和销售环节的中间，它起着承上启下的作用，是供应链中最关键也是最为复杂的环节。屠宰加工厂与养殖场之间信息连接也通常是实现全程追溯的瓶颈。生猪进入屠宰加工厂加工成猪肉产品这一过程中，为保证屠宰后的胴体可追溯到养殖场，需要进行动物标识和产品标识的转换，要将原有动物标识信息和产品加工的过程信息连接起来形成新的猪肉产品的信息，以提供给消费者和相关部门。屠宰加工厂出库的白条肉（或分割肉包装）信息能够与养殖场生猪个体信息保持正确的关联是追溯系统有意义的关键。

在猪肉生产加工的过程中必须进行“宰前检疫”和“宰后检验”，它是保证肉品质量安全的主要措施，因此屠宰阶段的追溯重点在于各种检疫检验的结果是否符合标准。“宰前检疫”的主要标准和规范有《中华人民共和国动物防疫法》等；“宰后检疫”主要针对屠宰后的胴体和内脏产品进行质量检疫，由专门的动物检疫机构人员负责。

在猪肉生产中，加工商通常利用危害分析和关键控制点计划、良好生产规范、卫生标准操作规范和 ISO 9000 系列等质量保证体系来控制产品的质量安全，记录并提供生产过程中每个步骤的相关信息。这一环节的关键信息包括：生产者信息（屠宰加工厂名称、企业代码、负责人、企业资历、生猪屠宰许可证编号、联系方式等）、产品信息（产品名称、原料及其产地、加工处理方式、批号、等级评定、重量或数量、生产日期等）、检验检疫信息（活体猪的检疫方法和结果，胴体的检验方法和结果）、运输车辆的消毒情况、屠宰水质的检测方法和结果、屠宰人员的健康和卫生状况、检疫人员的资格等，以及对不合格生猪和猪肉的处理方式、加工过程记录（如生产班组、加工时间、批次记录等）。屠宰、加工环节中与产品卫生质量安全相关信息的透明化不仅可以确保产品的可追溯性，而且是增加消费者对产品质量安全信任度的重要途径。

（三）运输环节关键因素

运输环节是联系养殖场、屠宰加工厂与销售商的重要节点。各养殖场之间、养殖场与屠宰加工厂之间生猪的供给以及屠宰加工厂与销售商之间猪肉产品的供给都要通过运输来完成，因而运输环节的相关信息对确保生猪与猪肉产品卫生质量安全的重要性是不可忽视的。

在运输过程中，承运商要负责提供途中生猪的运输管理信息，包括：承运商名称、运载方式、运载工具的详细信息（运输车辆所属企业、车辆类型与车牌号等）和卫生条件（车辆消毒证、容器的温度等）、所运载物品的相关信息和交易信息（发货/到货的地点和日期、数量、证明材料等）。

（四）储存、销售环节关键因素

储存环节主要是针对猪肉产品的，虽然这一环节没有很复杂的工序，但对猪肉产品的卫生质量安全品质的影响十分关键，也存在很大的风险，在产品的追溯管理中，储存场所要对前一环节的信息进行校验和存档，应提供产品信息、货物编号、储存条件及方式、包装类型、发货/到货日期、储存地点或车间、工作人员信息、客户信息。产品在这一环节还需要加贴储存环节可追溯性信息的标签。

销售环节是与消费者直接相关的一个环节，销售环节产品的信息是否全面可靠直接影响消费者的消费欲望及产品的可追溯性。猪肉产品的销售据消费者需求的不同分为鲜肉销售和冷冻肉销售。冻猪肉产品必须标明生产企业名称、地址、产品名称、执行标准、商标、生产日期、保质期、净含量、批号等，经营冻猪肉产品，必须建立严格的登记和台账制度。鲜肉由于其特殊性，需要的标识信息会更多，具体而言，每一批生鲜猪肉产品的关键信息包括屠宰企业名称与编号、养殖企业名称与编号、运输目的地、车号、检疫检验证明、销售门店名称、胴体（白条肉）编号、肉品条码编号（肉品小包装）、入货检验（包括产品数量、产品质量、入货检验人姓名等）、分割包装负责人等。已经包装并贴好条码的肉品，在运往超市（或专卖店）后可以直接销售；重量和体积较大的白条肉，则需在超市的分割间进行二次分割，此时还需对超市的消毒情况（分割间和分割刀具的卫生条件）、相关人员（分割与包装人员）的健康和卫生状况、猪肉储存条件（分割间温度、湿度等），以及包装材料（包装纸种类、生产厂家、批号）等进行记录。在生鲜肉的分块销售过程中，很多超市要把商品条码进行转换，转换为超市内部的销售条码，在此过程中，超市应在超市商品条码基础上附加追溯码，进行生鲜肉和其信息链的连接，实现追溯。

(五)畜产品追溯系统的需求调研和分析

在系统开发的需求调研和分析阶段,要重点完成以下几个工作。

1. 系统目标的确定

畜产品追溯系统的设计目标是让生产者的产品能够更加方便入市销售,让管理者能够及时掌握畜产品及其产品的质量与安全,让消费者能够对产品进行质量追溯,实现畜产品及其产品"从农田到餐桌"的全程质量安全控制与追溯。建立起覆盖养殖基地、大型屠宰加工厂、物流公司、大型农贸市场、超市产品质量安全的信息平台,实现政府部门、科研部门、消费者、生产者、经营者之间的信息资源的共享,为全面推进畜产品质量安全提供必需的技术支撑。

2. 系统用户范围的确定

根据畜产品产业链模式特点,并结合畜产品生产流程,将系统用户分为养殖者、屠宰加工者、物流者、销售者、消费者及监管者几类。

(1)养殖者:在中国养殖者主要为农牧民、养殖场等。养殖者主要对动物的基本信息、免疫信息进行录入,并传递给下游产业链上的屠宰加工企业及数据中心。

(2)屠宰加工者:一般指的是屠宰加工企业,主要核对上游养殖者提供的畜产品信息,并将屠宰加工的信息录入后传递给下游产业链物流企业及数据中心。

(3)物流者:从事畜产品运输、储存的具有资质的企业,主要录入产品的转移信息和存储信息,并传递给下游产业链企业及数据中心。

(4)消费者:消费产品的个人或企业,主要通过追溯系统对产品进行查询。

(5)监管者:负责畜产品质量与安全的监督和监管机构,对实施畜产品追溯的相关企业进行有效监督和核查,保证录入的追溯信息的正确性和可靠性。

3. 追溯范畴的确定

建立追溯系统前需要首先确定追溯的范畴。追溯的范畴包括时间范畴、区域范畴、对象范畴和事件范畴。

(1)时间范畴:畜类的整个生命周期,包括养殖阶段畜类的出生时间、父母品种情况、饲养周期、出栏时间等;屠宰阶段的入场时间、屠宰时间、白条肉检疫检验时间、分割肉出厂时间等;储存、运输和销售阶段的装车时间、入库时间、销售时间等。

(2)区域范畴:畜类及其产品所在的区域位置和范围,包括养殖场、屠宰场、加工地、销售门店、畜类转群、畜类销售去向、幼崽采购来源等。

(3)对象范畴:畜类及其产品,以及与畜产品产业链相关的企业,包括养殖场、屠宰场、运输单位、畜类检疫检验部门、超市和专卖店等多个节点及各参与方处理的产品种类。

(4)事件范畴:当肉品供应链上的某个环节出现问题时,需要记录问题的类型、问题产生的原因和所在的环节等。

4. 追溯精度的确定

追溯按追溯精度可以分为批追溯与个体追溯两类。批追溯是可以追溯到畜产品产业链中某一环节某一批次的产品,以每一批次作为追溯的最小单元,能追溯到该批次的加工日期、产品名称、是否安全等相关信息。个体追溯与批追溯相比是比较精确的追溯模式,把个体产品作为最小的追溯单元。个体追溯精度相对于批追溯要高,成本也相对较高,一般应用于大型动物，如牛、猪、羊。而小型动物如鸡、鸭等，多要求追溯到批次即可。

5.各环节关键因素和编码方式的确定

在进行上述分析的基础上，要细化和确定各环节的关键因素，确定各环节产品标识的编码方式，使供应链上的信息能够准确、透明、可靠地传递，统一无缝地连接，同时形成规范的文件，供系统具体设计和实现时使用。畜产品追溯系统的开发流程如图 7-8 所示。

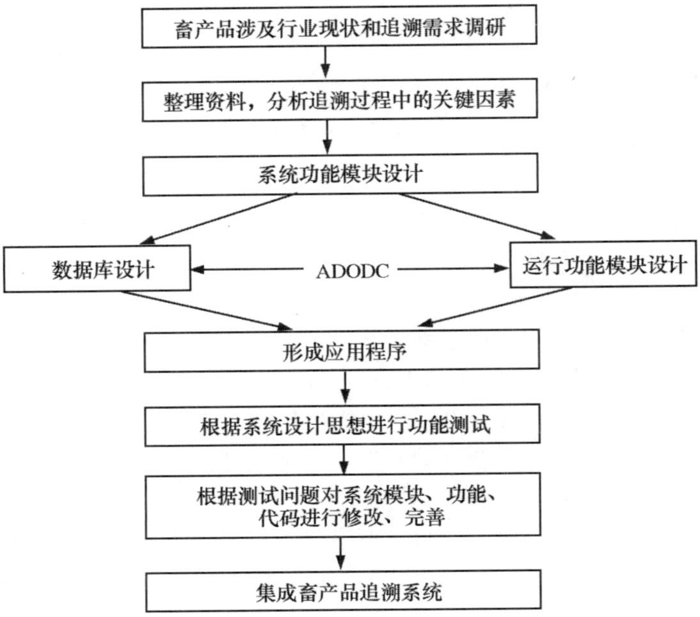

图 7-8 畜产品追溯系统的开发流程

(六)畜产品追溯系统的规划设计原则和需求分析

进行畜产品追溯系统的研发，首先要对系统有一个规划设计原则，进行需求分析，确定系统设计的目标和范围，规划系统的整体布局和功能模块；其次细化每个模块中追溯所涉及的关键因素，把这些关键因素规范化；然后确定系统各个环节标识的整体编码规则，并结合实际的生产过程确定各个环节标识的对应规则；还要选择合适的工具软件进行应用程序的设计；最后对程序进行测试和评估，最终形成可交付使用的系统。

1.系统的规划设计原则

在对比国内外畜产品追溯系统的基础上，结合中国畜产品产业链实际情况，良好畜产品追溯系统的建立应遵循以下几个基本原则。

(1)科学系统原则。建立畜产品追溯系统的主要目的是利用现代信息技术使产品质量管理更安全科学，所以既要从整个管理系统出发，遵循产品质量安全管理的一般规律，又要从信息收集、加工、传递、储存等工作系统出发，周密地进行系统设计。

(2)实用性、可维护原则。畜产品追溯系统设计既要适应现有硬件发展，又要体现操作界面、应用平台普通化，更重要的是软件输出结果要有实用性，确实能指导生产工作。软件系统设计时应采用面向对象和组件技术相结合，便于系统升级，程序结构清晰、易懂，便于维护。

(3)经济效益原则。建立畜产品追溯系统，需要花费一定的财力、人力和物力，应努力做到以最小的耗费提供效益大、数量多、价值高的管理信息。不能单纯地追求技术与设备的先进，而不顾及目前供应链中所涉及行业的人力、财力和物力现状。否则就会给追溯系统的实际实施带来很大困难。

(4)安全性、可靠性原则。具有高可靠性和强大有效的容错能力是系统设计的重要前提，以保证生产数据准确。

(5)通用性原则。考虑与其他通用追溯系统相结合的原则，像当前比较成熟的 EAN · UCC 系统，制定符合国际化的通用原则与标准。

(6)先进、成熟和创新原则。在系统各项功能设计过程中，无论硬件选型还是软件系统的开发，首先要符合当代信息技术发展的趋势，采用比较先进的、成熟的技术，然后在此基础上，适当创新。

2. 系统的需求分析

产品生产流程是在其产品供应链的基础上，从原料到成品出产的一个全过程。畜产品安全追溯系统的功能实现了对产品供应链的所有信息流通的关键环节追踪，提供了产品生产过程信息分析依据和整个系统的完整结构。以生猪为例，分析猪肉产品供应链的物流和信息流，从而确定猪肉安全追溯系统中的关键信息和重要环节(图 7-9)。

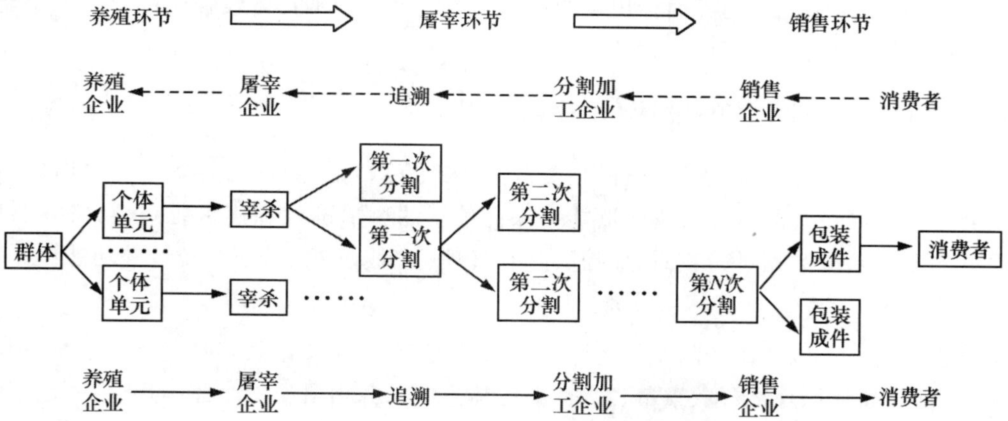

图 7-9　猪肉产品可追溯性模型

猪及其产品追溯系统建设，首先对种猪、育肥猪进行电子标识或 RFID 标识；对养猪场进行注册登记，取得养殖代码；建立标识信息数据库和养殖场注册登记系统；分析确定各环节追溯内容，建立全面完整的信息记录档案；各企业或主管部门通过互联网上传信息，使整个猪及其产品生产全过程信息链完整，从而使消费者可以通过网络或相关信息数据库快速便捷地查询所需信息，达到对产品任意环节的追溯，以增加消费信息，加强养猪业全过程卫生质量安全监管，提高猪及其产品的卫生质量，有效防控重大动物疫病，促进猪及其产品的国际贸易。运用全球统一标识系统，利用个体标识技术进行全程追溯的过程如下。

信息链：产品标识—销售记录—运输记录—储存记录—屠宰加工信息档案—养殖档案。

物流：零售点—配销—运输—仓储—屠宰加工厂—饲养场—种猪场。

追溯模式：消费者—产品标识—相关数据—零售点—运输、储存环节—胴体标识—饲养场及个体标识一种猪场。

3. 系统的体系结构

畜产品追溯系统涉及不同组织和机构的网络整合，地域广而分散。子系统分布在供应链上的相关企业和单位，如养殖场和屠宰场通常远离城市，网络条件差异较大，因此，各个子系统可采用公共网络互联。各个子系统在业务上相对独立，当生产过程数据上传至中央数据库时采取集中控制的方式，并将中央数据库部署在政府监管部门，在本地部署其余各个子系统。为了最大限度地保证信息的准确可靠和不被篡改，在生产数据录入提交后，企业只具有查询权限而没有修改权限。与养殖和屠宰环节相比，销售子系统处理的信息量较小、信息在本地管理的时间较短，且销售地点的网络技术应用得相对普遍，因此销售子系统不必在本地单独部署服务器，仅需一台可以联网的客户端即可，在数据传送时直接与管理中心建立连接。

基于上述应用实际，畜产品追溯系统通常采用 C/S 与 B/S 混合的体系结构。肉品消费者、餐饮集团等用户采用 B/S 方式进入系统进行相关数据查询、浏览等操作，能充分发挥 B/S 客户端免维护，适用于庞大和需求经常发生变化的用户群的特点。屠宰场、肉品批发超市及政府监管部门采用 C/S 结构，其主要优点是：①交互性强是 C/S 固有的一个优点。在 C/S 中，客户端有一套完整的应用程序，在界面高度自适应集成、出错提示、在线帮助等方面都有强大的功能，并且可以在子程序间自由切换。②采用 C/S 模式可降低网络通信量，与服务器之间是纯粹的数据交换，避免大量的界面标识及图形等。③C/S 客户端具备较强的抗干扰工作能力，能够在实时性要求高、网络环境复杂的环境下工作。

（七）畜产品追溯系统的设计、开发和应用案例

以重庆大学自动化学院设计开发的猪类产品生产信息可追溯系统为例，介绍以猪肉食品为例的畜产品追溯系统的具体实现。既能够保证信息的可追溯性和连贯统一性，又能够保证整个系统实现对系统数据进行查看、监控、存储、管理、查询、报警、分析和统计等功能。

1. 信息链的管理

信息链的组织可以利用产品个体追溯模式来处理，每个实体记录其唯一标识信息、相关的数据属性内容（如耳标号、单位、重量、数量、检疫信息等），并由最新的个体标识保存上、下工序的链接标识。

猪肉产品供应链由活体猪的饲养、屠宰、加工、销售及储存、运输等环节构成。要实现对猪肉产品的全过程跟踪，就需要在供应链各个环节实现无缝连接，达到物流与信息流的统一，从而使供应链处于透明化状态，而信息标识是其中的关键和基础。为使信息流能顺利实现，应该在供应链各个环节分别对活体猪、胴体、分割体和加工的产品进行标识，而且必须采用唯一的标识代码准确记录。在整个猪肉供应链及最后市场的销售过程中，相关数据的采集、交换，对编码的唯一性、通用性提出了更高的要求。

该系统的猪肉产品信息传递的方式为树状结构（图 7-10），产品供应链中的所有企业可以建立自己的数据库。但是，本地数据必须上传到中央数据库中，实现整个链条的信息共享。每个企业可把自己产品的信息输入数据库，也可从数据库获取其他企业的产品信息。

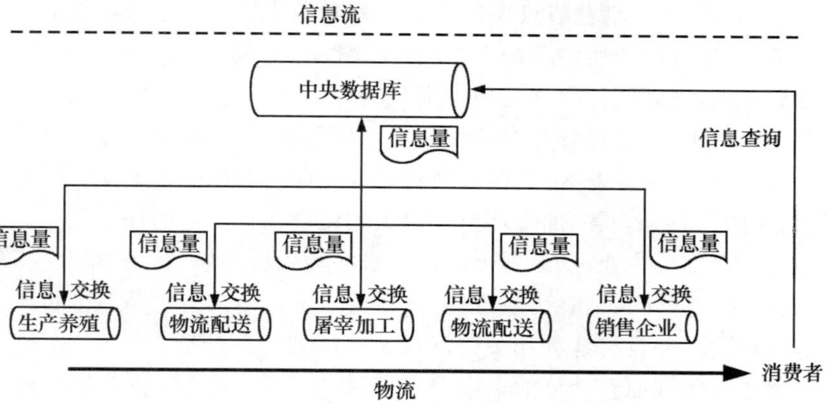

图 7-10　猪肉产品信息传递的方式(树状结构)

该树状结构有明显的优点:每个供应链节点为一个单独的数据单元提供信息,由中央组织整合整个供应链上所有的信息。这可解决信任问题,也使信息追溯在理论上能很快得到执行,以及整个追溯系统能得到有效的维护。

猪肉产品企业在查找和输入信息时更加简便,数据库中的信息更加清楚简明。一旦出现食品问题,可便捷地找到食品问题的源头。必须指出的是,行业中共同数据库的建立,不能由企业建立,而应由政府或行业协会建立,其缺点是建设总费用较大。

由于该系统的根本任务是实现产品信息追溯,其信息传递方式是物流流动方式的反向体现,所以,物流与信息流均呈现链式传递。但是链式传递有其自身的缺点,这是由于传统的供应链节点企业的耦合关系所决定的,这种关系不易实现信息的共享,一旦产品出现问题,很难迅速收集全面的信息,很难迅速做出反应,所以采用树状结构实现信息的传递是一种比较可行的方案。该系统平台采用中央组织模式,采用中央数据库,客户企业可以建立自己的子系统和数据库,客户端只要将本地数据信息通过数据库同步技术实现与中央数据库统一即可。数据库设计必须满足信息的传递特性与系统的空间结构需求,所以该系统的中央数据库采用了分布式数据库系统。对于节点企业末端系统可以采用集中式数据库,但选择的数据库必须易于实现系统的数据交换。

2.信息的采集过程及内容

在猪肉生产加工环节,生产加工过程信息建设和管理复杂。生产加工环节追溯信息需要特别解决两个基本问题:一个是屠宰前活体身份信息与屠宰后胴体标识对应问题,另外一个是完整胴体与分割肉的标识转换问题。

该系统采用条形码技术和 REID 技术作为信息采集和识别的主要手段。通过现场节点控制器读取 RFID 标签和打印临时的一维码完成不同信息载体的转换,保证加工信息从屠宰前到屠宰后的正确性。在分割阶段,采用电子托盘或电子挂钩结合条形码技术来解决分割信息的采集,通过编码技术,完成唯一胴体与其分割肉的对应标识。

最终产品的标识解决方案:考虑到产品会销往不同的地区乃至不同的国家、不同的销售商,要求供应链下游能解读产品信息,所以采用国际通用标准的 EAN·UCC 系统可以对加工环节全过程中的产品及其属性信息、参与方信息等进行有效的标识。加工链中各个环节的临时条形码,采用 UCC/EAN-128 条形码符号来表示。

条形码信息和RFID信息在节点控制器中可实现信息的同步交换，监控工控机的监控软件能对猪肉屠宰、加工过程中所涉及的入栏、检疫、屠宰、分割、包装、储存、运输等所有环节信息进行实时动态监控，实现同步数据更新和发布。

在生产加工过程中，可以设计几个关键的加工环节节点，在每个关键节点都有一个对应的单元控制器智能终端(含阅读器等)连接到现场总线网络中，用来控制各个加工环节的工作状况，并且采集相关的信息，不同的加工环节按照工艺流程执行一定的加工工序。

这样在猪肉生产加工企业，从原料个体进入屠宰场入栏开始，利用RFID技术来获得原料个体标识，再利用条形码作为信息传输载体，实时将屠宰环节的各种信息上传给工控机监控程序，准确显示实时数据，并且将各种相关数据自动存储到该系统数据库中，使整个物流活动一目了然。该系统主要实现原料个体的屠宰档案记录和保存，肉类检验结果监控，肉类分割、存储及肉类的运输监控，对违规现象进行警示预报，并在数据库中进行记录。通过这一系统，消费者可以根据成品肉的标签号码来准确查询到肉类加工环节的各种信息。检验检疫监管部门可以准确、及时、高效监控屠宰加工部门，查询信息，发布预警。生产加工部门利用先进信息采集和识别技术，可以提高肉类生产质量安全水平，达到国际化肉类加工标准。根据生产流程对信息的采集点进行以下分析。

(1)猪从养殖场通过物流运输进入屠宰场时，首先要核对畜体RFID标签的身份信息。

(2)卸去头后，一般要将原有标识RFID标签除去，使用屠宰企业内部的临时条码标签，并将身份标识信息复制到信息标签，保持身份标号统一。

(3)胴体被分割的部分，均要贴挂与胴体相关的电子标签，即将原标签的信息进行复制；如果胴体是在本企业内部进行分解，不需要打印标签，直至产品要转出或进入包装环节；如果产品需要转出，需生成包含原畜体身份信息的统一的产品编码，打印并粘贴胴体标签，同时将生成的产品信息进行记录，并上传数据库。

(4)对预包装的分割肉称重时，需打印并粘贴符合EAN·UCC标准的成品肉标签。在此过程中分割肉标识号与身份标识的对应关系通过数据库系统实现。

3.系统的实现与关键部分设计

猪类产品生产信息可追溯系统采用RFID标签和条形码技术对信息采集和处理，开发各业务环节数据采集应用，因此，其功能即为采集和管理产品业务信息。系统采集到的业务数据通过internet的通信方式向数据中心管理平台系统上送。在养殖生产过程中，在养殖子系统中以电子耳标为标记载体，通过向系统输入生猪的出生、饲料、免疫、兽药等信息，实现在养殖阶段的安全控制和信息追溯；在屠宰过程中，通过对电子耳标的读写转换，将生猪上的电子耳标转换为猪肉胴体上的条形码标签，实现标识的连续性和唯一性，同时向系统输入屠宰过程的宰前检疫、猪肉(宰后)检疫、冷冻信息等生产信息，实现生产过程的信息追溯；在物流配送过程中，以猪肉胴体一直佩戴条形码标签为标识载体，输入配送温度等信息，实现配送过程信息追溯，当分割时，猪胴体上的条形码标签转换为分割肉的销售追溯条形码，同时输入分割包装信息，实现分割包装的控制和信息追溯。在相关的生产过程中，系统采集每个猪肉产品标签内的信息和当前环节猪肉产品处理数据，在将详细信息保存到各养殖、屠宰、物流、销售工作站点的管理系统中的同时，还要将上述信息发送至中心管理平台系统，通过数据库技术实现对各个猪肉生产过程的控制和信息追溯，如图7-11所示。

图 7-11　猪类产品生产信息可追溯系统

猪类产品生产信息可追溯系统的硬件部分主要由三部分组成，即监控工控机、现场总线网络和单元控制器操作终端。监控工控机负责整个系统的管理调度和信息数据显示、存储和查询；现场总线主要负责各个单元控制器和工控机数据通信和传输；单元控制器实现对加工过程中各种信息的采集，并且完成系统的信息要求。该系统由监控工控机通过现场总线网络与安放在加工环节各个重要节点的单元控制器连接。猪类产品生产信息可追溯系统的信息采集如图 7-12 所示。

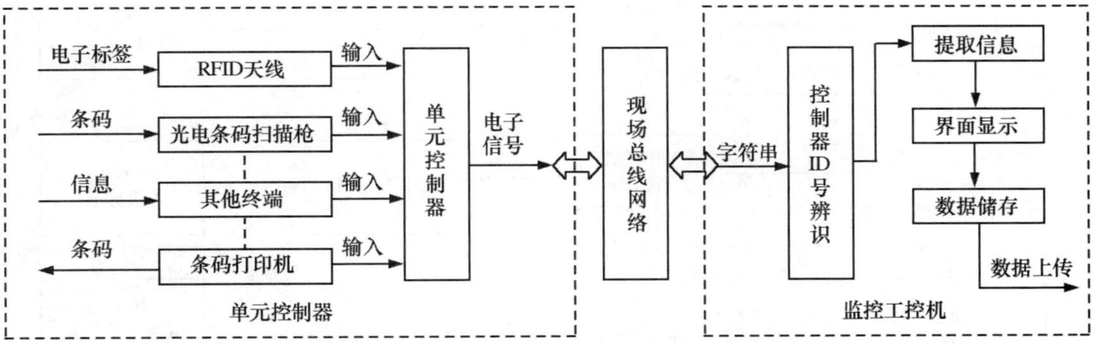

图 7-12　猪类产品生产信息可追溯系统的信息采集

如图 7-13 所示，从生猪入场开始，到最后加工成成品肉进入销售环节，经过其间的一系列过程，实物从一头完整的猪变成了最后的分割肉，通过对不同阶段的产品进行各种个体标识，利用计算机技术将这些个体标识读取或者打印出来，并且统一上传到数据库中，保证加工信息从宰前到宰后的正确性，具体过程如下。

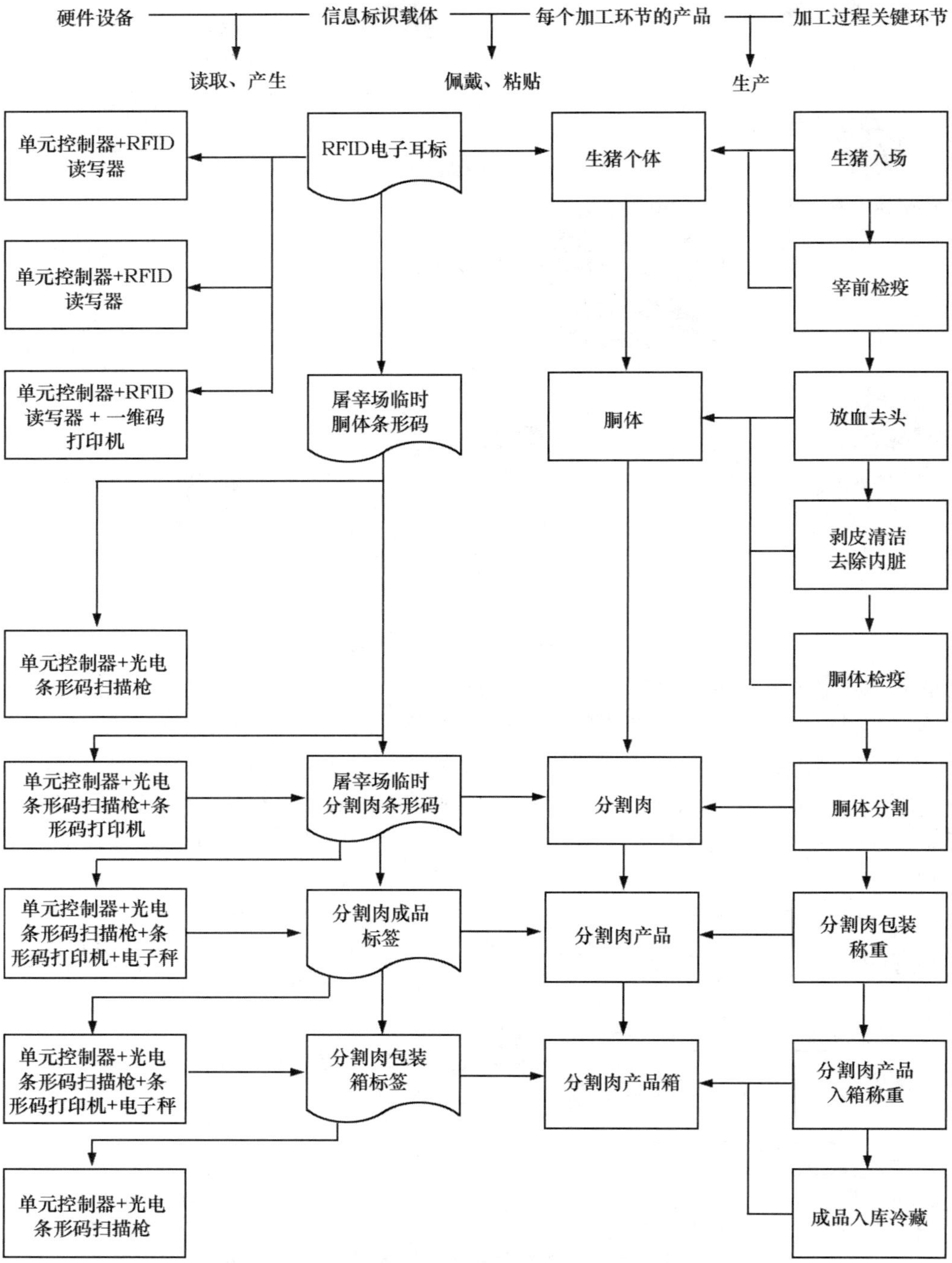

图 7-13　猪肉产品生产环节信息链标识的实现

(1)生猪入场。单元控制器通过 RFID 读写器读取生猪在养殖阶段佩戴的 RFID 电子耳标,数据上传至数据库,从而建立生猪最早在屠宰场的标识信息。同时在此环节,除了猪耳标号,屠宰加工厂还要对生猪的原料来源、运输信息等进行记录。

(2)宰前检疫。猪在待宰时,需进行宰前检疫,检验人员读取生猪耳标号,建立宰前检疫记录,包括合格猪耳标号、批次、日期、数量等。同时要将不合格的猪也通过耳标号建立不合格记录,包括检疫结果、处理建议等。

(3)放血去头。由于在去头以后,生猪佩戴的 RFID 标签需要摘除回收,此时标识猪身份的信息载体变成了临时的一维码。单元控制器读取 RFID 标签,启动打印机打印出这个耳标号的条形码,操作人员将条形码贴于设备挂钩上,用于下一环节的信息传递。

(4)胴体检疫。检验人员检验经过摘除内脏、剥皮、清洗过后的胴体时,对于不合格的胴体,检验人员使用光电条形码扫描枪读取其临时条形码,同时建立不合格记录。

(5)胴体分割。分割猪胴体时,通过扫描条形码标识,确定进入分割流水线的猪的耳标号。同时批量生成新的分割肉条形码标识,与前几个环节猪的唯一耳标号产生关联,操作人员将这些临时的分割肉条形码贴于托盘上。

(6)分割肉包装。分割肉经过卫生处理后,开始称重包装,此时操作人员需要读取临时的分割肉条形码,生成新的、符合 EAN · UCC 体系标准的分割肉产品标签,粘贴在猪肉产品的包装上。

(7)分割肉入箱。将分割肉产品放入包装箱内,操作人员使用扫描枪读取每个分割肉产品的标签,上传至追溯系统的数据库中。将生成的包装箱标签,粘贴在包装箱外,打包封存。

(8)产品入库冷冻。操作人员读取包装箱标签,建立产品入库冷冻信息记录。通过这一系列操作,实物流由完整的生猪个体,变成了胴体,再到分割肉成品,随之的信息流标识也由最早的生猪的 RFID 耳标号,变成了一维的耳标号条形码、胴体条形码和分割肉标签,所有的信息都上传至系统的数据库中,在相关的表中产生关联,这样就可以完成从产品到原料的唯一性和可追溯性及信息的统一性与连贯性。

4. 主要模块功能介绍

(1)生猪屠宰加工过程监控。在屠宰加工企业里应用猪类产品生产信息可追溯系统,其中生产过程中信息流的控制与数据管理依靠安放在工作现场的监控工控机来完成。工控机的监控软件提供对生产过程中的各种数据的实时查看、监控、存储、管理、查询、报警、分析和统计等功能,为系统提供强有力的数据和逻辑支持。在数据库系统的支持下,还可以在线或离线地查询生产过程中产生的历史数据,为事后的追踪和统计分析提供强大的支持手段。工控机的监控软件可以提供如下功能。

屠宰信息管理:包括对生产流程、原料信息、产品及工厂信息、加工质量信息、产品质量监督信息等的记录。

加工生产流程监控:对屠宰现场加工进度的实时监控。

监控查询:包括个体查询、条件查询、流程查询、供应链查询等。

(2)屠宰过程数据采集。当白条猪肉出厂时,该白条肉所对应的相关信息要采集录入屠宰信息采集系统,同时这些信息也要报送到屠宰企业的信息部门。

(3)白条肉信息的发送。各生猪对应的个体信息被录入屠宰信息采集系统后,由信息人员下载当日肉品信息的数据文件,并通过肉品信息发送程序将各生猪的肉品信息发往指定的销售终端,同时在肉品包装上也有相应的标签标识该肉品的追溯信息,二者需相互对应。

(4)肉品信息的网上追溯。消费者在购买肉品时可向销售商索要购买凭证,凭证上打印有该肉品的产品追溯码信息。通过登录肉品信息查询系统并输入产品追溯码查询,以便详细了解该肉品信息。

(5)生产过程信息采集单元。安放在加工过程中各个关键环节的单元控制器,在加工现场是生产过程中的信息采集单元,通过连接相应的RFID读写器、光电条形码扫描枪、打印机、电子秤等相应的外设终端,对产品的相关数据和信息进行采集和融合,最后通过现场总线上传至监控工控机。

单元控制器的功能如下:①具备总线接口,能接收监控工控机指令并根据通信协议发出相应的动作信号,还能根据接收的主控机指令或者设定的程序对主控机发送信息。目前,系统中应用的总线主要是CAN总线,成本较低、应用较广,协议开放性好,实时性高,传输时间短。②能识别通过加工流水线上传送过来的产品标识。通过RFID读写器,光电条形码扫描枪等终端读取之前环节的产品标识,并且进行信息处理,再完成当前环节的标识,供后续环节使用,实现信息链的连贯性和统一性。并且将读入的信息返回给监控工控机处理。③终端具有简单的人机交互功能,能通过指示灯简单显示当前的指示状态。单元控制器工作流程如图7-14所示。

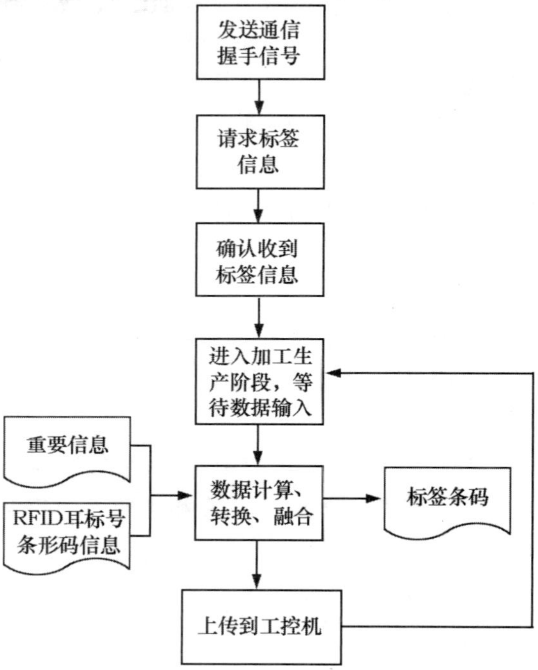

图7-14 单元控制器工作流程

在系统刚开始运行阶段,由于现场总线的需要,要确定监控工控机与单元控制器的连接状态,所以单元控制器发出握手信号。如果监控工控机收到后,同样发送握手命令,单元控制器收到后请求标签上的日期、屠宰场相关代码、批次等信息,因为单元控制器断电后不能保存数据,并且相关信息不能固定等原因,所以每次系统运行都需要先进行握手连接和接收标签信息。在单元控制器收到标签信息后,进入加工生产阶段,开始等待数据输入,当相关外设读取到耳标号或重量等信息时,单元控制器会通过运行程序,启动打印机打印出标签,并且将相关数据通过现场总线传送至监控工控机中,在数据库中与此环节记录进行关联。

任务二　智慧畜牧养殖系统

一、猪的智能化养殖系统

一般猪的智能化养殖系统主要由 4 个子系统组成。其中,基于 RFID 和电子秤的养殖信息采集子系统,基于可编程控制技术的猪舍养殖环境实时监控子系统,基于猪场养殖需要的信息管理子系统和基于体重秤的自动报警子系统在进行猪精确身份识别的情况下,保证了不同身份猪的采食情况和体重信息的采集和存储,同时还满足了现代化养殖企业常用的企业管理需要。

(一)养殖信息采集子系统

养殖信息采集子系统主要实现对猪耳标号、采食行为和体重信息的自动化采集。养殖信息采集子系统主要通过 RFID 技术建立猪身份识别模块,采用一畜一标的方法,实现对进入采食区域的个体猪进行准确快速识别,并对佩戴电子耳标的所有猪分别建立一个电子档案,通过耳标号建立起系统管理平台与猪个体之间的桥梁,实现对猪个体的自动监控和精准养殖;通过电子秤自动称重模块完成猪采食量及体重的自动称量。在每次采食过程中养殖信息采集子系统会利用电子秤和物联网技术自动采集采食量、体重值,并上传至 PC 机为查询和统计诸如采食次数、采食量、采食时间与分布等采食行为和后期生长模型等建立数据基础。

(二)猪舍养殖环境实时监控子系统

猪舍养殖环境实时监控子系统主要完成对猪舍养殖环境的实时监测和控制,确保猪舍能够提供最佳的猪生长的环境。系统通过 PLC 控制采集猪舍内环境参数(如温度、湿度、光照、二氧化碳等),实现对猪舍环境的实时数字化显示、自动监控和记录。环境监测数据通过传感器获取并在控制端显示,且自动保存到精细养殖的数据库中,达到实时监测的目的。当环境参数需要调节时,PLC 会按照上位机程序驱动加热设备、照明设备和通风设备等执行机构实现智能调控,为猪的生长提供一个适宜环境,从而提高生猪的生长福利。

(三)信息管理子系统

信息管理子系统主要实现耳标号、称重数据和环境参数的实时显示功能;实现对生猪的基本资料(如耳标号、出生日期、品种、体重、猪舍等)、饲料、疾病等的日常记录和管理功能;实现对体重增长、采食次数和累计采食量的查询和统计;同时增加使用权限管理功能,实现对系统的安全保护功能。

(四)自动报警子系统

自动报警子系统主要用于防止因 RFID 系统、体重秤和智能门等出现故障,造成养殖信息采集子系统运行异常，使包括采食时间、耳标号、采食前后体重和饲料重在内的养殖数据缺失或者不准，从而造成整个系统平台失效。

在大圈饲养猪的过程中，将猪的活动范围划分为运动区、休息区、采食区和分离区等，如图 7-15 所示。养殖信息采集子系统主要安装在采食区，通过自动饲喂系统的使用，实现在大群饲养条件下的个体精确控制。群体内的母猪可以自由分群，随意组合，并且可自由选择采食时间。同时，智能化分离系统可根据识别的体温指标、日采食量及发情鉴定系统的检测结果等，通过自动喷色记忆将病猪、发情母猪、妊娠母猪、临产母猪、到了免疫接种时间的母猪、没有带耳标的母猪等分离出来，以便人工及时采取相应处理措施。

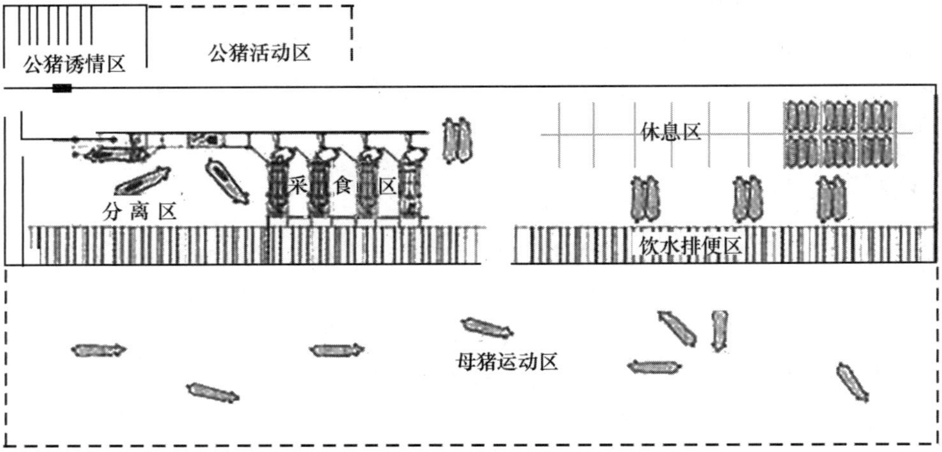

图 7-15　200 头母猪大圈饲喂猪舍

图 7-16 中，左下方为实现主要精细养殖信息采集的养殖信息采集子系统，主要由身份识别模块、自动称重模块和智能门模块组成。在身份识别模块中，传感器在识别到猪身上的电子标签后，通过线路传至计算机读取耳标信息。自动称重模块通过电子秤将数据传至计算机，将 RFID 系统读到耳标信号作为电子秤数据处理的开始和结束。智能门模块是为了保证采食区域内仅有一头猪在采食，防止猪采食时被其他猪干扰造成数据采集混乱而专门设计的，由 RFID 系统给 PLC 系统发送控制信号，然后由 PLC 连接的继电器控制门机，实现铁制前门的智能打开和关闭。

图中左下方为猪舍养殖环境监控子系统，主要由控制器、传感器、执行设备和信号转换器构成，经过硬件设计和软件编程即可实现养殖环境实时监控。

图中左上方为信号信息管理子系统，由相应的操作按钮和功能菜单组成，通过点击相应按钮和设置实现相应的养殖环境管理和系统管理。

图中右上方为自动报警子系统，主要通过软件算法实现可能出现的硬件异常情况在主界面的文字显示。

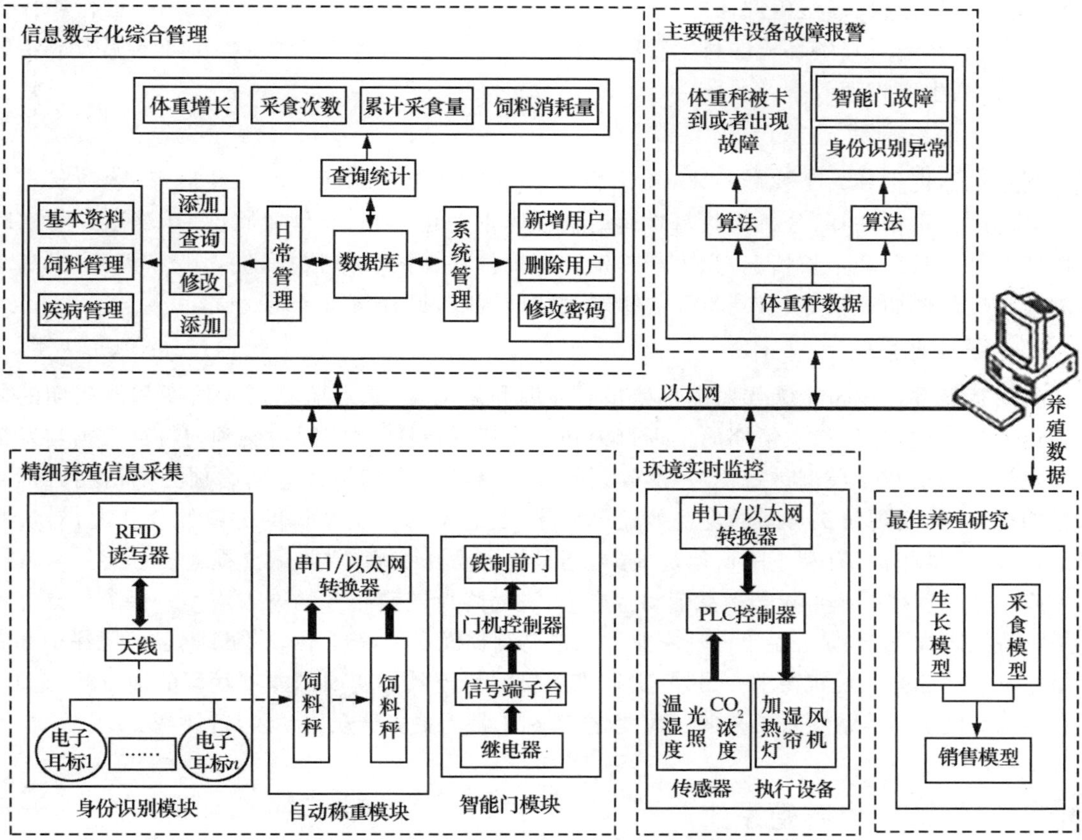

图 7-16　智能化养殖系统的构成

【实例】玉屏温氏“猪舍＋智慧畜牧”管理模式

玉屏温氏的智慧养殖模式主要在温氏股份高效种猪场、合作家庭农场实施，利用物联网技术，建立“猪舍＋智慧畜牧”的生产管理方式，建设智能养殖物联网，实时监测与科学控制养殖环境，通过对养殖环境和猪只生长状况信息的智能感知和处理，实现智能环控、猪只日增重和发情监测、疾病预防、育种选育、“互联网＋环保”等精细化养殖管理。相比传统的的管理模式，其能够改变规模养殖对劳动力的较大依赖，降低成本，提高效率，增加收益，具有显著优势。该模式的实施主要通过建立以下应用系统实现。

1. 无线环境监测系统

通过猪舍内安装的各类传感器，实时监测养殖环境的关键指标数据，并将数据通过无线传感器网络传输到配套的生猪智慧养殖大数据平台。养殖户可通过手机、电脑等终端设备实时查看猪舍环境状况，根据猪只生长管理对环境条件的要求，及时调控猪舍环境。另外，若环境数据超出预警阈值，系统将及时向养殖户报警，使养殖户可及时采取相应措施，减少因意外情况造成的财产损失。

2. 物联网智能环控系统

建立包括环境监控、能耗监测、设备管理和报表展示等模块的物联网智能环控系统，利用物联网技术，可实现猪舍状态监测、环控设备智能化调控、猪舍状况远程监控、异常（超出阈值）

预警、运动能耗分析、养殖生产任务管理。该系统根据实时监测得到的环境参数，进行环控设备自动运行，达到对养殖环境的科学智能化控制，保障养殖环境符合要求，在降低人力成本的同时，可提高生产管理效率。

3. 人工智能养殖系统

利用机器视觉和人工智能技术，使用智能摄像头对猪只进行运动轨迹追踪、运动状态监测、健康分析、重量估算，分析猪只每日运动量和体重变化，判断其健康状况，让养殖户可实时掌握猪只健康状况和生长情况，为生产养殖管理提供科学的决策依据，优化喂养策略，提高个体健康状况的侧面评估等，有利于开展智能化精准饲喂，提升猪肉产能。

4. 电子医生系统

利用智能穿戴设备全天候监测母猪核心体温和运动量，重点监测其发情期和发病期的体温和运动量变化，为母猪发情期的生理行为和发病特征建模，将实时检测到的特征数据与发情期及发病状态的数学模型进行比对，准确判断其发情期和发病情况。精确预测发情期可提高猪场的配怀率，实现每头母猪的经济效益最大化；及时了解发病个体的健康饮食状况，对疾病提前预警，及早防治，有利于降低用药成本，还可提前防止疾病传播，减少损失。

应用智慧养殖系统可显著提高劳动生产率，进而降低养殖企业的投入成本。保障生猪养殖必须坚持生态优先，对促进生态循环农业发展也具有积极意义，符合国家推进生态环境保护和农业绿色发展的趋势和现实要求。另外，实施该项目的示范效应使周围非项目区的地方政府和农民直接感受到智慧养殖项目带来的巨大变化，有利于带动更多群众主动参与畜牧业发展。

二、奶牛智能化养殖系统

奶牛智能化养殖技术是将现代信息技术与养牛业有效结合，基于无线射频技术、计算机和网络技术开发的数字化养殖技术，可以动态识别、记录牛的体重、采食量、运动量等数据，通过其他传感器传输、记录牛体况、牛场环境（温度、湿度等），在计算机终端对牛进行动态监控，利用专家知识系统，判断牛的生理状态，调整饲料的结构和供给数量。

奶牛智能化养殖系统由信息采集系统、信息处理系统、自动补料系统组成。

（一）信息采集系统

信息采集系统采集的信息包括奶牛状态信息（牛号、体重、体况、基础日粮采食量、运动量等）、生产性能信息（产奶量、乳成分等）、繁育信息（妊娠期、年龄、胎次等）、环境信息（气温、湿度、氮浓度等）、管理信息（牛场人员、财力、物流等）。

（二）信息处理系统

在牛场中，将牛主要的活动路径范围分为 3 个区：饲养区、运动区、挤奶区。在 3 个区定点设置读写器并赋予识别号。

1. 在饲养区安装体重信息采集系统

在牛日常出入的通道上，如挤奶厅和自动补料站入口处，设置一个称重段，选择测量范围在 2 t 左右的动态电子秤，在电子秤附近安装牛识别系统；将牛的通过信息和体重信息传输至中心数据库。

2.在牛活动区安装运动量信息采集系统

运动量信息采集系统选用电子计步器，采用射频或红外等无线传输方式；将信息传输给固定安装的信息接收器后，再由接收器传输给中心数据库。

3.在挤奶区安装乳汁电导率信息采集系统

在奶杯与挤奶器之间的管道中安装电导电极和温度传感器；当乳汁连续通过传感器时，实时检测乳汁电导率；结合牛自动识别系统，将采集到的乳汁电导率、温度参数与牛信息和挤奶时间一起传输到中心数据库。

(三)自动补料系统

奶牛养殖技术有传统的精、粗饲料分食饲喂技术和全混合日粮(total mixed ration，TMR)饲喂技术。传统饲喂技术主要应用于小型的养牛场，TMR 饲喂技术主要应用于中大型养牛场。在奶牛饲喂领域，智能化奶牛饲喂系统由奶牛饲喂设备和上位机云平台构成。目前 TMR 饲喂设备、精饲料自动补饲设备和饲喂机器人这 3 种自动化控制程度较高的饲喂设备，被应用于数字化奶牛精细饲养中。其中精饲料自动补饲装置与饲喂机器人的工作原理基本相同，不同之处是饲喂机器人比精饲料自动补饲装置多了行走机构，能够自动寻找要补食的牛。TMR 饲喂方式能精确地使奶牛采食到全部混合均匀的饲料，减少奶牛挑食情况的出现，有利于糖类或碳水化合物的合成，提高蛋白在瘤胃的利用率及降低瘤胃酸度，最大程度地保障奶牛的瘤胃健康；使用 TMR 车自动精确取料，可以减少劳动力，增加人均饲养头数，从而节约劳动时间和饲养成本，劳动效率明显提高。

1.TMR 饲喂设备

TMR 饲喂设备主要有固定式、牵引式和自走式 3 类，又有立式和卧式之分。TMR 饲喂设备跟随 TMR 饲喂技术一起兴起于西方 20 世纪 60 年代，最早的设备是固定式小型饲料搅拌车；到 20 世纪末，21 世纪初期，TMR 饲喂设备开始向大立方、全自动、自走式方向发展；目前，为了节省能源、减少环境污染，TMR 饲喂设备在现有模式基础上，开始向低油耗节能以及 TMR 饲喂机器人方向发展。TMR 饲喂系统是建立在奶牛分群基础上的，当奶牛数量不足时，很难把状态类似的奶牛组群；当奶牛数量足够但由于奶牛个体差异太大而组群较多时，会造成日粮种类太多而加大操控难度和烦琐度；还存在着同一牛群中由于奶牛饲喂的饲料完全相同，无法从个体角度满足奶牛的营养需求时，会造成高产奶牛的营养不足、低产奶牛的营养过剩等现象。

2.精饲料自动补饲设备

精饲料自动补饲设备主要由奶牛自动识别系统、信息处理系统、自动控制系统和供料机构等四大部分组成。奶牛自动识别系统能够识别不同的奶牛个体。信息处理系统能对识别系统提供的身份信息进行查询、分析对比，并根据奶牛的产奶量、体况、基础日粮的采食量等数据判定奶牛个体是否需要补饲，并提出补饲配方。自动控制系统和供料机构将按照信息处理系统的指令对需要补饲的奶牛进行补料。根据供料机构中饲料计量方式的不同，精饲料自动补饲设备分为重量计量式和容积计量式两种。

重量计量式精饲料自动补饲设备的工作原理是在排料部件将饲料排出的同时，利用质量传感器称量排出饲料的质量，当饲料达到需求值时，自动控制系统就会中断供料。这种设备计量精度较高，但结构复杂、成本高、易受环境因素（如振动、撞击等）影响。

容积计量式精饲料自动补饲设备的工作原理是利用排料部件的容积和饲料的容重来计量物料。通过控制排料部件的转数或转动时间，就能获得比较准确的计量值。容积计量式计量装置具有结构简单、造价低、工作可靠等优点，能被大多数奶农接受。目前在国内外大多数容积计量式精饲料自动补饲设备都是应用螺旋计量装置进行计量，但是螺旋计量装置易造成颗粒饲料的破碎，从而改变饲料的容重，影响计量精度。因此，应找出不易破坏颗粒饲料的容积式计量机构来代替螺旋计量装置是今后容积计量式精饲料自动补饲设备发展的方向。

TMR 饲喂监控系统能够实时跟踪全混合日粮饲喂车的重量信息、饲料种类信息、不同圈舍奶牛的饲喂信息，具有配方管理、配料管理、配比分析、牛只营养分析、牛群信息管理、饲料仓库信息管理和饲喂过程监管等功能，用于指导和监管奶牛饲喂过程，从而实现奶牛的精准化饲养（图 7-17）。TMR 饲喂监控系统采用物联网技术，使用感知监测技术和多线程数据接收、处理技术，利用数据库系统存储监测数据，通过无线射频识别技术识别饲料品种和牛舍位置等，将奶牛实际采食量信息实时传输到服务器，从而监督整个 TMR 饲喂过程与下达技术指标的一致性，确保整个饲喂过程的可控性和准确性（图 7-18）。

TMR 饲喂监管软件可以查询到指定圈舍的饲喂情况：饲喂日期、饲喂时间、饲料成分、各种饲料成分的标准装载量及实际装载量、牛群食用饲料的标准卸载量及实际卸载量、装载量及投放量的误差分析。通过对以上信息的查询、核定，可以及时掌握 TMR 饲喂过程情况，加强饲喂监管，及时做出调整，保证不同种群的奶牛食用到科学配方的日粮。

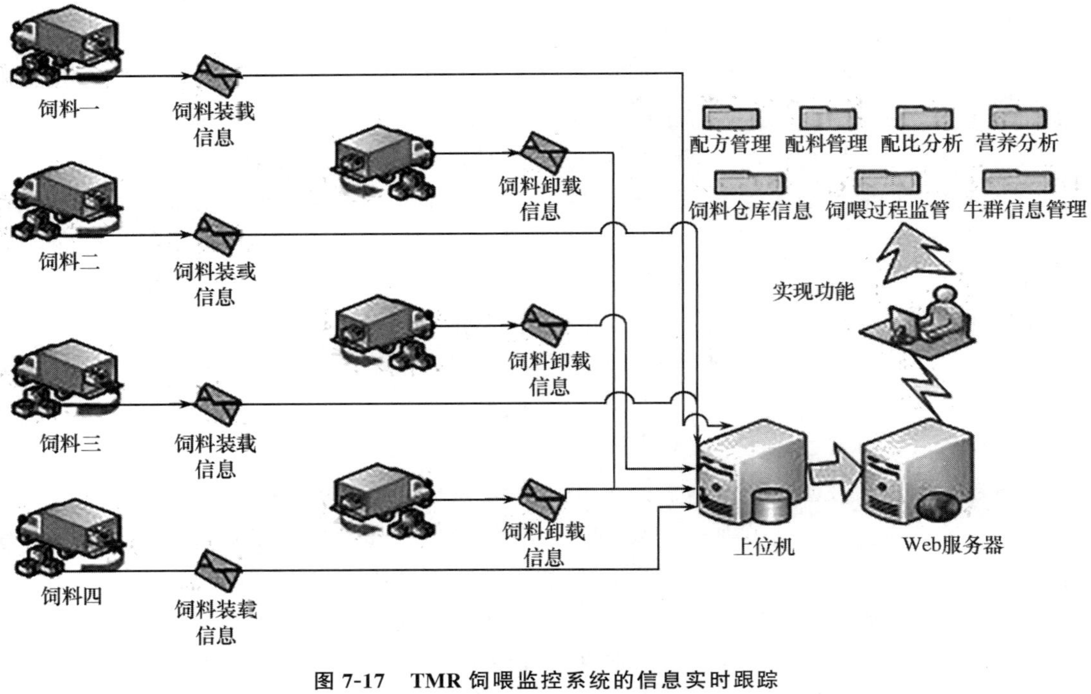

图 7-17　TMR 饲喂监控系统的信息实时跟踪

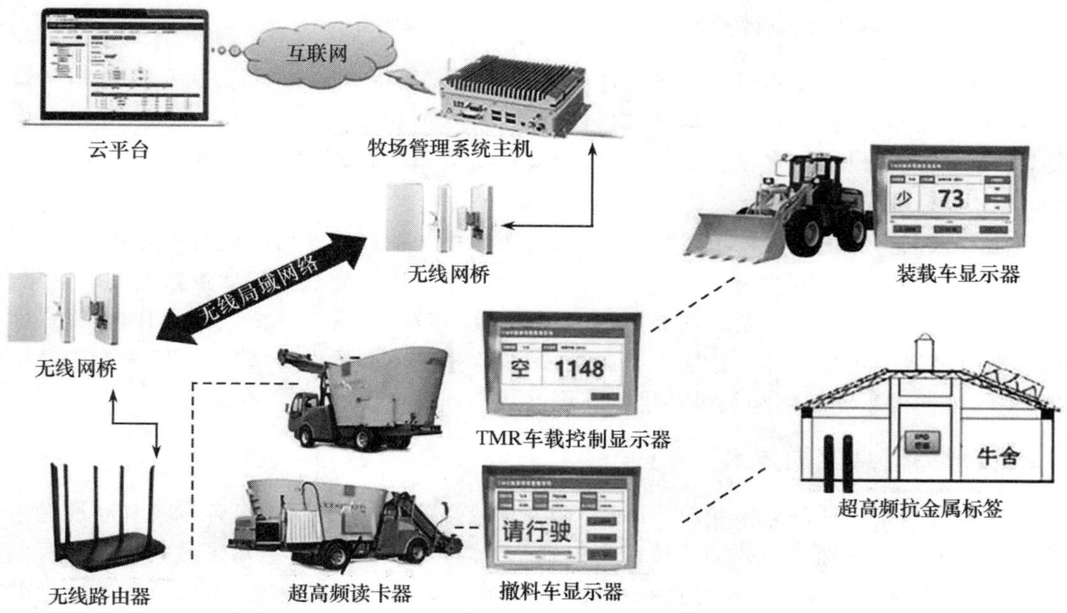

图 7-18　TMR 饲喂监控系统的基本构成

【实例】新疆呼图壁种牛场开发的奶牛精准化健康养殖科技服务平台是物联网技术在奶牛养殖领域的典型应用案例。该系统根据奶牛的活动量、TMR 采食量、体重、产奶量、电导率、体温的变化规律建立奶牛的泌乳曲线、干物质采食量曲线、活动量曲线、体重曲线和电导率曲线，进行奶牛发情预报、生产性能分析、饲料配方营养平衡分析、乳腺炎预警、疾病预警等综合分析报告，为管理者提供技术决策依据。同时管理平台根据员工的考勤记录、奶罐车状态记录、牛舍环境监测记录出具各类分析报告。奶牛精准化健康养殖科技服务平台还建立了奶牛专家诊断子系统，为全国的奶牛用户提供科技服务。

三、家禽智能化养殖系统

目前我国家禽产业稳步发展，产业结构不断调整、优化，以力图向家禽管理水平的标准化、数字化、信息化转型，公司或集团成为家禽业养殖主体，形成大规模，且越来越标准化的家禽生产格局。随着家禽产业规模化和集约化的不断发展，信息化管理日益重要，禽舍智能化管理成为决定养禽业生产水平的重要因素。

(一)环境精准监测技术

舍内环境是影响家禽生产性能、健康状态的关键，精准监测各种环境因子是改善舍内环境、评估家禽应激的前提。即通过智能物联网传感器在线采集禽舍养殖环境数据参数，并根据平台数据管理与分析结果，手动或自动远程控制相应环控设备，使禽舍养殖环境达到理想状态，实现科学养殖、降本增收的目标。

(二)养殖环境自动调控技术

养殖环境自动调控技术可实现舍内环境(包括温度、湿度、二氧化碳、光照等)的集中及远程控制,对家禽养殖场、栋舍各类环境数据信息的存储、分析和管理;提供上限值、下限值设置功能,并具备智能分析、异常报警等功能,以及设备与设备、设备与系统之间的强大兼容,实现智能化、远程控制与管理。

传感器可同步测量禽舍环境参数,并可通过传输系统最终传送至综合管理分析平台,形成数据报表,便于养殖管理者进行实时监测与管理。养殖户便可通过环境参数数据曲线变化,对禽舍空气质量异常情况进行及时调控,避免空气温度、湿度、有害气体浓度、光照时长或强度等环境参数过高对家禽生产性能造成不良影响,减少养殖场不必要的经济损失;同时参考系统标准值设置,自动或手动关停相关设备进行环境参数合理调控。

(三)行为信息感知技术

家禽的行为是表征其健康状况、环境舒适度等状态的直接参数,也是评价福利状况的重要指标。家禽的行为识别主要分为个体行为识别、群体行为识别,通过家禽穿戴式体温实时监测设备,能够监测家禽的体温变化并进行疾病预警,尤其是对低温死亡家禽的识别;规模化养殖场,通过机器视觉能够实现家禽个体行为检测和疾病监测,通过图像处理精准定位家禽,并使用热成像监测头部、腿部等位置温度,判断家禽健康状态。

(四)物联网管控平台

随着通信技术的发展,基于"物联网+"的技术已经越来越多地应用在家禽养殖中。如在传统环境控制的基础上,将传感器技术与移动通信技术结合起来,开发基于物联网技术的环境数据采集方案,设计家禽实时监控平台,结合生产过程数据设计并建立管理系统。

通过物联网采集数据,建立禽舍环境温度的数学模型,进而可得到有效的环境控制方案。随着云平台技术的发展,通过集成数据采集及后台管理系统,形成的综合的数字化智能监测系统,能够实现不同来源数据的互联互通,同步实时预警多单位多鸡场管理、养殖异常现象,推送环控方案及汇总分析生产数据。

【实例】宁夏晓鸣农牧股份有限公司开发的禽舍智慧养殖管理系统是物联网技术在养鸡领域的典型案例。该公司通过自主设计蛋鸡智慧养殖软件、综合禽舍视频监控与远程诊断系统、禽舍环境控制系统、饲料自动称重系统等,通过PC端和手机APP平台管理批次种鸡从引种育雏、育成、产蛋直至批次淘汰和种蛋孵化全过程,涉及禽舍环境、免疫、用药、检验、饲喂、体重、产蛋、孵化等相关生产管理。

任务三　畜产品物流运输应用系统

畜产品仓储物流追溯管理是畜产品追溯流程中极其关键的一个环节,为实现畜产品仓储物流追溯管理,需要对畜产品仓储物流管理过程进行数字化监控,并将所得信息上传至追溯系统。畜产品质量安全与人体健康息息相关,对畜产品仓储物流管理环节进行数字化监控也因此显得尤为重要。

一、情况介绍

畜产品安全与社会、经济、个体息息相关，虽然畜产品安全执法监管力度在不断加大，但还是有诸如注水肉、苏丹红、瘦肉精之类的严重问题出现。除惩罚牟取私利者外，更应该关注畜产品生产的全过程，解决各个环节实际存在的问题：大量的人工操作存在于畜产品生产、质量检测等环节中，出错概率大；畜产品生产、加工、流通、销售过程之间没有实现充分的信息共享，监管难度大；消费者了解畜产品信息的渠道少，所能获取的信息量小。为了保障畜产品的质量安全，建设畜产品自动化生产管理体系尤为重要，其中也包括畜产品仓储物流过程的自动化管理。

（一）畜产品生产

在畜产品生产的源头，无论是养殖生产中的最基本的饲料原料信息，还是在饲喂过程中的全价配合饲料信息，都可以通过电子标签记录到食品安全数据库中，将来如果出现质量问题，可以作为追溯的原始数据。

（二）畜产品加工和包装

养殖生产中所有和畜产品有关的信息，都必须提供给供应链的下一个参与方。在这个环节中，所有的相关信息，如质量、尺寸、色彩等，都可以生成物流单元；根据上一个环节提供的数据，形成所需信息的产品标签。

（三）畜产品运输

应用在畜产品运输环节，该系统主要的作用是实现对畜产品的监控、跟踪及道口检查。RFID技术可以为物流公司提供实时监控和跟踪服务，也便于业主在网络上了解自己货物的位置等情况。同时，如果畜产品在运输途中出现变质等异常情况，其可以准确地记录出现问题的时间和原因，并且由此可以确定是供应链中的哪个环节出现了问题，应该由谁负责。

（四）畜产品销售

在零售环节，物联网技术可以对畜产品统计、畜产品防盗、畜产品有效期监控等有巨大作用。当畜产品运输到批发销售点时，相关信息就可以通过系统实现共享。消费者在零售店内购买某畜产品时，可以通过专门的平台对所要购买畜产品的所有信息进行查询，充分知晓其安全性、原产地、产销状况等。

当消费者最终付款购买该批商品时，货架上的RFID阅读器会通过读取畜产品包装上的EPC标签，识别该畜产品的相关信息，及时更新储存在本地库存中的信息。在销售的每个环节中，检验货物通过RFID阅读器就可以简单实现，并不需要拆包验收，这样不仅极大地提高了物流作业效率，减少了差错率，而且保证了各个环节能够实时有效地了解库存中的详细情况。物联网技术的应用，可以使畜产品从生产、销售等各个环节完全透明，提供详细的供应链信息。对于畜产品冷冻、冷藏问题，畜产品一旦变质，RFID读写器终端就会显示过期信息，提示消费者不要食用，零售商应尽快将其下架，停止销售。

二、系统功能

畜产品仓储物流管理系统的冻肉管理流程如图 7-19 所示。

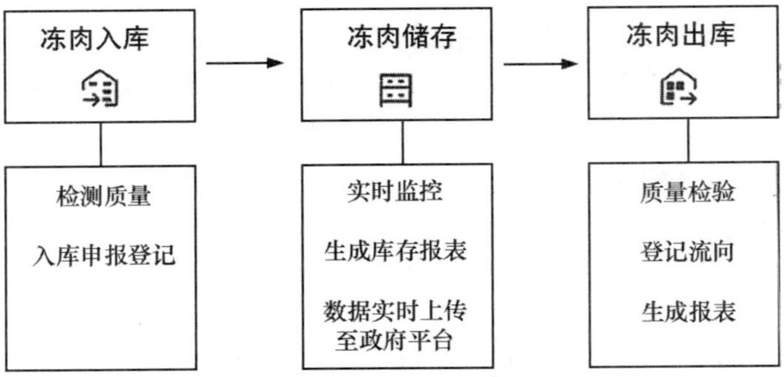

图 7-19 畜产品仓储物流管理系统的冻肉管理流程

综合来看,畜产品仓储物流管理系统的具体功能包括以下几方面。

1. 出入库信息管理

对畜产品出入库过程进行引导、控制和监管,在出入库环节识别畜产品信息,功能模块主要包括身份自动识别、出入库时间记录、结算管理等。可解决的实际业务问题包括:出入库流程标准化、规范化;各岗位共享作业环节信息,减少人工统计等烦琐操作;按照法规、企业制度规定的业务流程自动引导出入库作业。

2. 质量信息管理

记录畜产品基本信息,从来源、检疫、监控等环节对畜产品进行精细管理。

3. 仓库传感器监测

利用传感器对畜产品仓储物流过程中的温度、湿度、CO_2 浓度等进行实时高精度监测,通过无线传感器网络将数据发送到监控中心。

4. 仓库远程视频监控

视频监控设备将实时、全方位监控畜产品仓库内部情况,企业管理人员和政府监管部门可以通过系统平台远程观看畜产品仓库内部的视频画面。

5. 报警信息管理

报警信息管理系统与智能监控系统集成,可自动分析所采集的数据,发现异常及时发出警报,针对不同级别警情给出相应的解决方案。管理人员可以在系统中设置报警图示,以便根据图示及时辨别具体问题。

6. 统计报表

畜产品业务管理系统按期生成畜产品信息总览、经营统计报表、出入库统计报表等多种统计报表,管理人员可以查找历史报表,查看相应统计信息。

7. 权限管理

政府监管部门通过系统平台可以查看仓库相关信息;企业管理人员可以对各个生产环节进行把控,包括查看畜产品出入库信息及关键数据报表。

8. 数据共享

畜产品仓储物流管理平台和与商务部平台之间的数据对接，实现畜产品出入库记录、仓库监控视频、移动巡检记录等主要信息综合展示，方便相关人员随时随地了解实时动态。

9. 数据库建设

将畜产品仓储物流管理各个环节所产生的数据统一存储在数据库中，相关用户均可以连接数据库平台，获取所需要的信息。以数据为基础发展畜产品仓储物流管理应用，通过业务协同、数据挖掘等逐步实现信息共享、信息处理、决策支持 3 个层面的有效利用。

10. 库存信息管理

按产地、品种、收获年份、入库时间等对畜产品进行分类，记录具体信息，实时获知畜产品库存变化，了解各储备点规模指标的完成情况。

11. 安全生产管理

监控畜产品仓储物流管理各环节的操作流程，以及所使用的设施设备，以便及时排查安全隐患。

三、 系统建设细节

(一)基本功能实现

(1)建立数据采集系统，获取仓库的实时数据，对系统进行优化，提高数据采集的稳定性和准确性。

(2)搭建无线传输网络，将采集的数据传输到 Web 数据管理中心，完成数据转换。

(3)搭建 Web 软件平台，开发手机 APP，实现数据实时查看及设备远程控制功能。

(二)数据中心及机房搭建

(1)数据库选型，数据库搭建、调试和测试，接入硬件设备采集的全部数据。

(2)服务器、交换机、网络、UPS 等设备的选型、购置。

(3)对网络平台和数据库进行优化，扩大服务器容量，以满足实时处理、分析数据的需求。

(三)软件平台及 APP 需求实现

(1)搭建 Web 软件平台，完成各操作界面的设计、开发、调试和测试。

(2)开发 APP，完成各操作界面的设计、开发、调试和测试。

(3)将各监测点的数据接入 Web 软件平台，完成相关开发、调试和测试。

(4)在 APP 端接入后台数据，完成相关功能的开发、调试和测试。

(5)针对 Web 软件平台功能进行优化。

(6)针对 APP 界面及相关功能进行优化。

(7)搭建无线传输网络并进行调试、测试，通过 4G 和 WLAN 网络实现低成本、大范围、实时、高可靠性的数据传输。

(8)各系统联调后进行系统功能及其安全性、可靠性测试，对系统进行进一步优化。

物联网技术在畜产品生产、销售等各个环节的应用，可以促进畜牧业的发展。物联网的应用可以使物流商、经销商或消费者不仅可以根据畜产品安全追溯系统找到每件畜产品的最终消费者，还可以找到流通或生产加工过程出现问题的环节，形成一个高效管理和运作的链条；对于产业链物流中存在的各种问题，能及时采取措施解决，加快畜产品的供应水平，使畜产品的质量安全问题得到保障。

任务四 基于智能物联网养殖平台 AIoT 的智能养殖方案

一、项目背景介绍

随着"互联网＋数字农业"新技术的应用，IT 技术的快速更新；人口红利消失，劳动力资源问题及成本上升；消费者对养殖过程透明化需求及质量要求越来越高；非洲猪瘟形势依旧严峻。这将对养殖行业的技术、管理方式带来极大冲击，促进产业结构重塑，推动养殖行业进行转型升级。但是传统生猪养殖行业在转型升级中遇到了以下种种问题。

1. 黑盒养殖

当前生猪养殖行业整体信息化程度较低、信息化接入较晚，传统猪场养殖基本呈现"黑盒养猪"的业态，投入产出不透明，生产过程不透明，整体行业财务管理较为滞后，管理较为粗放。

2. 养殖软硬件管理不集成，猪场数字化运营和猪场设备管理分割

市场养殖平台多为软件系统，输出的管理决策数据仅停留在 PC 端或者移动端上，但通过物联网管控平台对猪场设备进行管控又是另一个系统，生产管理人员要在两个系统之间不断切换方能完成对整个猪场的管理。

3. 系统功能单一

当前各中大型企业使用软件平台不一，功能杂乱，缺乏统一有效的数据管理机制。独立的平台相对功能单一，不够齐全，整体信息分散，安全性较低，导致效率过低，缺乏竞争优势。

4. 数据安全性问题

中小养殖户对养殖平台的需求旺盛，但中小养殖场缺乏专业的技术人员及相应配套设施，后续平台软件的安全运行难以得到保障。部分养殖平台数据安全建设薄弱，难以有效保障用户信息不被破坏或泄露，难以实现数据安全性保障。

二、方案介绍

荷德曼生猪养殖专家团队从养猪需求出发，结合国内多个猪场项目设计、建设、运维的实践经验，针对当下养殖行业痛点研发制造软硬件系统，推动智慧农业建设，打造了诸多大型猪场的建设、运营管理的成功案例。荷德曼自主研发的数字养殖平台以智能物联网养殖平台

AIoT 为依托，可实现全方位的物联网系统监控，对养殖过程进行精准化管理，为实现数字化农业养殖提供核心支撑，全面实现养殖过程信息化。数字养殖平台主要分为三大功能模块，含智能物联网养殖平台 AIoT、养殖生产管理和智能分析系统。

(一)数字养殖平台的特点

(1)多终端：PC 端、PDA、微信小程序等多个终端可同步使用。

(2)多业务模式：适配于育肥场、育种场、自繁自养场业务模式的饲养管理。

(3)阿米巴独立核算：对不同类型的猪舍，进行阿米巴独立核算，可提高各猪舍的精细化管理力度。

(4)即日分析：实现财务、生产成绩、生产利润、各生产舍的独立日结。

(5)多维分析：按照生产管理要求，精准定义核算指标，实现多维度分析。

(6)个性化实施：根据不同用户群体可实现个性化定制实施方案，既满足大型企事业、集团的接入需求，又满足中小型养殖场的接入需求。

(7)双重保障：B/S、C/S 混合架构，现场、总部双重服务机制，确保养殖现场生产使用和信息的安全。

(二)数字养殖平台的优势

(1)实现信息化管理：该平台以智能物联网养殖平台 AIoT 为依托，对养殖过程各个环节及效益进行全方位的管控，为实现数字化养殖提供核心支撑。

(2)集中管理：该平台是覆盖物联网监控、生产管理、供应链管理、商务智能分析的集中化管控运营平台。

(3)养殖过程透明化管理：该平台对引种、保健免疫、配种、分娩断奶、上市销售等各个养殖过程的数据进行采集，对各个生产环节的养殖方式、成本进行统一管控。

(4)专业养殖指导：荷德曼拥有 20 年以上养殖经验的专家团队和 10 年以上运维管理经验的 IT 团队，拥有 5 家自有猪场，对养殖工艺设计、技术考核指标设计、批次化管理等养殖管理模块，能够进行全过程的专业化指导。

数字养殖平台解决了目前市场上养殖软件的“黑盒养殖”、软硬件管理不集成、系统功能单一、数据安全性无法保障等问题，将数据进行归集并统一管理，清晰划分业务模块，可实现投入产出透明化，财务数据即时分析，整体提高产出投入比，经济效益最大化。

三、各功能模块介绍

(一)智能物联网养殖平台 AIoT

荷德曼智能物联网养殖平台 AIoT 融合了智能环控、精准饲喂、智能刮粪、智能报警、智能监控、生物安全等智能技术，可对畜牧场全区域内智能系统进行统一监管，实现猪场内所有智能边缘控制器及智能终端的管控，有效提升管控的精确度，实现无接触式设备管控，大幅提升防疫等级，实现自动控制与智能决策。

1. 智能环控系统

荷德曼智能环控系统可实现欧式和美式猪场的一体化管控，通过环境传感器在线实时采集养殖舍外的环境数据（温度、湿度、二氧化碳、氨气、通风量）和精准控制风机组、水帘、通风窗等设备，从而实现养殖舍内环境的自动化控制。同时，系统支持与数字养殖平台的数据交互，实现设备与生产的综合调控。

智能环控系统可以采集有效信息实现智能实时控制，通过电脑和手机 APP 实时监控现场的环境信息，了解设备运行情况，远程控制设备的运行参数，以达到最适合动物生长的环境需要。同时可以建立养殖大数据平台，打造畜牧管理的新模式。

2. 精准饲喂系统

在智能物联网技术下，荷德曼精准饲喂系统是结合了料塔监控、个体识别、精确下料控制、母猪饮食监控、母猪饲喂计划管理的母猪全过程饲喂管理系统。

精准饲喂系统采用国际领先的精准饲喂器技术，可有效保证饲料的品质，防霉变，精准定量，个性化饲喂，根据母猪不同时段的需求，搭载精准营养模型，结合母猪胎龄和体重自动生成最优饲喂方案（饲喂曲线和饲喂时段）。该系统使用的精准饲喂器（图 7-20）投料稳定性好，精度高，每千克投料误差不大于 5 g，不但可降低饲料成本，避免浪费，更可为母猪的健康饲养管理提供保障；同时可实现饲喂数据集中存储处理，方便个体进食量查询和分析，也可在原有机械料线上即挂即用，适用于大、中、小型的新建、改造猪场。

3. 智能刮粪系统

智能清粪系统可连接智能物联网养殖平台 AIoT，线上制订刮粪计划，实时了解设备状态及能耗情况。刮粪设备采用 304 不锈钢材质，搭载无接触式防水传感器，有效保障了设备的抗腐蚀性和稳定性。智能刮粪系统操作方便，可设定刮粪机（图 7-21）工作时段、时长及频率，实现智能刮粪，减少人工劳动量，提高清粪的自动化程度。智能刮粪系统环保友好，可减少有害气体的挥发，营造良好的舍内空气环境，减少猪只呼吸道疾病的发生。

图 7-20 精准饲喂器

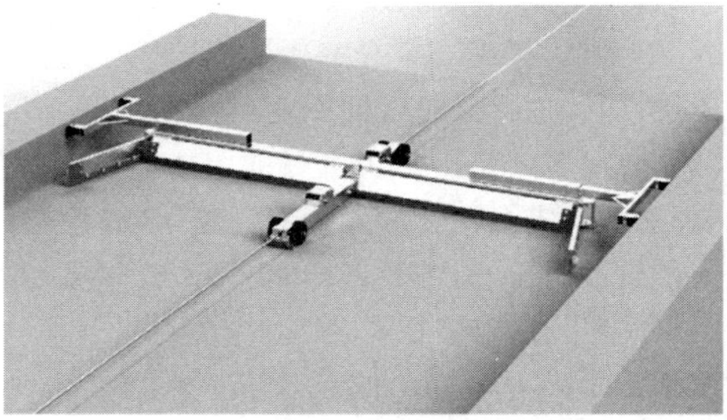

图 7-21 平推刮粪机

4. 智能报警系统

智能报警系统依托智能物联网养殖平台 AIoT，是专为猪舍设计的集中报警控制系统，实现对猪舍内供电故障和智能环控器、风机、水泵、加热器等设备状态的有效监管。通过部署在场内的各种监测传感器、网络传输技术和智能报警软件系统，确保场内设备和环境状况的实时分析，并将实时数据实时上传至管理终端，同时支持短信报警、电话报警、微信报警、邮件报警，协助管理者及时处理故障。

5.智能监控系统

在物联网技术下，在猪场中智能监控系统配备了猪只监控、配种监控、分娩监控、员工监控、防盗监控、专家远程监控等，可以使管理人员即使不在现场也能实现对猪场生产过程的监督管理，根据需要可以邀请专家通过远程视频监控对猪场提供远程指导和诊疗；可以实时掌握生猪的生长情况，辅助做好疾病预防，提升安全等级。此外，建立一套智能监控系统能有效地实现猪场的信息化管理，大大地减少人员的数量，有效地提高养猪业的管理水平。

6.生物安全系统

非洲猪瘟的传入对中国养猪业造成了难以估量的损失，而且未来将长期影响养猪业。为了提高养猪业的生物安全防范等级，依托于智能物联网养殖平台AIoT建设生物安全系统。该系统采用人脸识别、衣物识别等先进技术，对人员、物资、车辆进行管控和实时预警，并且全程视频存档，能更好地辅助企业人员生物隔离管控全流程的执行，做到有效监管。

（二）养殖生产管理

数字养殖平台可以用于养殖生产管理功能，满足育肥场、育种场、自繁自养场3种业务模式的生猪养殖生产管理，涵盖生产过程管理、流程管理、库存管理、计划管理、财务管理等功能模块，全方位的系统功能支持养殖业务的多维管理需求。

（三）智能分析系统

数字养殖平台有智能分析系统，依托养殖生产平台的基础数据，要在3种猪场模式下进行综合处理分析。该系统分析功能涵盖生产指标分析、财务指标分析、库存指标分析等。该系统可进行“即日分析”，实现财务、生产成绩、生产利润、各生产舍的独立日结；按照生产管理要求，可精准定义核算指标，实现多维度分析；针对不同类型的猪舍，进行阿米巴独立核算，提高各猪舍的精细化管理力度，对养殖全过程进行统一精准化管理。

数字养殖平台可以实现养殖生产管理和数字分析功能，实现信息的整合与共享，有效解决“黑盒养殖”，打破“信息孤岛”，实现精细化的指标管理，及时掌握猪场信息管理情况，提高生产和管理效率；同时，基于智能物联网养殖平台AIoT，通过智能环控、精准饲喂、智能刮粪等智能技术，提供给客户一套智能养殖的解决方案，实现智能化、数字化养殖，提高养殖优势，降低人工成本。

任务五　家禽智能养殖整体解决方案

一、方案背景

我国家禽养殖业正逐步向集约化、设施化、自动化及环境友好的方向发展，但在发展过程中，仍然摆脱不了养殖方式粗放、效率低下、成本高、养殖成绩不稳定等诸多问题。究其原因，“养殖靠观察，先观察后反应；养殖凭经验，经验靠试错”等延续千年的方法，仍然是当前养殖场特别是中小型养殖场的主要技术和管理手段。

深农智能是国内最早从事智能家禽养殖技术研发的国家级高新技术企业，以家禽养殖产业实践中的痛点问题为导向，在家禽生理学和动物行为学的基础研究方面长期大量投入，以与环境工程相关的热能工程学、空气动力学、传热学为技术支撑，积极探索 AIoT 技术在家禽养殖生产实践中的融合创新。其目标是以各类传感器替代人的感官，以自动化装备和养殖机器人替代人的身体，以智能化养殖中央大脑和算法替代人脑，实现家禽养殖过程全面数字化、智能化。目前深农智能的产品和技术，支持着涵盖种禽、蛋禽、商品禽的国内外 500 多栋现代化家禽养殖棚舍的日常生产和实时数据管理，全面降低了养殖成本，提高了养殖效率和养殖效益。

二、方案介绍

传统环境控制系统只是基于温度、日龄、体重、最小通风量等几个简单的参数，既不能应对复杂的气候变化，又不能反映家禽本身的健康状态，其养殖环控水平取决于养殖人员自身对环控的理解水平。

深农智能基于自身多年对家禽养殖行业的探索和积累，一方面基于家禽生理学和动物行为学的研究，另一方面基于对环境微气候中的热能工程学、空气动力学、传热学和智能控制理论的研究实践，成功研发了新一代大师系列 Master 养殖大脑。

深农智能新一代大师系列 Master 环控器，基于深农智能行业首创的体感温度量化算法、智能通风算法，除考虑温度、日龄、体重、最小通风量等因素外，还综合考虑湿度、风速、气体浓度、室内外温差的变化、各种极端天气(大风、大雾、高温高湿、低温高湿等)、季节变化，以及家禽本体的健康状态，增加了智能湿度算法、防湿冷效应算法、防冷凝现象算法、防应激湿帘自动控制功能、全棚育雏控制功能、分段加热控制功能、小窗智能控制功能、导流板分层精确控制功能、智能灯光控制功能、全自动恒温控制功能、焓值计算功能、夜间高湿防失温功能、智能春捂秋冻调控等功能，支持控制屋顶风机、棚尾风机、侧墙风机、搅拌风机，且全部支持智能变频调控，将环控器的无人化智能控制水平提升到了一个新的高度。深农智能新一代大师系列 Master 环控器，采用 10.1 寸全彩触摸屏，通过图形化的用户 UI 设计，使得环控器的操作变得非常简单。

大师系列 Master 环控器采用模块化硬件架构，实现可无限扩展的控制路数，为未来棚舍新增各种硬件设施和自动化设备预留了无限的可能性，同时集成了物理三档切换开关，使得日常使用更加便捷。大师系列 Master 环控器不仅具备以太网、NB-IoT 入网方式，同时预留 5G 功能，可灵活接入后台监、管、控一体化智慧平台，通过手机 APP 或中央控制室大屏，实现环境数据、养殖过程数据、通风方案数据的综合分析和展示。

环控器是现代家禽养殖生产的大脑，是“中央环境感知系统＋中央决策运算系统＋中央设备执行系统”。环控器系统的智能化水平和稳定性，决定了对养殖棚舍内微环境的控制水平，对养殖成绩有着决定性的影响。

除了控制功能，该系统还增加了大量的智能报警功能，包括露点温度报警、家禽张嘴状态报警、家禽实时体核温度及健康状态报警、温湿度报警、体感温度报警、气体浓度报警、负压报警、通风异常预警、温度骤变报警、棚舍温差报警、断电报警等功能。

上述控制和报警功能对于养殖现场的生产实践来讲是极为实用的。

三、具体功能介绍

(一)手持式无线环境综合检测仪

深农智能的手持式无线环境综合检测仪,是基于养殖技术人员检测家禽养殖场多点环境数据监测的需求,研发的一款智能硬件传感器产品,具体包含高精度的热式风速、二氧化碳、温湿度、体感温度、露点温度、焓值等数据检测功能。通过彩色液晶屏幕实时显示环境的各项数据,同时可通过蓝牙 5.0 与手机端智能家禽养殖系统 APP 互联,实时统计、分析、挖掘各项数据,从而精准指导家禽智能养殖。

(二)家禽人工智能视频舒适状态实时监测系统

当舍内环境异常,家禽过于闷热时,家禽由于没有汗腺,就会通过张嘴加速呼吸的潜热散热方式来散热。传统养殖人员需要 1 d(24 h)内多次进入棚舍巡检,通过观察家禽的张嘴频率来判断禽只的舒适状态,然后再通过调节通风等方式来降低禽只的体感温度。但人工巡检的准确度和效率很难得到保障。

深农智能家禽人工智能视频舒适状态实时监测系统,可通过人工智能摄像头和人工智能算法自动监测家禽张嘴、扎堆等异常行为,并进行实时张嘴频率统计和报警。同时,该系统利用家禽个体识别可视化算法,可实现家禽的个体识别和标注、智能盘点,并且还可自动识别家禽体长、体重、活体率、采食运动、自动采集相关数据,再结合声学特征和穿戴测温技术,对异常问题系统会自动预警和调控,从而使家禽的生长一直保持在最佳舒适状态,保证家禽健康生长。

当人工智能摄像头与红外摄像头结合为双光摄像头时,该系统可以进行死禽的监测与统计。这对于蛋禽立体养殖生产管理,具有很高的实用性。

(三)家禽穿戴式传感器与健康状态监测系统

家禽体核温度异常,是家禽环境参数异常和健康状态异常的重要表现。以往养殖人员只能通过人工方式,将数字体温计插入家禽的泄殖腔,手动完成体核温度的获取。深农智能推出的家禽式传感器与健康状态监测系统,将智能传感芯片通过绑定、穿刺、植入等方式固定于家禽腋下,并将获取到的体核温度数据实时上传到云端,在后台进行分析、统计与报警。

此外,还可以通过对三维运动传感器、计步传感器、心率传感器、血氧含量传感器的微型化设计,集成为各种类型的家禽穿戴式传感器,实时获取并上传家禽的运动轨迹、立卧状态、心跳、血氧饱和度等数据信息。这些信息通过智能网关上传到后台云端服务器,利用人工智能对这些数据进行处理和学习,形成家禽健康状态的分析与预警模型,以利于养殖的生产管理。

深农智能家禽穿戴式传感器与配套的健康状态实时监测系统,可以帮助用户更精确地预测家禽的环境舒适度、疾病状态、抢饲等行为,做好家禽的饲养管理。例如,实验表明,家禽在出现发病状况前的 24～48 h,禽只的体核温度会出现异常升高,且不同疾病的升温曲线不相同。这对提前预知禽只发病,提前采取措施预防疾病传播,减少损失,减少抗生素的使用等,都起到了至关重要的作用。

一般来讲,对于商品禽养殖,推荐每一万只至少安装一个传感器;对于蛋禽和种禽,推荐每一千只至少安装一个传感器；有经济条件的，可以2倍或3倍地安装，以便更好地了解大群的健康状态。

(四)“鸡娃”(Chiewa)系列家禽养殖巡检机器人

目前在家禽养殖生产过程中，巡检基本靠人工完成，巡检质量和巡检效率很难得到保障，且同时存在用工成本、生物安全等诸多问题。

深农智能“鸡娃”系列家禽养殖巡检机器人，搭载激光雷达、人工智能摄像头、温湿度、风速、CO_2浓度等传感器，通过室内自主导航系统进入禽舍，按照设定好的巡检路线，进行智能化的环境数据采集与云图的生成，并自动获得家禽产蛋、死淘、张嘴等禽只状态指标数据，从而实时监测家禽生长情况，结合扫地等功能，有效减轻了劳动力紧缺及人工成本上升带来的养殖压力，降低了养殖的生物风险和人为因素的不确定性。

(五)CFM云上牧场云端养殖大脑

由深农智能开发的CFM云上牧场云端养殖大脑，是家禽智慧养殖监、管、控一体化物联网云平台，基于对家禽生理与行为的监测，以及深农智能多年来对动物体感温度、最佳环境舒适参数的深度研究，综合使用物联网、大数据、人工智能、计算机仿真等先进技术手段，将养殖场的人、畜、场无缝连接起来，实现对规模化养殖生产管理全过程的数据采集、分析、预警、决策，通过多屏多端的可视化展示，可同时远程管理监控成百上千栋的棚舍，帮助家禽养殖企业实现养殖场统一运营、集中管控、智能决策的数智化战略转型。

该云平台可实现对养殖过程中的事件可监控、可预警、可管理、可追溯，使设备、业务、财务、人员、物料等于一个数字化平台之上，能够快速准确输出各类型的养殖报表，以便对养殖数据进行分析，总结养殖经验，不断优化养殖实施方案；可实现养殖棚舍环控系统的集中监测、预警、控制、分析，可在中央控制室集中实现对栋舍内风机、小窗、湿帘、光照、加热装置等设备的远程控制，同时也可对比分析环境指标数据；可及时获取特定畜牧养殖信息，包括准确的养殖生产过程数据、疾病防疫数据、财务结算数据等，从而为养殖企业大幅提升养殖效益，也为各级政府监管部门政策制定和监管提供强有力的数据支撑；手机APP方便用户实时监测环控指标数据、养殖管理数据、自动预警异常数据等，可对多养殖场养殖指标进行监测、分析。

(六)养殖装备

随着时代的进步，立体养殖装备也朝着科学化、自动化和智能化方向发展，对笼内风速场的研究越来越精准，对家禽最佳舒适环境的各方面参数的探索越来越有经验，立体养殖笼具在设计上越来越科学，工艺和安装水平在迅速向国际先进国家看齐。

目前立体养殖设备主要分为两个发展方向：一是立体笼养设备；二是立体福利平养设备。深农智能是行业最早实现大规模商品鸭立体养殖的企业之一，并于2018年推出了全球第一款具备自动出鸭功能的商品鸭立体养殖设备，此后陆续推出了青年鹅立体养殖装备、蛋鸭立体养殖装备等。

项目八

上机实验(家庭农场虚拟仿真系统)

知识要求

1. 了解具体平台的操作方法。

2. 掌握家庭农场虚拟仿真系统各个环节的操作步骤和具体内容。

能力要求

1. 能进行系统平台操作。

2. 能掌握当前企业在物联网技术发展方面的具体情况,结合理论知识完成虚拟仿真模拟操作。

素质要求

1. 培养细致认真的学习态度。

2. 结合现今物联网技术发展现状思考畜牧企业新的发展方向。

任务一　系统介绍

家庭农场虚拟仿真系统内容包括:牛养殖教学知识点虚拟实训教学模块、猪养殖教学知识点虚拟实训教学模块和鸡养殖教学知识点虚拟实训教学模块等(图 8-1)。用户可以通过身份证账号登录系统进行学习,系统会记录每个步骤的操作情况,形成错题本,并在考核模式过后生成成绩单。

该系统采用 PC 端进行操作;采用特定视角的观察方式,在场景中可自由操作可控制对象,不采用“图片＋热区点击＋视频”模式;系统内嵌提醒帮助机制,在各个子界面中,设计了文本提示框等信息。该系统采用面向对象设计,操作者通过对话框、菜单等简便的操作,能够对软件进行应用;用户界面设计包括菜单栏、视图窗口、属性窗口、对话框等,满足虚拟实验管理和操作的需要。

该系统采用 3Ds Max 建模开发工具,构建与实物高仿真度的模型、角色。模型要求进行烘焙处理,生成带有阴影、高光、反射及法线的写实效果的贴图,其中贴图要求色彩协调,明暗合理,冷暖适当,达到较好的视觉效果。

该系统围绕真实环境进行场景建设,真实反映环境、设施状态,主相机内场景视野由近到

图 8-1 软件项目展示

远有自然过渡的效果;可对场景模型进行实时顶点优化,根据视觉效果调整优化比例,减少数据量,提高运行效率(图 8-2)。

图 8-2 场景展示

一、系统的安装环境要求

系统的安装环境要求如表 8-1 所示。

表 8-1　系统的安装环境要求

配置项目	要求
网络	≥100 M 全双工网卡一个,教师机需固定 IP
硬盘保护系统	开启或关闭还原卡保护功能,确保在考试期间,电脑重启后数据能够保存;不可使用无盘工作站及类似的云机房
系统环境	确保系统能够正常稳定运行,无蓝屏、死机等情况;在软件安装过程中,若有系统拦截提示需允许通过
防火墙等杀毒软件	在安装的过程中需关闭防火墙及其他杀毒软件

二、系统的电脑配置要求

系统的电脑配置要求如表 8-2 所示。

表 8-2　系统的电脑配置要求

配置项目	最低配置	推荐配置
CPU	Core i3 4 代以上 CPU	Core i5 4 代以上 CPU
内存	具有 8 GB 以上内存	具有 8 GB 以上内存
显卡	具有 2 GB 以上显存的独立显卡	具有 4 GB 以上显存的独立显卡
硬盘	考试机安装盘符有 30 GB 以上的剩余空间	考试机安装盘符有 50 GB 以上的剩余空间
显示分辨率	1 366×768	1 920×1 080
操作系统	兼容 Windows 7(64 位)、Windows 8(64 位)、Windows 10(64 位)操作系统	推荐 Windows 10(64 位)操作系统

任务二　养殖场搭建及设备使用

一、牛场搭建

养牛场建设地址应根据交通运输、防疫要求,以及能够为肉牛创造良好的生长环境等因素来进行选择,要因地制宜,并根据生产需要和经营规模,对地势、地形、土质、水源及周围环境等进行多方面选择。

(1)地形:开阔整齐,以正方形、长方形为宜,避免狭长和多边角。

(2)地势:地势高、气候环境干燥、背风向阳、地下水位 2 m 以下,具有缓坡坡度(1%～3%,最大 25%)的北高南低、总体平坦地方。切不可建在低凹处、洼处或低风口处,以免排水困难、汛期积水及冬季防寒困难。

(3)水源:要有充足的合乎卫生要求的水源,取用方便,保证生产、生活及人畜饮水。要求水源水质良好,不含毒物,确保肉牛和工作人员的安全和健康。

(4)土质:砂壤土最理想,砂土较适宜,黏土最不适。砂壤土质地松软,抗压性、透水性强,吸湿性、导热性小,毛细管作用弱,雨水、尿液不易积聚,雨后没有硬结,有利于牛舍及运动场的清洁与卫生干燥,有利于防止肉牛患蹄病及其他疾病。

(5)位置:应便于防疫,距村庄居民点 500 m 下风处,距主要交通要道(公路、铁路)500 m 以外,距化工厂、畜产品加工厂等 1 500 m 以外,交通供电方便,周围饲料资源尤其是粗饲料资源丰富,且尽量避免周围有同等规模的肉牛养殖场,符合兽医卫生和环境卫生的要求,周围无传染源,无人畜地方病。

视频 8-1 牛场建设与生产设备的使用

(6)气象:要综合考虑当地的气象因素,如最高温度、最低温度、湿度、年降雨量、主风向、风力等,以选择有利地势。

二、猪场建设与设备使用

(一)猪场选址

场址的好坏是决定猪场成功与否的关键。猪场选址对于猪场的疫病防控、环境控制与日常管理均具有十分重要的意义,需要综合考虑的因素很多。

地势:选择平坦、空旷、高且干燥、向阳通风的好位置。

水源:选择附近有充足的优质水源的位置,保障养猪或人员的饮水量和饮水标准。

电源:选择离输电线路近一些的位置,架电线、运输方便,节约成本。

交通:猪场涉及饲料运输、猪买卖等,场址交通越便捷越好,但不要离公路太近,防止疾病传播。

环境:不要选择太过嘈杂的位置,降低猪应激情况的发生。且场址需远离居民楼、医院、化工厂等,做到不被感染,也不感染别人。

(二)猪场规划与设计

猪场需进行合理规划与布局,为生猪安全生产及管理创造了一个生产、生活方便,有利于卫生与防疫,经济合理,美观的环境。较大规模猪场应划分生活管理区、生产区、隔离区等。场内清洁道和污道必须严格分开,不得交叉。猪舍朝向和间距必须满足日照、通风、防火和排污的要求。

猪舍的类型一般包括公猪舍,空怀、妊娠母猪舍,分娩哺育舍,仔猪保育舍,生长、育肥舍,后备母猪舍。猪舍建筑基本结构包括地面、墙壁、屋顶等,这也是猪舍的“外围护结构”。

(三)猪场设备

猪场设备要可靠耐用,可适当投资一些较先进的设备,如自动输料系统、精准饲喂系统、环控系统等,使猪场自动化、智能化水平提升,提高投资效益。采用精准饲喂系统、自动输料系统等智慧化养殖方式,可以有效降低养殖成本,提高猪场效益。建设智慧化猪场,利用物联网和大数据管理,可减少猪场投入,实现少人化、无人化养殖,降低成本和风险。

视频 8-2　选址与场区布局

视频 8-3　猪舍建设与设备使用

任务三　畜禽饲养管理

一、奶牛饲料管理

饲料管理是奶牛饲养管理的关键技术之一。饲料管理包括饲料的选择、配方、储存和供应等方面。饲料的选择应该根据不同的品种、生长阶段和生产目的进行科学合理的选择，以保证奶牛的营养需求和健康水平。饲料应该根据不同的生长阶段和生产目的进行合理的配制，以保证奶牛的营养需求和健康水平。

奶牛的饲料原料和饲料添加剂的选择应符合农业农村部的有关规定(参见农业农村部公告第 2038 号、第 2045 号)，且符合《饲料卫生标准》(GB 13078—2017) 的相关要求。饲料中药物的选择应符合农业农村部的有关规定(参见农业农村部公告第 186 号)。饲料中不应添加和使用国家农业行政部门公布的禁止使用的物质。饲料原料和饲料添加剂使用应符合《无公害食品　畜禽饲料和饲料添加剂使用准则》(NY 5032—2006) 和国家有关规定(参见中华人民共和国国务院令第 645 号)的要求。

饲料原料及产品应贮存在通风、阴凉、干燥处，码放整齐，避免交叉污染。除牛乳及乳制品外，其他动物源性饲料不应用于奶牛饲料中。

奶牛的饲粮组成宜多样化，精、粗饲料应合理搭配。饲料产品质量控制、生产过程控制、产品贮存与运输应符合农业农村部的有关规定(参见农业农村部公告第 2038 号)。精料补充料、浓缩饲料、预混合饲料和饲料添加剂应按照产品标签所规定的用法、用量与粗饲料等饲料搭配使用。

根据奶牛营养需要和饲料原料营养价值制作 TMR 配方。依据“定时、定量、定人”原则和规定的次序投料，应固定饲喂顺序(如按高产、中产、低产次序投喂)。奶牛应采食新鲜的 TMR，不应将剩余的 TMR 再次饲喂奶牛，应保证奶牛每天 18～22 h 可以随时采食饲料。配制完成的 TMR 应均匀投撒到料槽中，奶牛每天剩料量应小于 8%。投喂 TMR 后，应勤推料，白天每 2 h 推料一次，每天至少推料 6 次，保证奶牛随时可以采食到饲料。

饲喂时要注意料槽卫生，应定期清扫料槽，每天至少清扫一次。TMR 搅拌车应按说明书规定进行维护，定期对搅拌车称重系统进行校正。TMR 饲喂效果评价应按照《奶牛全混合日粮生产技术规程》(NY/T 3049—2016)的规定执行。

二、初生牛犊护理

从出生到 6 月龄以前的小牛称为犊牛，主要分为 3 个时期：新生犊牛、哺乳犊牛、断奶后犊牛。新生犊牛免疫能力差，调节体温的能力弱，组织器官尚未充分发育，消化道黏膜容易被细菌侵袭，抵抗力、抗病力差，对外界环境适应能力弱。因此，新生犊牛容易受到病菌的侵袭而引起各种疾病，造成发育受阻，甚至死亡。

犊牛由母体产出后应立即做好如下工作：立即消除犊牛口腔和鼻孔内的黏液，剪断脐带，擦干被毛，编号、称重、记录，并饲喂初乳。新生犊牛体内不含任何抗体，只能从初乳中获得，建议出生 1 h 内先饲喂优质初乳 2～4 L，出生 4 h 时再饲喂优质初乳 2 L，出生 12 h 时再饲喂优质初乳 2 L，连续饲喂优质初乳 3 d。

视频 8-4　哺乳期犊牛饲养管理

视频 8-5　哺喂初乳

视频 8-6　打耳号

视频 8-7　去角

视频 8-8　去副乳头

三、牛的人工授精

牛的人工授精是指人为地使用特殊的器械采集公牛的精液，经处理、保存后，再借助器械，在母牛发情时期将精液人为地注入子宫内，以达到受孕的目的，以此来代替自然交配的一种妊娠控制技术。它包括种公牛精液的采集、处理及冻精的制作、保存、运输、解冻及输精等的技术过程。

给牛人工授精一般在母牛排卵前或者母牛发情开始后 12 h 左右进行人工授精。母牛在傍晚发情便在第 2 天早上进行授精，在中午发情便在夜间进行授精，在早上发情便在傍晚的时候进行授精。在母牛的发情期内进行 1～2 次输精，每次输精间隔 8～12 h。在给牛进行人工授精的时候要保证授精地点的清洁和安全，要设置相应的消毒设备。在进行人工授精的时候，操作人员应穿着相应的消毒装，做好防护措施。在人工授精操作的时候，要对牛阴部进行彻底的清理，避免病菌感染。

视频 8-9　奶牛的人工取精

视频 8-10　奶牛的人工授精

四、仔猪开食

母猪泌乳量在分娩后第 3 周达到高峰,之后逐渐下降,而仔猪的生长速度却越来越快,存在着仔猪营养需要量大与母乳供给不足的矛盾。母乳对仔猪营养需要的满足程度是:3 周龄时为 84%,到 8 周龄时降至 20%,整个哺乳期平均为 39%左右。及早补饲,不仅可以给仔猪提供营养,还可以锻炼仔猪的消化器官,促进其功能发育,又可防止下痢,并为安全断乳奠定基础。虽然 3 周龄以前母乳可基本满足仔猪的营养需要,仔猪无需采食饲料,但为了保证 3 周龄后仔猪能迅速大量采食饲料以弥补母乳营养供给的不足,必须在 3 周龄以前提早训练仔猪开食,对早期断乳仔猪更应该提前开食、补料。

开食是指训练仔猪从吃母乳过渡到吃饲料,又称为饮食或诱饲。它是仔猪补料中的首要工作。补料是指根据母猪泌乳和仔猪生长发育的规律,仔猪出生后第一个月主要营养来源于母乳,以后则逐渐过渡到吃料。若开食抓得早,可保证 25 日龄左右仔猪能大量采食饲料,进入旺食阶段,此时继续饲喂玉米、高粱等开食料,已不能满足其对蛋白质等营养的需要,必须改喂全价混合料。根据同体重阶段的营养需要配制标准饲粮,饲粮要高能量、高蛋白、营养全面、适口性好而又易于消化,还可根据需要适当添加抗生素或益生素等。

视频 8-11　仔猪开食

视频 8-12　仔猪断尾

视频 8-13　仔猪剪牙

五、猪的人工采精

猪的人工采精是指人工采集公猪精液活动的全过程,公猪采精的技术和工艺有一规范化操作的程序。采精计划会全面考虑到种猪站内所饲养公猪的整体结构情况,如及时调教后备公猪,合理使用青壮年公猪,以及有计划地引进优良公猪等。做采精计划的目的主要是让公猪形成条件反射,提高采精量、精液质量和使用年限。

视频 8-14　猪的采精前的准备

视频 8-15　猪的采精操作

视频 8-16　猪的人工授精

六、种蛋孵化

在鸡蛋从母鸡体内排出后，因为温度的骤降，胚胎的发育会暂停。在实际生产中，根据孵化场的时间安排，如若需要，种蛋可以在适当的温度下保存数天再开始孵化，也就是说，用低温来暂时暂停胚胎发育。种蛋保存的时间越短，孵化率往往会越高。鸡蛋的受精发生在输卵管漏斗部，受精卵的发育从母鸡体内就开始了。现代化人工孵化时一般设置温度为 37～39 ℃，湿度为 50%～60%，二氧化碳浓度为 5%，这就是在模拟母鸡自然孵化的环境条件。

在鸡蛋进入孵化箱后，暂停的胚胎发育便可以接着开始了。接下来的 21 d，胚胎会经过一系列的变化，变成一只毛茸茸的小鸡。在这个过程中，胚胎的主要营养来源是蛋黄；胚胎呼吸的气体交换通过蛋壳的气孔完成；胚胎代谢所产生的排泄物（如尿素）则会排入尿囊。

在现代化孵化场中，每一批入孵蛋的受精率、孵化率都是需要详细记录的，这样才能跟种鸡场挂钩，检验生产成绩，以便不断优化。一般在孵化进行的中间，所有鸡蛋都需经过照蛋，这时候因为胚胎已经挺大了，在照蛋时受精鸡蛋便会呈黑色，而未受精的蛋则是透亮的，很容易区分。

视频 8-17　种蛋孵化

任务四　品种管理

一、猪的初级常用商业品种

猪的品种包括大白猪、杜洛克猪、汉普夏猪、皮特兰猪、长白猪、波中猪、八眉猪、松辽黑猪、宁乡花猪、蓝塘猪等。根据最新的《中国畜禽遗传资源志·猪志》收录显示，目前我国在养的生猪品种中有 104 个本土品种，18 个培育品种和 6 个进口品种。常见的国内猪品种有：东北民猪、黄淮海黑猪、里岔黑猪、金华猪、监利猪、成华猪、藏猪等。

大白猪又称为大约克夏猪，原产于英国。由于大白猪体型大，繁殖能力强，饲料转化率和屠宰率高及适应性强，世界各养猪业发达的国家均有饲养，是世界上最著名、分布最广的主导瘦肉型猪种。我国目前的大约克夏猪体格大、体型匀称、四肢较高、皮毛薄。大约克夏猪有较好的适应性，具有生长快、饲料利用率高、瘦肉率高、产仔较多等特点。

杜洛克猪原产于美国，由新泽西州的泽西红猪和纽约州的杜洛克猪杂交选育而成，原属脂肪型，20 世纪 50 年代后被改造成瘦肉型。其特征为颜面微凹，耳下垂或稍前倾，腿臀丰满，被毛呈淡金黄至暗棕红色；成年公猪平均体重 340～450 kg，母猪 300～390 kg；每胎约产仔 10 头，母性强；性情温顺，生长快，肉质好，作为杂交父本或母本能显著提高后裔的生产性能；现居美国纯种猪登记总头数中的首位，广泛分布于世界各国，并已成为中国杂交组合中的主要父本品种之一，用以生产商品瘦肉猪。

汉普夏猪，属于瘦肉型猪品种，原产于美国南部，由美国选育而成，是美国分布最广的猪种之一。汉普夏猪具有独特的毛色特征，在后腿和前腿部为白色，其他部位为黑色，有银带猪之称。汉普夏猪的主要优点是胴体瘦肉率高,后腿丰满。其缺点是繁殖力不佳,适应性差,但仍不失为世界著名的瘦肉型父本品种。

皮特兰猪原产于比利时的布拉帮特省,是由法国的贝叶杂交猪与英国的巴克夏猪进行回交,然后再与英国的大白猪杂交育成的。在所有的知名品种中,皮特兰猪瘦肉率最高,肌肉最丰满,具有发达的背腰肌和腿肉,以其非常突出的高瘦肉率闻名于世,在瘦肉率与体型方面受到极大关注的当今养猪市场,是极具利用价值的品种。

视频 8-18　猪的初级常用商业品种

长白猪原名兰德瑞斯猪,是世界上优秀的腌肉型猪种,原产于丹麦,由当地猪与大约克夏猪杂交育成,1964 年初次引入中国,遍布全国各地。长白猪全身呈白色,头狭长,背腰长,胸腰椎有 22 个以上,肋骨有 16 对,后躯发达,大腿丰满,四肢高。长白猪具有生长快、饲料利用率高、瘦肉率高等特点,适应性有所提高,分布范围遍及全国。

二、猪的中级培育品种

1949 年以来,利用从国外引入的猪种与我国地方猪种杂交培育而成的猪种,有的是利用原有血统不明的杂种猪群,加以整理和选育而成的;有的是按照事先拟定的育种计划进行选育的。

按所利用的国外品种的异同及猪种的特征和特性,大体上可将我国养殖的猪的中级培育品种归纳为以下 3 类:①受大白猪(约克夏猪或苏白猪)影响较大的品种,多数是当地猪种用大白猪级进二代以上,获得理想杂种个体后,再采用自群繁育而育成的,通常为白色毛,如上海白猪、三江白猪等;②受巴克夏猪影响较大,或以本地黑猪血统为主、掺有少量其他品种血液的新品种,毛色全黑或在躯体末端有少量白斑,如新金猪、新淮猪、北京黑猪等;③受波中猪影响,用克米洛夫或其他品种与地方品种进行复杂杂交而育成的品种,如垛山猪、定县猪等,毛色为黑白花,有的还夹杂有棕色。

(一)三江白猪

三江白猪是在东北三江平原地区(又称北大荒)选育的我国第一个瘦肉型猪种,借鉴加拿大运用杂交选育拉康比新品种猪的经验,选用长白猪与东北民猪进行正、反杂交,从杂交后代中选择优秀的母猪,分别再与长白猪回交,从回交后代中按照选育目标选择留种开展自群繁育,历经 5～6 世代的横交和选择,到 1982 年末,核心群种猪的生产性能水平达到了育种指标的要求。1983 年,由原农牧渔业部组织专家组进行验收,专家组经过认真审查、鉴定,认为选育的三江白猪符合品种要求,各项生产性能达到了育种指标的要求,宣布三江白猪为育成的肉用型新品种。

三江白猪主要分布在比较寒冷的黑龙江省东部合江地区,该地区冬季最冷时达 −30 ℃左右,三江白猪适应那里的环境条件,表现出适应性好的特点。三江白猪被毛全白、毛丛稍密,头轻嘴直、耳下垂,背腰宽平、腿臀丰满,四肢粗壮、蹄质坚实,乳头通常为 7 对,排列整齐。成年的三江白猪中,公猪体重近 200 kg,成年母猪体重近 140 kg。初产母猪平均产仔 10.2 头,经产母猪平均产仔 12.4 头，育肥期平均日增重 666 g，饲料转化率为 1∶3.51，体重达 90 kg 时屠宰，背膘厚 32.5 mm，眼肌面积近 30 cm^2，胴体瘦肉率达 58.64%，肉质好。

(二)上海白猪

上海白猪是在上海市近郊选育的猪种。由许多外国猪种与当地原来饲养的地方猪种进行了长期无计划的复杂杂交，至 1949 年左右，已形成相当数量的白毛杂种猪群，为猪的育种工作开创了基本条件。1958—1959 年，在上海市畜禽品种资源联合调查后，将产仔较多和生长较快的白色杂种猪群定名为上海白猪。自 1961 年起，原上海县种畜场、宝山县种畜场和上海市畜牧研究所分别从群众中选购优秀种猪组建基础群，正式开始上海白猪的培育工作，采用了猪群闭锁、品系繁育等技术，从而促使猪群性状的一致和遗传的稳定，生产性能得到提高。1978 年，经市级鉴定，宣告上海白猪育成。

上海白猪被毛呈白色，体质结实，体型中等偏大，头面平直或微凹，耳中等大略向前倾，背宽，腹稍大，腿臀较丰满，乳头细，平均乳头 7 对。上海白猪中，成年公猪体重 258 kg，成年母猪体重 177 kg。初产母猪平均产仔 9.43 头，经产母猪平均产仔 12.93 头，20～90 kg 阶段平均日增重 615 g。体重达 90 kg 时屠宰，屠宰率达 70.55%，背膘厚 36.9 mm，皮厚 3.1 mm，瘦肉率达 52.49%。

(三)新淮猪

新淮猪是由淮阴种猪场、原华东农业科学研究所(今江苏省农业科学院)、南京农学院(今南京农业大学)和江苏省农业厅(今江苏省农业农村厅)共同培育而成的，于 1977 年 12 月 20 日通过江苏省科委组织的鉴定。新淮猪是由江苏省地区的淮猪与大约克夏猪杂交育成的新猪种，为肉脂兼用型品种，主要分布在江苏省下游地区，具有适应性强、生长较快、产仔多、耐粗饲、杂交效果好等特点。新淮猪全身被毛呈黑色，仅在躯体末端有少量白斑，头稍长，嘴平直微凹，耳中等大，向前下方倾垂，背腰平直，腹稍大但不下垂，臀略倾斜，四肢健壮，乳头 7 对以上。成年公猪体重 230～250 kg，其中，成年母猪体重 180～190 kg。

新淮猪对淮安市地区的适应性及抗病力较强，虽群体数量比育成初期大大减少，产仔数也有所下降，但它是含有 50%大约克夏猪血统的黑毛猪，在国内少见，肉质又较好，是生产优质猪肉的原料猪。它作为配套系母本，或在培育新的品种中，都能发挥较好的作用。

(四)苏太猪

苏太猪是以世界上产仔数最多的太湖猪为基础培育成的中国瘦肉型猪新猪种，保持了太湖猪的高繁殖性能及肉质鲜美、适应性强等优点，与外种公猪杂交，具有生长速度快、瘦肉率高、杂种优势显著等特点，是生产瘦肉型商品猪的理想母本。

苏太猪是由原苏州市苏太猪育种中心(现苏太集团)以太湖猪为基础培育成的中国瘦肉型猪新品种，1995 年通过科技成果鉴定，1999 年通过国家畜禽品种审定委员会的新品种审定。苏太猪全身被毛呈黑色，外耳中等大，垂向前下方，头面有清晰皱纹，嘴中等大而直，四肢结实，背腰平直，腹小，后躯丰满，生长速度快，瘦肉率达 56%；母猪性情温顺，母性好，性成熟早，6～7 月龄即可配种，发情征候明显，受胎率高。

视频 8-19　猪的中级培育品种

视频 8-20　猪的高级地方品种

三、鸡的标准品种

根据所学内容,能够从外形图片和性能描述判断鸡的品种。

视频 8-21　鸡的标准品种

视频 8-22　地方鸡品种

视频 8-23　蛋鸡品种

参考文献

[1] 席磊，武书彦，朱坤华．现代畜牧业信息化关键技术[M]．郑州：中原农民出版社，2016．

[2] 熊本海，杨振刚，杨亮，等．中国畜牧业物联网技术应用研究进展[J]．农业工程学报，2015，31(S1)：237-246．

[3] 吕荫润，郑丽敏．射频识别技术应用于畜产品追溯系统研究进展[J]．肉类研究，2013，27(5)：26-30．

[4] 柳平增，毕树生，苗良，等．畜禽规模养殖环境智能调控系统的研制[J]．计算机测量与控制，2009，17(7)：1316-1319．

[5] 刘继芳，张建华，吴建寨，等．“物联牧场”理论方法与关键技术[M]．北京：科学出版社，2018．

[6] 李道亮．农业物联网导论[M]．2版．北京：科学出版社，2021．

[7] 杨存志，李源源，杨旭，等．FR-200型奶牛智能化精确饲喂机器人的研制[J]．农机化研究，2014，36(2)：120-122，126．

[8] 黄玉兰．物联网概论[M]．2版．北京：人民邮电出版社，2018．

[9] 丁爱萍．物联网导论[M]．2版．西安：西安电子科技大学出版社，2021．

[10] 林子雨．大数据导论[M]．北京：人民邮电出版社，2020．

[11] 吴功宜．智慧的物联网：感知中国和世界的技术[M]．北京：机械工业出版社，2010．

[12] 刘幺和．物联网原理与应用技术[M]．北京：机械工业出版社，2011．

[13] 李金祥，方立刚．物联网应用开发[M]．北京：电子工业出版社，2014．

[14] 王浩，浦灵敏．物联网技术应用开发[M]．北京：中国水利水电出版社，2015．

[15] 尹武．农业物联网导论[M]．西安：西安电子科技大学出版社，2021．

[16] 尹武，张晋娜．物联网智慧养猪解决方案[J]．中国猪业，2015，10(114)：18-20．

[17] 陶皖．云计算与大数据[M]．西安：西安电子科技大学出版社，2017．

[18] 张军．基于物联网技术的智慧畜牧养殖模式：以玉屏温氏畜牧为例[J]．农技服务，2021，38(3)：73-74．

[19] 郭世栋，穆娟，张之朝，等．物联网技术在畜产品物流信息跟踪设计中的应用[J]．中兽医学杂志，2014(7)：79-80．

[20] 刁海亭．物联网在智慧畜牧业高质量发展中的作用浅析[J]．山东畜牧兽医，2022，43(3)：53-56．

[21] 何平.物联网技术在畜牧业上的应用[J].农业工程,2019,9(7):22-24.

[22] 张新亮,马爱霞,胡士林.物联网技术在畜牧业领域的应用研究[J].山东畜牧兽医,2016,37(2):47-48.

[23] 郑炜超,邓森中,童勤,等.家禽养殖智能装备与信息化技术研究进展[J].山西农业大学学报(自然科学版),2022,42(6):2-11.

[24] 文小华.试论物联网技术在畜产品中的应用[J].黑龙江粮食,2021(8):84-85.

[25] 刘继芳,韩书庆,齐秀丽.中国信息化畜禽养殖技术应用现状与展望[J].中国乳业,2021(12):47-52.

术 语 表

A

A/D (analog-to-digital conversion) 模数转换

ADSL (asymmetric digital subscriber line) 非对称数字用户线

AI (application identifier) 应用标识符

AIoT(artificial intelligence & internet of things) 人工智能物联网

AMPS (advanced mobile phone system) 高级移动电话系统

AMR (adaptive multi-rate) 自适应多速率

AON (active optical network) 有源光网络

API(application program interface) 应用程序接口

APL(application layer)应用层

APP(application)应用

APS(application support sub layer) 应用支持子层

ATM (asynchronous transfer mode) 异步传输模式

B

BBU (baseband unit) 基带处理单元

BDS (Beidou navigation satellite system) 北斗导航卫星系统

BSC (base station controller) 基站控制器

BSS (base station subsystem) 基站子系统

BTS (base transceiver station) 基站收发台

C

CAN(controller area network)控制器局域网总线

CCD (charge coupled device) 电荷耦合器件

CDMA (code division multiple access) 码分多址

CS(circuit switch)电路交换

CT (communication technology) 通信技术

D

D/A (digital-to-analog conversion) 数模转换

D2D(device to device)终端直通

D-AMPS(digital-advanced mobile phone service)数字先进移动电话服务

E

EDGE (enhanced data rate for GSM evolution) 增强型数据速率 GSM 演进技术

EPC(electronic product code)电子产品编码

EPON (ethernet passive optical network) 以太网无源光网络

EPS (evolved packet system) 演进分组系统

E-UTRAN (evolved UMTS terrestrial radio access network) 演进的 UMTS 陆地无线接入网

F

FDA(food and drug administration)食品药品监督管理局

FDD(frequency division duplex)频分双工
FDMA (frequency division multiple access) 频分多址
FFD(full function device)全功能设备
FTTB (fiber to the building) 光纤到大楼
FTTC(fiber to the curb) 光纤到路边
FTTH(fiber to the home) 光纤到户

G

Galileo (Galileo satellite navigation system) 伽利略卫星导航系统
GGSN (gateway GPRS support node) GPRS 网关支持节点
GIS(geographic information system) 地理信息系统
GLONASS (global navigation satellite system) 格洛纳斯卫星导航系统
GMSK (gaussian minimum frequency-shift keying) 高斯最小频移键控
GND(ground)电线接地端
GPON(gigabit-capable passive optical network)千兆无源光网络
GPRS (general packet radio service)通用分组无线服务
GPS(global positioning system) 全球定位系统
GSM (global system for mobile communication)全球移动通信系统
GTIN(Global Trade Item Number)全球贸易项目代码

H

HDSL(high-bit-rate digital subscriber line) 高比特率数字用户线路
HFC (hybrid fiber/coax) 混合光纤同轴电缆
HIS (hospital information system) 医院信息系统
HSDPA (high speed down link packet access) 高速下行分组接入
HSS (home subscriber server)归属用户服务器

I

IaaS (infrastructure as a service)基础设施即服务
IBM (International Business Machines Corporation)国际商业机器公司
IEC(International Electrotechnical Committee)国际电工委员会
IMS(IP multimedia subsystem)IP 多媒体子系统
IoT(internet of things)物联网
IP(internet protocol)互联网协议
IPv6(internet protocol version 6)第 6 版互联网协议
ISM (industrial scientific and medical band) 工业、科学和医疗频带
ISO(International Standards Organization) 国际标准化组织
IT (information technology)信息技术
ITU(International Telecommunications Union)国际电信联盟

L

L2CAP(logical link control and adaptation protocol)逻辑链路控制和适配协议
LAN (local area network)局域网
LMP(link manager protocol)链路管理协议
LTE(long term evolution)长期演进

M

M2M(machine to machine)机器对话
MAC(medium access control) 介质访问控制
MECC (mobile edge content and computing) 移动边缘内容与计算
MIMO (multiple-input multiple-output)多输入多输出

MME(mobile management entity)移动管理实体

MSC (mobile switching center)移动交换中心

MU-MIMO(multi-user multiple-input multiple-output)多用户-多收多发

N

NB-IoT (narrowband internet of things)窄带物联网

NDIR(non-dispersive infrared)非色散红外

NFC(fear field communication)近场通信

NFV (network functions virtualization) 网络功能虚拟化

NMS (network management subsystem)网络管理子系统

NSS (network switching subsystem)网络交换子系统

O

OBEX(object exchange)对象交换协议

OFDM (orthogonal frequency division multiplexing) 正交频分复用

OFDMA(orthogonal frequency division multiple access)正交频分多址

OLT(optical line terminal) 光线路终端

ONT(optical network terminal)光网络终端

ONU (optical network unit) 光网络单元

P

PaaS (platform as a service)平台即服务

PC(personal computer)个人计算机

PCRF(policy and charging rule function)策略与计费规则功能单元

PCU (program control unit)程序控制器

PDA (personal digital assistant)掌上电脑

PDH (plesiochronous digital hierarchy) 准同步数字系列

P-GW(packet data network gateway)分组数据网关

PLC(programmable logic controller)可编程逻辑控制器

PON (passive optical network) 无源光网络

PPP(point-to-point protocol)点对点协议

PS(packet switch)分组交换

PSK (phase-shift keying) 相移键控

Q

QoS (quality of service) 服务质量

R

RAN (radio access network) 无线接入网

RDBMS(relational database management system)关系型数据库管理系统

RFCOM(radio frequency communication)串行仿真协议

RFD(reduced function device)精简功能设备

RFID(radio frequency identification) 射频识别技术

RLC(radio link control)无线链路控制协议

RNC (radio network controller)无线网络控制器

ROM (read-only memory) 只读存储器

RRU(remote radio unit) 远端射频单元

RS(remote sensing) 遥感技术

S

SaaS (software as a service)软件即服务

SARA(subacute ruminal acidosis)亚急性瘤胃酸中毒

SDH (synchronous digital hierarchy) 同步数字系列

SDN (software defined network) 软件定义网络

SDP(service discovery protocol)服务发现协议

SGSN (serving GPRS support node) GPRS服务支持节点

S-GW (serving gateway)服务网关

SIG (special interest group) 特殊兴趣小组

SNI (service node interface) 业务节点接口

SQL (structured query language) 结构化查询语言

T

TACS (total access communication system) 全接入通信系统

TCP(transmission control protocol)传输控制协议

TDD(time division duplexing)时分双工

TDMA (time division multiple access) 窄带时分多址

TD-SCDMA(time division-synchronous code division multiple access)时分同步码分多址

TMR (total mixed ration) 全混合日粮

TWT(target wake time)目标唤醒时间

U

UDP(user datagram protocol)用户数据报协议

UE (user equipment)用户终端设备

UMTS (universal mobile telecommunication system) 通用移动电话通信系统

UNI (user-network interface) 用户-网络接口

UTRAN (UMTS terrestrial radio access network)陆地无线接入网

UWB (ultra-wideband) 超宽带

V

VCC(volt current condenser)电路的供电电压

VDSL (very high-bit-rate digital subscriber line)甚高比特率数字用户线

W

WAE(wireless application environment)无线应用环境

WAP(wireless application protocol)无线应用协议

WCDMA (wideband code division multiple access) 宽带码分多址

WDM (wavelength division multiplexing) 波分复用

WiFi(wireless fidelity)无线保真

WiMAX (world interoperability for microwave access)全球微波接入互操作性

WLAN(wireless local area network) 无线局域网

WMAN (wireless metropolitan area network) 无线城域网

WPAN (wireless personal area network) 无线个域网

WWAN (wireless wide area network)无线广域网

Z

ZDO (ZigBee device object) ZigBee 设备对象